煤炭技工学校通用规划教材

采 掘 机 械

谢 添 主编

煤炭工业出版社

·北 京·

图书在版编目（CIP）数据

采掘机械/谢添主编 . --北京：煤炭工业出版社，2017
煤炭技工学校通用规划教材
ISBN 978-7-5020-5881-4

Ⅰ.①采… Ⅱ.①谢… Ⅲ.①采掘机—技工学校—教材 Ⅳ.①TD421.5

中国版本图书馆 CIP 数据核字(2017)第 117456 号

采掘机械（煤炭技工学校通用规划教材）

主　　编	谢　添
责任编辑	罗秀全
责任校对	李新荣
封面设计	于春颖

出版发行　煤炭工业出版社（北京市朝阳区芍药居35号　100029）
电　　话　010-84657898（总编室）
　　　　　010-64018321（发行部）　010-84657880（读者服务部）
电子信箱　cciph612@126.com
网　　址　www.cciph.com.cn
印　　刷　北京玥实印刷有限公司
经　　销　全国新华书店

开　　本	787mm×1092mm$\frac{1}{16}$　印张　14$\frac{1}{2}$　字数　348千字
版　　次	2017年7月第1版　2017年7月第1次印刷
社内编号	8761　　　　　定价　36.00元

前 言

为了满足中等职业技术院校培养煤矿技术应用型人才的需要，加快煤炭行业专业技能型人才培养培训工程建设，培养煤矿生产一线需要、具有与本专业岗位相适应的文化水平和良好职业道德、了解矿山企业生产全过程、掌握本专业基本专业知识和技术的技能型人才，我们在充分调研的基础上，开发了本教材。本教材编写人员大多具有一定的煤矿企业工作经历，又有丰富的教学工作经验，对煤矿企业的生产实际和中等职业技术院校的教学情况非常熟悉。在编写教材时，他们对教材的定位、结构、特点进行了反复研究，努力使教材具有以下特点：

第一，根据煤矿企业岗位需要及煤矿技术应用型人才应具备的职业能力，确定教材的知识结构，努力使学员学习的知识和技能真正能够满足企业的需要。

第二，以国家最新工人技术等级标准为依据，内容涵盖采煤机、掘进机等操作的相关标准要求，便于"双证书制"在教学中的贯彻和落实。

第三，体现以技能训练为主线、相关知识为支撑的编写思路，较好地处理了理论教学与技能训练的关系，以帮助学员掌握知识、形成技能、提高能力。

第四，将行业、企业专家所积累的经验以及新技术、新设备、新材料、新工艺有机地融入相关模块、课题中，突出教材的先进性和可操作性。

第五，按照教学规律和学生的认知规律，在精选内容的基础上，合理编排教材内容，尽量采用以图代文的编写形式，降低学习难度，力求达到易教、易学的目的。

本书由郑州煤炭工业技师学院谢添任主编，康启民任副主编，陈平主审，郝成军（绪论、模块一和模块二）、王颖军（模块三和模块四）参与编写。在教材编写过程中，得到了郑州煤炭工业技师学院机械系全体教师及许多煤矿企业的鼎力相助，在此一并表示衷心感谢！同时，希望广大读者对教材提出宝贵意见和建议，以便修订时加以完善。

编 者

2017 年 3 月

目　　次

目 次

绪　　论

一、采掘机械化发展概况

煤炭工业的根本出路在于发展机械化，而采掘机械化又是煤矿生产机械化的中心环节。我国采煤机械化的发展经历了由单一到综合的过程，即长壁采煤工艺中的落、装、运、支、处等五大主要工序由单一机械化发展到综合机械化。五大工序中，运输机械化实现得最早，其次是采煤机械化，支护、采空区处理两个工序的机械化实现得较晚，也是最困难的工序，到 20 世纪 70 年代开始使用单体液压支柱、液压支架，从而实现了支护、采空区处理的机械化作业。至此，采煤工作面的五大工序就全部实现机械化，即综合采煤机械化。

1. 采煤机

自 1991 年煤炭科学研究总院上海分院与波兰科玛克公司合作，研制出我国第一台 MG344-PWD 型交流变频调速薄煤层强力爬底电牵引采煤机以来，电牵引采煤机有了较快的发展，目前 MG 系列采煤机已形成十大系列几十个品种。西安煤矿机械厂自主研制的我国第一台特大功率、大采高、高可靠性的 MG900/2210-WD 型智能化自动化网络化交流电牵引采煤机已投入使用。上海天地科技股份有限公司为采煤机开发的全中文界面 PLC 控制系统可以配置各种机型，实现无线控制和过载保护、牵引电机的电流监测复合控制、故障跟踪记忆、开机提示等功能。该公司还成功研制了四象限技术，在大倾角工作面得到了应用和推广。

到目前为止，我国各采煤机厂家对交流电牵引进行了大量的开发，如西安煤矿机械厂自主研制的 MG900/2210-WD 型交流电牵引采煤机、上海天地科技股份有限公司的 MG 系列电牵引采煤机、无锡采煤机厂的开关磁阻电机调速系统、鸡西采煤机厂生产的 MG800/2040-WD 型大功率电牵引采煤机等。

经过 20 多年的研制开发，我国交流电牵引采煤机已逐渐成熟，交流电牵引技术也在不断推陈出新，满足了不同条件、不同煤矿用户的要求，为煤矿的技术进步起到了积极推动作用。

目前国内使用的交流电牵引采煤机的电牵引调速系统主要有 3 种：交直交流变频调速系统、开关磁阻电机调速系统、电磁转差离合器调速系统。它们的调速原理不尽相同，但基本上都可分为控制部分和牵引电机部分。在这 3 种调速系统中，交直交流变频调速技术由于诸多优点，在大功率采煤机的应用已趋向成熟，并已成为目前采煤机调速的主流技术，但存在低速性能差、电动机发热等问题。

采煤机的发展方向：

(1) 适应煤层范围越来越广，采高从 0.52~7.2 m，机型种类齐全。

(2) 装机功率从适应相对的开采条件来看越来越大。

（3）牵引方式从液压牵引向电牵引发展，并且牵引速度也越来越快。

（4）采煤机控制方面向国际上先进的机载式交直交变频调速四象限运行系统、开关磁阻电机调速四象限运行系统等方向发展。

（5）从采煤机结构来看，采用积木式结构及液压螺母紧固方式。结构越来越紧凑，部件布置越来越合理。

（6）采煤机滚筒及截齿对材质的选取向着重型、超强、耐磨方向发展，能适应各种煤质的需要，并且使用寿命进一步延长。

2. 掘进机

通过多年的技术攻关，我国掘进机的机型已从轻型发展到中、重型。切割对象从煤层向岩石拓展，切割功率从 30 kW 提高到 300 kW，机重从 13 t 上升到 90 t。掘进机的产品已有煤、半煤岩和全岩三大系列、10 多个品种，其技术性能达到并部分超过了某些进口的同类产品，具有良好的性价比。

目前我国生产的半煤岩掘进机较多，主要有上海天地公司的 EBZ-（132）160SH、中煤科工集团太原研究院的 EBJ-132TP、三一重装公司的 EBZ-200、中煤上海创力公司的 EBZ-220、佳木斯煤机公司的 S-（150）200 型、石家庄煤机厂的 EBZ-150、淮南煤机厂的 EBH-（120）160 等。国内岩巷掘进机的生产厂家有三一重装公司、上海创力公司、上海天地公司和中煤科工集团太原研究院等。

掘进机的发展方向：

（1）适应煤巷及半煤岩巷的掘进范围越来越广，并开始研制岩巷掘进机，机型种类齐全。

（2）向着连续切割，装载、运输、高配置（掘锚一体化）方向发展。

（3）整机向框架结构方向发展，机身矮、结构紧凑、稳定性好、强度高、刚性好、切割振动小。

（4）第一运输机和铲板间向低速大扭矩液压马达直接驱动方向发展。

（5）控制方面向国际上先进的模块方向发展。

3. 刮板输送机

我国综采机械化的应用始于 20 世纪 70 年代末，经过 20 多年的发展，目前我国中、小功率刮板输送机已具备成型技术，并有成熟的制造能力，完全能够满足国内市场的需求。大功率刮板输送机通过成套引进国外的装备和技术，成功地进行了国产化研制工作，并相继推出了一些产品。

从总体水平上看，与国外相比还存在一些差距，主要表现在：基础研究薄弱，缺少强有力的理论支持，计算少，靠经验取值多，缺乏专门的开发分析软件；受基础工业水平的制约，国产输送机制造质量不稳定，元部件的可靠性还有待提高；大功率刮板输送机的关键部件仍需进口，有待进一步研发并国产化；安全性和可靠性的不稳定，直接制约了煤矿的生产效率，从而不能从根本上降低使用成本；煤矿管理水平落后，资金不足，矿工不按操作规程操作等，也间接增加了输送机发生故障的概率，从而不能最大限度地发挥设备的设计能力。

刮板输送机的发展方向：

（1）适应大功率采煤机的要求，运距越来越长，功率越来越大。如大功率的

SGZ1000/3×1000 型、SGZ1250/3×1000 型刮板输送机等。

（2）刮板、运输槽、圆环链采用优质合金钢或模锻，疲劳寿命长，强度越来越高，耐磨性越来越好。

（3）运输机控制方面，向着软启动方向发展。

4. 液压支架

我国液压支架的产量世界第一，生产厂家较多，其中北京煤机厂、郑州煤机厂、平顶山煤机厂、平阳机械厂、庆江机械厂生产数量约占全国的 60%。

目前，我国液压支架的制造水平已达到某些进口产品的水平。为降低支架重量，提高支架强度，支架普遍使用了高强度板，两柱掩护式支架工作阻力可达 10400 kN，适应煤层厚度从 0.6~6.5 m 以至更高。

液压支架的发展方向：

（1）掩护式和支撑式已成液压支架的主流架型，并易于实现自动化控制。

（2）大采高、大截深和薄煤层支架取得了进展。

（3）支架的电液控制系统逐渐得到推广应用。

5. 乳化液泵站

矿用乳化液泵站是煤矿井下现代化高产高效综采工作面的关键设备之一，是保证综采工作面安全可靠运行的重要动力单元。近 30 年来，国内的乳化液泵站的设计和制造技术取得了巨大的进步，主要技术参数得到了很大的提高。同时国内的大型煤矿也引进了众多厂家的乳化液泵站系统，使得我们对国外的乳化液泵站技术有了较为全面的了解。国外厂家采用新材料、新工艺制造乳化液泵的关键部件，延长了整机的大修周期，提高了使用寿命。泵站采用电子监控手段实现了多泵成组自动化运行，提高了泵站系统的可靠性。这些新的思路对我们开发研制高质量的乳化液泵站具有很好的启示和借鉴作用。

国产乳化液泵站的发展趋势是在基本保持两泵一箱配置的基础上，通过增大单台乳化液泵的流量来提高泵站系统的流量。近年来有部分厂家和高校在研制泵站的保护系统，取得了一些技术成果，但功能还很不完善，目前都还没有推广应用。在新材料的使用上，国内已有厂家在尝试使用陶瓷材料制造柱塞。在吸排液阀的结构形式上，也有厂家采用平面密封的片式阀结构。采用高压、大流量的乳化液泵，提高支架的初撑力，实现快速移架，是今后乳化液泵站的发展方向。

二、采掘机械的种类和用途

1. 采煤机械的种类和用途

采煤机（刨煤机）、可弯曲刮板输送机、液压支架是综合机械化采煤工作面的主要设备，其任务是在采煤工作面上完成落煤、装煤、运煤、支护及采空区处理等主要采煤工序，采煤机、刮板输送机、液压支架简称综采"三机"。其他配套设备有桥式转载机、带式输送机、移动变电站、乳化液泵站等。

（1）目前我国多采用滚筒式采煤机来完成落煤。采煤机按工作机构的数量，可分为单滚筒和双滚筒采煤机，前者用于自开切口的短壁机械化工作面（如急倾斜厚煤层放顶煤工作面），后者适用于多种煤层赋存条件；按牵引部控制方式，目前主要分为液压牵引和电牵引采煤机；按牵引方式，可分为链牵引和无链牵引采煤机，目前多用无链牵引采煤机。

（2）刨煤机是一种刨削式浅截深的采煤机械，由刨头、刨链、传动装置和导链架等部分组成，与刮板输送机、液压支架配套可组成综合机械化采煤设备。按刨刀对煤体作用力的性质可分为静力和动力两类刨煤机，前者是靠刨刀对煤壁的静压力破煤，后者是靠刨刀对煤体冲击破煤。目前主要使用的是静力刨煤机。

（3）可弯曲刮板输送机是完成采煤工作面（或工作面运输巷）运煤工序的机械，它除了要完成运煤和清理机道外，还兼作采煤机的运行轨道，以及作为液压支架向前移动的支点。按中部槽的布置方式和结构，刮板输送机可分为并列式和重叠式两种。

（4）桥式转载机安置在采煤工作面运输巷中，是将刮板输送机运出的煤炭抬高转载到可伸缩带式输送机上去的一种中间转载运输机械。为了破碎采煤工作面落下的大块煤炭和岩石，在转载机机身中间多安装破碎机。

（5）带式输送机是完成工作面运输巷中运输工序的机械设备。目前我国煤矿井下主要使用绳架吊挂式及可伸缩式两种类型的带式输送机。

（6）单体液压支柱与金属铰接顶梁配套，完成普通机械化采煤工作面的支护工序，也可用于综采工作面的端头或临时性支护。按供液方式的不同，单体液压支柱可分为内注式和外注式。

（7）滑移顶梁支架是一种介于液压支架和单体液压支柱之间的液压支护设备，适用于缓倾斜中厚煤层一次采全高或厚煤层放顶煤的回采工作面。滑移顶梁支架的整体性较好、支护面较大、强度高、质量轻、结构简单、成本低。

（8）液压支架是完成综采工作面支护的主要设备，它能实现支撑、切顶、前移和推移刮板输送机等。按液压支架与围岩相互作用的关系，目前使用的液压支架可分为支撑式、掩护式和支撑掩护式三大类型。近年来随着采煤方法的更新和发展，液压支架还有放顶煤支架、分层铺网支架，以及端头、排头支架等。在单体支柱与液压支架之间还发展了与单体液压支柱配套的切顶支柱，用它加强切顶能力，实现回柱放顶自动化。

（9）乳化液泵站是用来向单体液压支柱、切顶支柱、滑移顶梁支架和液压支架等提供压力乳化液的设备，是单体液压支柱和液压支架等支护设备的动力源。

2. 掘进机械的种类和用途

凿岩机、装载机、掘进机和钻锚机等是机械化掘进工作面的主要设备，其任务是在掘进工作面上完成钻孔、破碎煤岩、装载、转载和支护等掘进工序。

（1）凿岩机是完成在岩巷中钻凿炮眼这一工序的机械。煤矿上广泛使用的是气动凿岩机，按其支承和推进方式不同，可分为手持式、气腿式和导轨式；按冲击频率又可分为低频和高频凿岩机；按配气方式可分为有阀配气式和无阀配气式。

（2）装载机是完成掘进巷道中装煤岩工序的机械设备。装载机的类型很多，按所装矿物的性质不同可分为装岩机和装煤机，而大多数装载机既可用于装岩石，又可用于装煤，只是对工作机构的形状和强度要求有所不同；按工作机构的结构可分为铲斗、耙斗和扒爪等3种类型；按动力源的不同可分为电动、风动和液动等3种类型，目前主要使用的是电动装载机。

（3）掘进机是具有煤岩破落、装载、转载、调动行走、喷雾除尘功能的联合机组，是以机械方式破落岩（煤）的掘进设备。掘进机的类型很多，按使用范围可分为煤、半煤岩和岩巷等 3 种类型的掘进机；按掘进机的工作机构作用于煤岩断面的作用方式可分为全断面和部分断面两大类型。

三、采掘工作面设备布置

1. 采煤工作面设备布置

采煤工作面设备布置如图 0-1 所示。高产高效综采工作面通常由双滚筒电牵引采煤机 1、重型可弯曲刮板输送机 2 和电液控制的液压支架 3，配以端头支架实现工作面完整配套，并在工作面运输巷内装备与之匹配的桥式转载机、重型破碎机、可自移机尾的可伸缩带式输送机、大流量的乳化液泵站以及动力列车等设备。

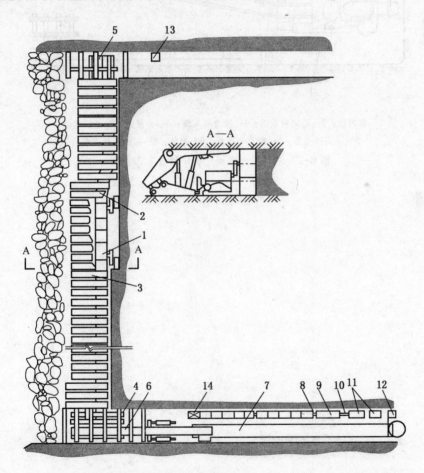

1—滚筒采煤机；2—刮板输送机；3—液压支架；4—下端头架；5—上端头支架；
6—转载机；7—可伸缩带式输送机；8—配电箱；9—乳化液泵站；10—设备列车；
11—移动变电站；12—喷雾泵站；13—液压安全绞车；14—集中控制台

图 0-1　采煤工作面设备布置图（平面图）

2. 掘进工作面设备布置

综合掘进机械化工作面设备布置如图 0-2 所示，以部分断面掘进机 1、桥式转载机 2、带式输送机 6、湿式除尘器 5 和压入式软风筒 8 配套，在煤巷或半煤巷掘进工作面完成各项掘进工序。

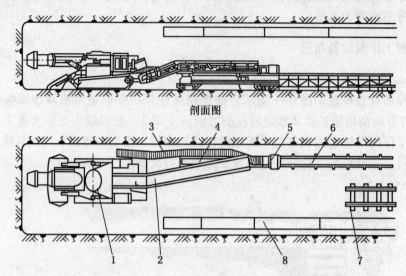

剖面图

1—掘进机；2—桥式转载机；3—吸尘软风筒；4—外段带式输送机尾部；
5—湿式除尘器；6—带式输送机；7—钢轨；8—压入式软风筒

图 0-2　综合掘进机械化工作面设备布置图

模块一 采煤机械

课题一 采煤机械概述

采煤机械分为采煤机和刨煤机两大类。采煤机是机械化采煤作业的主要机械设备，其功能是落煤和装煤。目前应用最广泛的采煤机是滚筒式采煤机，如图1-1所示。

图1-1 双滚筒采煤机

滚筒式采煤机工作可靠性高，效率高，调高方便，功率大，装煤效果好，能自开缺口，因此适用于各种硬度、煤层厚度为0.65~4.5 m的缓倾斜煤层。

刨煤机（图1-2）有动力刨煤机和静力刨煤机两种：动力刨煤机靠刨刀对煤体冲击破煤，存在问题较多，至今仍在研究中；静力刨煤机靠刨刀对煤体静压破煤，目前应用较多。刨煤机宜用于顶底板稳定、煤质较软、地质构造简单的薄煤层和中厚煤层。

一、滚筒式采煤机的工作方式及分类

（一）滚筒式采煤机的工作方式

按机械化程度的不同，机械化采煤工作面可分为普通机械化采煤工作面和综合机械化采煤工作面，简称普采工作面和综采工作面。机械化采煤工作面布置如图1-3所示。图1-4为综采工作面"三机"配套图。

1. 普采工作面的采煤工艺过程

（1）采煤机的滚筒进入下缺口，然后由下向上采煤。

（2）紧随采煤机之后，清理顶煤，挂顶梁。

（3）在采煤机后面清出新机道，并在距采煤机10~15 m处开始推移刮板输送机。

图1-2　刨煤机

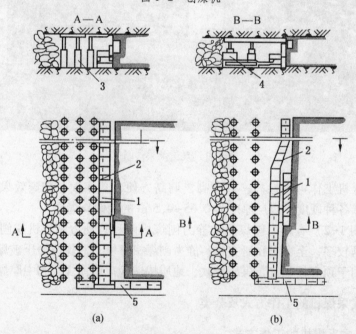

1—滚筒采煤机；2—刮板输送机；3—单体液压支柱或金属支柱；4—液压支架；5—刮板转载机

图1-3　机械化采煤工作面布置图

（4）当输送机移到新机道上以后，在悬挂的顶梁下面支撑金属支柱或单体液压支柱。

当采煤机运行到工作面上缺口时，就实现了一个完整的采煤循环。然后，采煤机由上向下采煤，开始下一个循环。如果煤层厚度大于滚筒直径，不能一次采全高，而且顶煤不易垮落时，采煤机由下向上牵引沿顶板采上部煤，然后，由上向下牵引沿底板采下部煤。采煤机沿工作面上下往返牵引一次，实现一个完整的采煤循环。

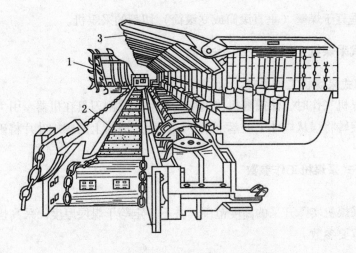

1—采煤机；2—可弯曲刮板输送机；3—液压支架

图1-4 综采工作面"三机"配套图

2. 综采工作面的采煤工艺过程

（1）采煤机自工作面一端开始向另一端采煤。

（2）随着采煤机向前牵引，紧接着移动液压支架，以便及时支护顶板。

（3）在采煤机后面一定距离处，推移工作面刮板输送机。当采煤机移动到工作面另一端，各个工序都相应完成之后，就实现了一个完整的采煤循环。

（二）滚筒式采煤机的分类

（1）按滚筒数分，滚筒式采煤机可分为单滚筒采煤机和双滚筒采煤机。单滚筒采煤机机身较短，重量较轻，但自开切口性能较差；双滚筒采煤机调高范围大，生产效率高，可自开切口，适用范围广。

（2）按煤层厚度分，滚筒式采煤机可分为厚煤层采煤机（采高大于3.5 m）、中厚煤层采煤机（采高1.3~3.5 m）和薄煤层采煤机（采高小于1.3 m）。

（3）按电动机布置方式分，滚筒式采煤机可分为电动机轴向平行煤壁布置采煤机和电动机垂直煤壁布置采煤机。

（4）按调高方式分，滚筒式采煤机可分为固定滚筒式采煤机（靠机身上的液压缸调高）、摇臂调高式采煤机和机身摇臂调高式采煤机。

（5）按机身设置方式分，滚筒式采煤机可分为骑输送机式采煤机和爬底板式采煤机。

（6）按牵引控制方式分，滚筒式采煤机可分为机械牵引采煤机、液压牵引采煤机和电牵引采煤机。

（7）按牵引方式分，滚筒式采煤机可分为钢丝绳牵引采煤机、锚链牵引采煤机和无链牵引采煤机。

（8）按使用煤层条件分，滚筒式采煤机可分为缓倾斜煤层采煤机、倾斜煤层采煤机和急倾斜煤层采煤机。

（9）按工作面布置方式分，滚筒式采煤机可分为长壁采煤机和短壁采煤机。

（10）按牵引机构设置方式分，滚筒式采煤机可分为内牵引采煤机和外牵引采煤机。

（11）按滚筒布置方式分，滚筒式采煤机可分为滚筒平行于煤壁（水平滚筒）切割的采煤机和滚筒垂直于煤壁（垂直滚筒或立滚筒）切割的采煤机。

二、滚筒式采煤机工作原理及工作参数

（一）滚筒式采煤机工作原理

滚筒式采煤机工作时，滚筒随机体沿煤壁移动，截割刀具在机器牵引力作用下切入煤体，利用滚筒旋转将煤从煤体上破落下来，同时利用滚筒上的螺旋叶片将破落下来的煤装入刮板输送机。

（二）滚筒式采煤机工作参数

1. 采高

采高是指采煤机实际开采的高度范围，并不一定等于煤层厚度。采高也是确定配套支护设备的一个重要参数。

2. 截深

截深是指采煤机截割机构（如滚筒）一次切入煤壁的深度。它决定工作面每次推进的步距，是决定采煤机装机功率和生产率的主要因素，也是确定配套支护设备的一个重要参数。为了充分利用顶板压力对煤壁浅部的压酥作用，采煤机采用浅截深，在 0.5～1 m 范围内，上限用于小采高，下限用于大采高。目前，多数滚筒式采煤机采用 0.6 m；薄煤层采煤机为了提高生产率，在条件允许的情况下可加大到 0.75～1 m。

3. 截割速度

滚筒上截齿齿尖的圆周切线速度称为截割速度。截割速度取决于截割部传动比、滚筒直径和滚筒转速，对采煤机的功率消耗、装煤效果、煤的块度和煤尘大小等有直接影响。为了减少滚筒截割时产生细煤和粉尘，增多大块煤，应适当降低滚筒转速。

4. 牵引速度

采煤机截煤时，牵引速度越高，单位时间内的产煤量越大，但电动机的负荷和牵引力也相应增大。为使牵引速度与电动机负荷相适应，牵引速度应能随截割阻力的变化而变化。当截割阻力变小时，应提高牵引速度，以获得较大的切屑厚度，增加产量；当截割阻力变大时，则应降低牵引速度，以减小切屑厚度，防止电动机过载，保证机器正常工作。为此，牵引速度应是无级的，至少是多级的，并且能随截割阻力的变化自动调整。目前，双滚筒采煤机的最大截割牵引速度可达 10～12 m/min，有的采煤机的最大牵引速度高达 18～20 m/min。截煤时，牵引速度一般不超过 5～6 m/min，较大的牵引速度仅用于空载调动机器和返程清理浮煤。

5. 牵引力

牵引力是牵引部的另一个重要参数，是由外载荷决定的。影响采煤机牵引力的因素很多，如煤质、采高、牵引速度、工作面倾角、机器自重及导向机构的结构和摩擦因数等。目前使用的链牵引滚筒式采煤机的牵引力 $F(kN)$ 与电动机功率 $P(kW)$ 之间有以下关系：

$$F = (1.0 \sim 1.3)P$$

由于无链牵引滚筒式采煤机用于大倾角煤层，一般都是双牵引部，故牵引力比链牵引的牵引力大 1 倍。

6. 装机功率

装机功率是指采煤机所有电动机的功率总和，它是表示采煤机工作能力的一个综合参数。装机功率越大，采煤机便可采更坚硬的煤层，生产能力也越高。滚筒式采煤机装机功率的80%～90%消耗在截割部，牵引部所消耗的功率只占采煤机的一小部分。为了防止电动机长时间处于过载状态运行，一般电动机的功率都有一定的富余量。

7. 生产率

采煤机的工作条件不同，其生产率也不相同。采煤机技术特征给出的值是指可能的最大生产率，即在给定条件下以最大参数（采高、截深、牵引速度）运行的生产率。

采煤机的实际生产率由于受辅助作业时间、故障停机时间以及工序间协调等诸多因素的影响，比最大生产率小很多。

三、滚筒式采煤机的结构

现代采煤机基本上采用模块化设计。现以双滚筒采煤机为例，说明其组成。双滚筒采煤机主要由截割部、牵引部、电气系统以及辅助装置组成，如图1-5所示。

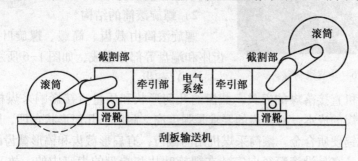

图1-5 双滚筒采煤机的组成

（一）截割部

1. 截割部的特点

（1）截割部均采用机械传动。

（2）在截割部减速箱中一般都有一对可更换的变速齿轮，通过改变齿数可以改变滚筒的转速。

（3）在电动机和滚筒之间的传动装置中都有一离合器。采煤机调动和检修，或试验牵引部时需打开离合器，使滚筒停止转动；当采煤机停止工作时，为保证人员安全，也需要将滚筒与电动机断开。

（4）为使采煤机能自开缺口，截割滚筒一般都伸出机身长度一定的距离，所以多采用摇臂的形式。

（5）为适应煤层厚度和煤层的起伏变化，专门有一套单独的辅助液压系统，用来实现滚筒高度的调整和挡煤板的翻转。

2. 截割部的组成及作用

（1）截割部的组成：采煤机截割部包括采煤机工作机构和采煤机传动装置（减速器）。此外，还包括工作机构的调高机构和弧形挡煤板及其翻转机构。

（2）截割部的作用：截割部是将电动机的动力经过减速后，传递给截煤滚筒，以进行割煤，并且通过滚筒上的螺旋叶片将截割下来的煤装到工作面输送机上。

工作机构截割性能直接影响采煤机的生产率、传动效率、比能耗和使用寿命。

3. 截割部工作机构

螺旋滚筒是滚筒式采煤机截割部的工作机构。

1）对螺旋滚筒的要求

（1）降低比能耗（比能耗越小，生产率越高）。

（2）降低滚筒阻力矩幅值的变动量（3%~5%）。

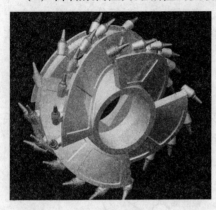

图1-6 螺旋滚筒

（3）可靠性高。

（4）有自切入煤壁的能力。

（5）截齿装拆方便、固定牢固。

（6）螺旋滚筒的落煤和装煤能力协调一致。

螺旋滚筒最佳截割性能指标是：比能耗小，生产率高，块煤率高，煤尘生成量小，装煤效率高，运转平稳，使用寿命长，不引燃瓦斯。

2）螺旋滚筒的结构

螺旋滚筒由截齿、筒毂、螺旋叶片、喷嘴座、齿座和端盘等部分组成，如图1-6所示。

（1）截齿。

截齿是采煤机直接落煤的刀具，截齿的几何形状和质量直接影响采煤机的工况、耗能、生产率和吨煤的成本。对截齿的要求是强度高、耐磨、几何形状合理、固定牢靠。截齿齿头镶嵌碳化钨硬质合金。滚筒采煤机用的截齿，有扁形截齿和镐形截齿两种。

①扁形截齿：它是沿滚筒径向安装在螺旋叶片和端盘的齿座中的，故又称为径向截齿。为提高耐磨性能，截齿头部镶嵌有硬质合金。扁形截齿可截割不同硬度和韧性的煤，适应性较好。扁形截齿及其固定如图1-7所示。

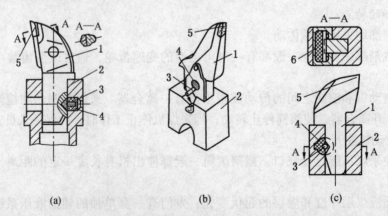

（a）　　　　　　（b）　　　　　　（c）

1—刀体；2—齿座；3—销钉；4—橡胶套；5—硬质合金头；6—卡环

图1-7 扁形截齿及其固定

②镐形截齿：分为圆锥形截齿（图1-8a）和带刃扁截齿（图1-8b）。镐形截齿基本上是沿滚筒切向安装的，故又称切向截齿。镐形截齿落煤时主要靠齿尖的尖劈作用楔入煤

体而将煤碎落，故适用于脆性及裂隙多的煤层。圆锥形截齿的齿尖是由硬质合金做成的，齿身头部也堆焊一层硬质合金，以增加耐磨性。这种截齿形状简单，制造容易。从原理上讲，截煤时截齿可绕轴线自转而自动磨锐。

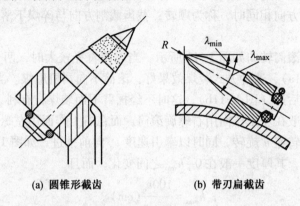

(a) 圆锥形截齿   (b) 带刃扁截齿

图 1-8 镐形截齿

（2）螺旋滚筒的参数。

螺旋滚筒的参数有结构参数和工作参数两种。结构参数包括滚筒直径和宽度、螺旋叶片的旋向和头数，工作参数指滚筒的转速和转动方向。

螺旋滚筒有 3 个直径，即滚筒直径 D、螺旋叶片外缘直径 D_y 及筒壳直径 D_g。其中滚筒直径是指滚筒上截齿齿尖处的直径。滚筒直径尺寸已成系列，可根据所采煤层厚度选择。筒壳直径 D_g 越小，螺旋叶片的运煤空间越大，有利于装煤。通常 D_y 与 D_g 之比为 0.4~0.6。

滚筒宽度 B 是滚筒边缘到端盘最外侧截齿齿尖的距离，也即采煤机的理论截深。目前采煤机的截深为 0.6~1.0 m，其中以 0.6 m 用得最多。

滚筒的螺旋叶片有左旋和右旋之分，为向输送机推运煤，滚筒的旋转方向必须与滚筒的螺旋方向相一致。逆时针方向旋转（站在采空区侧看滚筒）的滚筒，叶片应为左旋；顺时针方向旋转的滚筒，叶片应为右旋，即应符合通常所说的"左转左旋，右转右旋"规律，如图 1-9、图 1-10 所示。

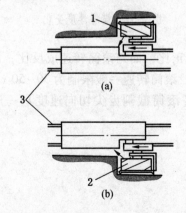

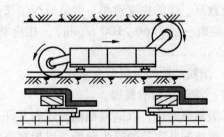

1—左螺旋滚筒；2—右螺旋滚筒；3—刮板输送机

图 1-9 单滚筒采煤机的滚筒螺旋方向   图 1-10 双滚筒采煤机的滚筒转向与螺旋方向

滚筒上螺旋叶片的头数一般为2~4头，以双头用得最多，3、4头只用于直径较大的滚筒或用于开采硬煤的滚筒。

采煤机在往返采煤的过程中，滚筒的转向不能改变，为此出现两种不同的情况：截齿截割方向与碎煤下落方向相同时，称为顺转；截齿截割方向与碎煤下落方向相反时，称为逆转。

双滚筒采煤机的滚筒转向如图1-11所示。当滚筒直径较大时，两个滚筒的转向一般为前逆后顺（图1-11a），这种方式装煤效果好，滚筒不向司机甩煤。当滚筒直径较小时，滚筒转向一般为前顺后逆（图1-11b），这时不经摇臂下面装煤，有利于提高装煤效率。

单滚筒采煤机一般在左工作面用右螺旋滚筒，而在右工作面用左螺旋滚筒。

若采煤机滚筒以转速 n 旋转，同时以牵引速度 v_q 向前推进，如图1-12所示，则截齿切下的煤屑呈月牙形，其厚度一般在 $0 \sim h_{max}$ 之间变化，而且

$$h_{max} = \frac{100 v_q}{m \cdot n} (cm)$$

式中，v_q 为牵引速度，n 为滚筒转速，m 为同一截线上的截齿数。

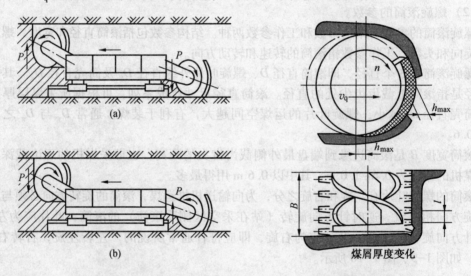

图1-11　滚筒转向　　　　　　　　图1-12　煤屑厚度变化

由上式可见，m 一定时，煤屑厚度与牵引速度成正比，而与滚筒转速成反比，即滚筒转速愈高，煤的块度愈小，并造成煤尘飞扬。所以，滚筒转速一般限制为30~50 r/min（薄煤层时一般为60~100 r/min），相应截齿速度（滚筒截割齿尖切向速度）一般为3~5 m/s。

3）滚筒结构的发展及参数选择

（1）滚筒结构的发展。

①滚筒强力化，以适应截割硬煤和夹矸。

②滚筒配备完善的除尘装置，以提高降尘效率。

③广泛采用棋盘式截齿配置，截割比能耗低，块煤率高，煤尘小，滚筒轴向力小。

④滚筒筒毂呈锥状扩散形，装煤更流畅，减少了二次破碎。

（2）滚筒参数选择。

①滚筒转速降低，截割和装载比能耗下降，生产率提高。

②牵引速度增高，截割和装载功率增加，比能耗下降，生产率提高。

③对截割来说，转速降低和牵引速度增高，截割深度增大，块煤率增大。对装煤来说，转速降低，煤尘降低，牵引速度增大，易堵塞煤道。

④不论截割或装载，机器运转平稳是关键，应注意截齿排列及滚筒筒毂形状。

4. 截割部传动装置

截割部传动装置的功能是将电动机的动力传递到滚筒上，以满足滚筒工作的需要。同时，传动装置还应适应滚筒调高的要求，使滚筒保持适当的工作高度。由于截割消耗采煤机总功率的80%~90%，因此要求截割部传动装置具有高的强度、刚度和可靠性，以及良好的润滑密封、散热条件和高的传动效率。对于单滚筒采煤机，还应使传动装置能适应左、右工作面采煤的要求。

1）传动方式

采煤机截割部都采用齿轮传动，常见的传动方式有以下四种：

（1）电动机—固定减速箱—摇臂—滚筒，如图1-13a、图1-14所示。这种传动方式的特点是传动简单，摇臂从固定减速箱端部伸出，支撑可靠，强度和刚度好。但摇臂下降的最低位置受输送机限制，故挖底量较小。DY-150、BM-100型采煤机均采用这种传动方式。

（2）电动机—固定减速箱—摇臂—行星齿轮传动—滚筒，如图1-13b、图1-15所示。这种方式在滚筒内设置了行星传动，从而使前几级传动比减小，简化了传动系统，但筒壳尺寸却增大了，故这种传动方式适用于中厚煤层采煤机，如在 MLS$_3$-170、MXA-300、AM-500 和 MG 系列等采煤机中采用。

（3）电动机—减速箱—滚筒，如图1-13c、图1-16所示。这种传动方式取消了摇臂，靠由电动机、减速箱和滚筒组成的截割部来调高（称为机身调高），使齿轮数大大减少，而机壳的强度、刚度增大，且调高范围大，采煤机机身也可缩短，有利于采煤机开缺口工作。MXP-240 和 DTS-300 型采煤机采用这种传动方式。

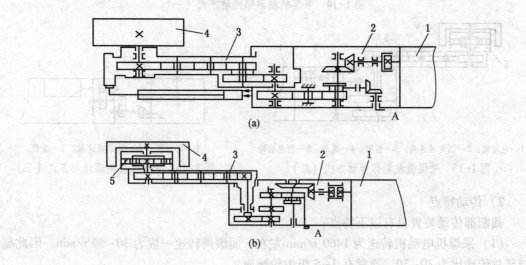

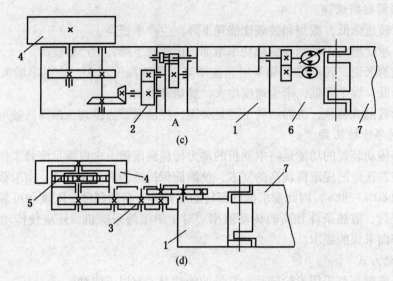

1—电动机；2—固定减速箱；3—摇臂；4—滚筒；5—行星齿轮传动；6—泵箱；7—机身及牵引部

图 1-13　截割部传动方式

（4）电动机—摇臂—行星齿轮传动—滚筒，如图 1-13d、图 1-17 所示。这种传动方式的电动机轴与滚筒轴平行，取消了容易损坏的锥齿轮，使传动更加简单，而且调高范围大，机身长度小。目前，新型电牵引采煤机都采取这种传动方式。

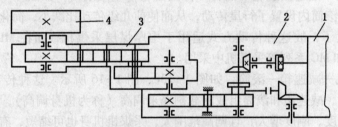

1—电动机；2—固定减速箱；3—摇臂；4—滚筒

图 1-14　采煤机截割部传动方式（一）

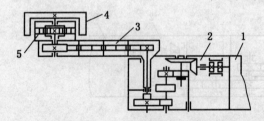

1—电动机；2—固定减速箱；3—摇臂；4—滚筒；5—行星齿轮

图 1-15　采煤机截割部传动方式（二）

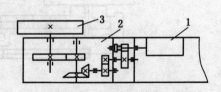

1—电动机；2—固定减速箱；3—滚筒

图 1-16　采煤机截割部传动方式（三）

2）传动特点

截割部传动装置具有以下特点：

（1）采煤机电动机转速为 1460 r/min 左右，而滚筒转速一般为 30~50 r/min，因此截割部总传动比为 30~50。通常有 3~5 级齿轮减速。

（2）多数采煤机电动机轴心线与滚筒轴心线垂直，因此传动装置高速级总有一级圆锥齿轮传动。

（3）通常采煤机的电动机除驱动截割部外还要驱动牵引部，故截割部传动系统中必须设置离合器，使采煤机在调动或检修（如更换截齿等）时将滚筒与电动机脱开，以保证作业安全。

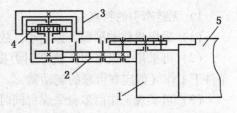

1—电动机；2—摇臂；3—滚筒；
4—行星齿轮传动；5—机身及牵引部

图 1-17 采煤机截割部传动方式（四）

（4）为适应开采不同性质煤层的需要，有的采煤机备有两种或三种滚筒转速，利用变换齿轮变速。

（5）为扩大调高范围，需加长摇臂，摇臂内常装有一串惰轮。

（6）截割部承受很大的冲击载荷，为保护传动零件，在一些采煤机截割部中设有专门的安全保险销。

3）传动装置的润滑

采煤机截割部传动的功率大，传动件的负载很大，还受冲击，因此传动装置的润滑十分重要。最常用的方法是飞溅润滑。随着采煤机功率的加大，采取强制方法润滑，即用专门的润滑泵将润滑油供应到各个润滑点上（如 MG300-W 型采煤机）。

采煤机摇臂齿轮的润滑具有特殊性。摇臂不仅承载重、受冲击大，而且割顶煤或割底部煤时，摇臂中的润滑油会集中在一端，使其他部位的齿轮得不到润滑。因此，在采煤机操作中，一般规定滚筒割顶煤或挖底时，工作一段时间后，应停止牵引，将摇臂下降或放平，使摇臂内全部齿轮都得到润滑后再工作。

根据采煤机截割部减速箱和摇臂的承载特点，大多选 $150 \sim 460 \ mm^2/s(40 \ ℃)$ 的极压（工业）齿轮油作为润滑油，其中以 N220 和 N320 硫磷型极压齿轮油用得最多。

（二）牵引部

牵引部利用电动机传递来的动力使采煤机沿工作面移动，它包括牵引传动装置和牵引机构两部分。牵引机构是移动采煤机的执行机构，又可以分为有链牵引和无链牵引两种。传动装置用来驱动牵引机构并实现牵引速度的调节，有机械传动、液压传动和电传动等类型，分别称为机械牵引、液压牵引和电牵引。

1. 对牵引部的基本要求

（1）总传动比大，牵引力大。

（2）总传动比应能在工作过程中随时调节。

（3）要在电动机转向一定的条件下反向牵引和停止牵引。

（4）要有可靠的过载保护性能。

（5）要有足够的强度。

（6）操作方便。

2. 链牵引机构

链牵引机构已基本淘汰，在此不做介绍。

3. 无链牵引机构

采煤机向大功率、重型化和大倾角方向发展以后，链牵引机构已不能满足需要，因此，从 20 世纪 70 年代开始，链牵引已逐渐减少，无链牵引得到了很大发展。

1) 无链牵引的特点

（1）采煤机移动平稳，振动小，故障率低，机器使用寿命延长。

（2）可采用多级牵引，使牵引力提高到 400～600 kN，可以在大倾角（最大达 54°）条件下工作（但应有可靠的制动器）。

（3）可实现工作面多台采煤机同时工作，以提高产量。

（4）消除了断链事故，增大了安全性。

无链牵引的缺点是：对输送机的弯曲和起伏不平要求高，输送机的弯曲段较长（约 15 m），对煤层地质条件变化的适应性差。此外，无链牵引机构使机道宽度增加约 100 mm，加长了支架的控顶距离。

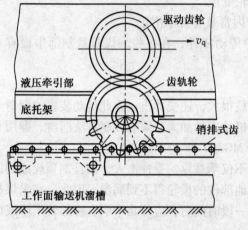

图 1-18　齿轮—销轨型无链牵引机构

2）无链牵引的工作原理和结构型式

无链牵引机构取消了固定在工作面两端的牵引链，以采煤机牵引部的驱动轮或再经中间轮与铺设在输送机槽帮上的齿轨相啮合，从而使采煤机沿工作面移动。无链牵引的结构型式很多，主要有以下几种。

（1）齿轮—销轨型。这种无链牵引机构是以采煤机牵引部的驱动齿轮经中间齿轨轮与铺设在输送机上的圆柱销排式齿轨（即销轨）相啮合，使采煤机移动，如图 1-18 所示。MXA-300 型采煤机采用两套这种牵引机构。

（2）滚轮—齿轨型。这种无链牵引机构由装在底托架内的两个牵引传动箱分别驱动两个滚轮（销轮），滚轮与固定在输送机上的齿条式齿轨相啮合而使采煤机移动，如图 1-19 所示。

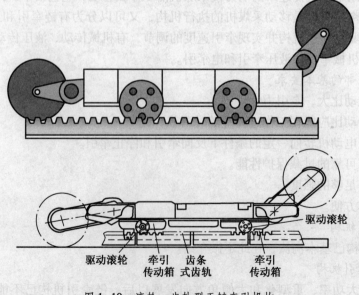

图 1-19　滚轮—齿轨型无链牵引机构

（3）链轮—链轨型。如图1-20所示，牵引圆环链通过张紧装置固定在输送机的机头和机尾架上，主链轮旋转与牵引链啮合滚动，从而带动采煤机上下运行。

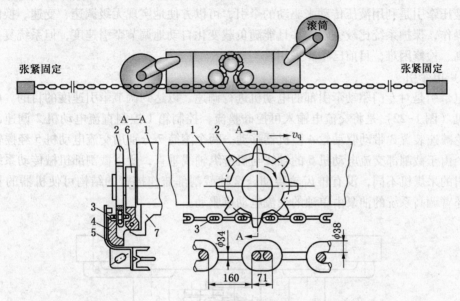

1—传动装置；2—驱动链轮；3—圆环链；4—链轨架；5—侧挡板；6—导向滚轮；7—底托架

图1-20 链轮—链轨型无链牵引机构

（4）复合齿轮齿条型。如图1-21所示，采用齿轮—齿条双啮合传动，使采煤机运行。这种无链牵引机构强度高，寿命长，啮合运行平稳，定位导向性好。

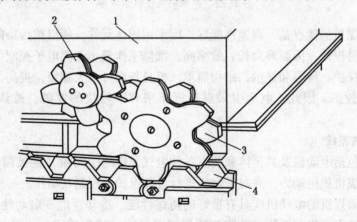

1—传动箱；2、3—复合齿轮；4—复合齿条

图1-21 复合齿轮齿条型无链牵引机构

4. 牵引部传动装置的类型

牵引部传动装置的功用是将采煤机电动机的动力传到主动链轮或驱动轮并实现调速。现有牵引部传动装置按传动形式可分为机械牵引、液压牵引和电牵引。

1）机械牵引

机械牵引是指全部采用机械传动装置的牵引，其特点是工作可靠，但只能有级调速，结构复杂，目前已彻底淘汰。

2）液压牵引

液压牵引是利用液压传动来驱动的牵引，可以方便地实现无级调速、变速、换向和停机等操作，保护系统比较完善，并且能随负载变化自动地调节牵引速度，但系统复杂、故障率高、检修困难，目前已很少采用。

3）电牵引

电牵引是对专门驱动牵引部的电动机进行调速，以达到调节牵引速度的目的。电牵引采煤机（图1-22）是将交流电输入可控硅整流，控制箱1控制直流电动机2调速，然后经齿轮减速装置3带动驱动轮4使机器移动。两个滚筒7分别用交流电动机5经摇臂6来驱动。由于截割部交流电动机5的轴线与机身纵轴线垂直，所以截割部机械传动系统与液压牵引的采煤机不同，没有锥齿轮传动。这种截割部兼作摇臂的结构可使机器的长度缩短。摇臂调高系统的油泵由单独的交流电动机驱动。

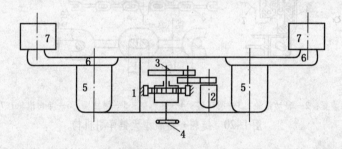

1—控制箱；2—直流电动机；3—齿轮减速装置；4—驱动轮；5—交流电动机；6—摇臂；7—滚筒

图1-22　电牵引采煤机示意图

电牵引采煤机的优点是：调速性能好；因采用固体元件，所以抗污染能力强；除电刷和整流子外无易损件，因而寿命长、效率高，维修工作量小；因电子控制的响应快，所以易于实现各种保护、检测和显示；结构简单，机身长度可大大缩短，提高了采煤机的通过性能和开缺口效率。因此，电牵引采煤机近年来有了较快的发展，被认为是第四代采煤机。

（三）电气系统

电气系统包括电动机及其箱体和装有各种电气元件的中间箱（连接筒）。该系统的主要作用是为采煤机提供动力，并对采煤机进行过载保护及控制其动作。

因为要求采煤机的电动机应具有良好的防爆性能、冷却性能、启动性能和过载性能，所以交流驱动的采煤机都采用三相交流隔爆型双鼠笼（或深槽式）电动机，容量较大的还应设有水冷装置。

（四）采煤机辅助装置

采煤机辅助装置包括调高和调斜装置、底托架、降尘装置、拖缆装置、破碎装置、弧形挡板、张紧装置、防滑装置和辅助液压装置等。根据滚筒采煤机的不同使用条件和要求，各辅助装置可以有所取舍。

1. 调高和调斜装置

为适应煤层厚度变化，在煤层高度范围内上下调整滚筒位置称为调高。为了使下滚筒能适应底板沿煤层走向的起伏，使采煤机机身绕纵轴摆动称为调斜。

采煤机调高有摇臂调高和机身调高两种类型，它们都是靠调高油缸（千斤顶）来实现的。用摇臂调高时，大多数调高千斤顶装在采煤机底托架内（图1-23a），通过小摇臂与摇臂轴使摇臂升降，也有将调高千斤顶放在端部（图1-23b）或截割部固定减速箱内（图1-23c）的。用机身调高时，摇臂千斤顶有安装在机身上部的（图1-24），也有装在机身下面的（如 MXP-240 型采煤机的调高装置）。

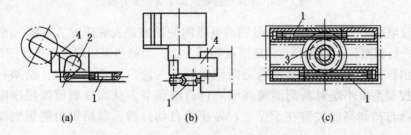

1—调高千斤顶；2—小摇臂；3—摇臂轴；4—摇臂

图1-23 摇臂调高方式

典型的调高液压系统如图1-25所示。调高泵2经滤油器1吸油，靠操纵换向阀3通过双向液压锁4使调高千斤顶5升降。双向液压锁用来锁紧千斤顶活塞的两腔，使滚筒保持在所需的位置上。安全阀6的作用是保护整个系统。

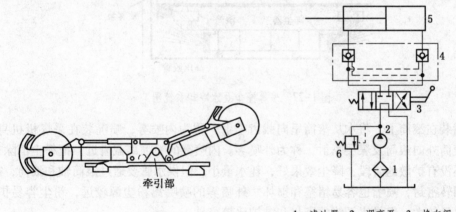

牵引部

1—滤油器；2—调高泵；3—换向阀；

4—双向液压锁；5—千斤顶；6—安全阀

图1-24 机身调高方式　　　　图1-25 调高液压系统

目前，采煤机滚筒高度的控制绝大部分依靠人工操作。然而，由于采煤工作面条件恶劣，人工很难准确判断采煤机的截割状态。采煤机自动调高就是采煤机滚筒自动跟踪煤层变化，自动调节滚筒的截割高度，避免截割顶、底板岩石。采煤机滚筒自动调高系统由煤层厚度监测仪、控制器、电磁阀、调高液压缸和摇臂及滚筒等组成。该系统是一闭环控制系统，其方框图如图1-26所示。

自动调高系统的工作原理为：顶板起伏变化引起采煤机截割后剩留煤层厚度的变化，煤层厚度监测器随时监测剩留煤层厚度并与设定厚度相比较，如果剩留煤层厚度大于设定

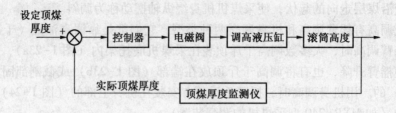

图 1-26　采煤机摇臂调高系统控制方框图

厚度，比较电路给出负信号，该信号驱动电磁阀使油液进入液压缸活塞腔，活塞杆伸出，滚筒升高进行截割，一直达到与设定厚度相同为止。当剩留煤层厚度小于设定厚度时，比较电路给出正信号，该信号驱动电磁阀使油液进入液压缸活塞杆腔，活塞杆缩回，滚筒降低。控制系统不断对截割滚筒高度进行自动调节，从而使剩留煤层厚度达到设定厚度。滚筒自动调高的关键在于煤、岩界面的自动分辨，即研制出能识别煤、岩界面的传感器。

2. 喷雾降尘装置

喷雾降尘是用喷嘴把压力水高度扩散，使其雾化，形成将粉尘源与外界隔离的水幕。雾化水能拦截飞扬的粉尘而使其沉降，并有冲淡瓦斯、冷却截齿、湿润煤层和防止产生截割火花等作用。图 1-27 所示为喷雾降尘及水冷却系统。

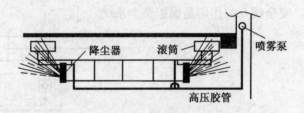

图 1-27　喷雾降尘及水冷却系统图

喷嘴装在滚筒上，将水从滚筒里向截齿喷射，称为内喷雾；喷嘴装在采煤机机身上，将水从滚筒外向滚筒及煤层喷射，称为外喷雾。内喷雾的喷嘴离截齿近，把粉尘消除在刚刚生成还没有扩散的阶段，降尘效果好，耗水量小。但供水管要通过滚筒轴和滚筒，需要可靠的回转密封，喷嘴也容易堵塞和损坏。外喷雾的喷嘴离粉尘源较远，粉尘容易扩散，并且耗水量较大，但供水系统的密封和维护比较容易。

喷嘴是喷雾系统的关键元件，要求其雾化质量好，喷射范围大，耗水量小，尺寸小，不易堵塞和拆装方便。常见的喷嘴结构如图 1-28 所示。

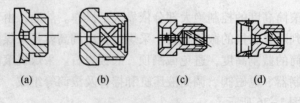

　　　　(a)　　　　　　(b)　　　　　　(c)　　　　　　(d)

图 1-28　喷嘴结构

图 1-29 所示为采煤机典型的喷雾冷却系统，其供水由喷雾泵站沿顺槽管路、工作面

拖移软管接入，经截止阀、过滤器及水分配器分配成四路：1、4 路供左、右截割部内、外喷雾，2 路供牵引部冷却及外喷雾，3 路供电动机冷却及外喷雾。

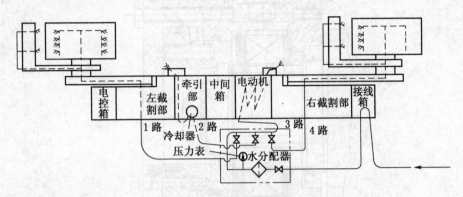

图 1-29 采煤机喷雾冷却系统

滚筒式采煤机负压二次降尘原理是：将一长筒置于采煤机机身上面，长筒内安装喷嘴，高压水通过喷嘴喷向长筒一端，水流带动空气在吸风端形成负压场，煤尘被吸入筒内后，在雾化水作用下沉降，筒内喷出的水雾进一步降尘，达到二次降尘的目的。

3. 防滑装置

骑在输送机上工作的采煤机，当煤层倾角大于 10°时，就有下滑的危险。特别是链牵引采煤机上行工作时，一旦断链，就会造成机器下滑的重大事故。因此，《煤矿安全规程》规定，当工作面煤层倾角大于 15°时，采煤机应设防滑装置。常用的防滑装置有防滑杆、制动器、液压安全绞车等。

最简单的防滑办法是在采煤机底托架下面顺着煤层倾斜向下的方向设置防滑杆（图1-30）。可利用手把操纵，在采煤机上行采煤时将防滑杆放下。这样，万一断链下滑，防滑杆即插在刮板链上，只要及时停止输送机，便可防止机器下滑。而下行采煤时将防滑杆抬起。这种装置只用于中小型采煤机。在无链牵引中，可用设在牵引部液压马达输出轴上的圆盘摩擦片式液压制动器，代替设于上顺槽的液压安全绞车，防止停机时采煤机下滑。这种制动器已用于 MXA-300 等型采煤机中，效果良好。

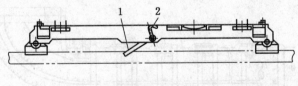

1—防滑杆；2—手把
图 1-30 防滑杆

液压制动器的结构如图 1-31 所示。内摩擦片 6 装在马达轴的花键槽中，外摩擦片 5 通过花键套在离合器外壳 4 的槽中。内、外摩擦片相间安装，并靠活塞 3 中的预压弹簧 7 压紧。弹簧的压力使摩擦片在干摩擦情况下产生足够大的制动力以防止机器下滑。当控制油由 B 口进入油缸时，活塞 3 压缩弹簧 7 而右移，使摩擦离合器松开，采煤机即可牵引。

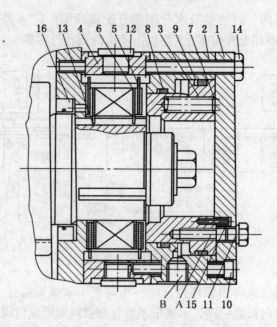

1—端盖；2—油缸体；3—活塞；4—离合器外壳；5—外摩擦片；6—内摩擦片；7—弹簧；8、9—密封圈；
10、14—螺钉；11、12—丝堵；13—马达轴；15—定位销；16—油封；A、B—油口

图 1-31　液压制动器的结构

4. 电缆拖移装置

采煤机采煤时，需要收放电缆和水管。通常把电缆和水管装在电缆夹（图 1-32）里，由采煤机拖着一起移动。

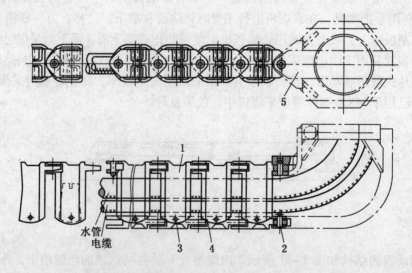

1—框形链环；2—销轴；3—挡圈；4—板式链；5—弯头

图 1-32　电缆夹

电缆夹由框形链环 1 用铆钉连接而成，各段之间用销轴 2 连接。链环朝采空区侧是开口的，电缆和水管从开口放入并用挡圈 3 挡住。电缆夹的一端用一个可回转的弯头 5 固定

在采煤机的电气接线箱上。为了改善靠近采煤机机身这一段电缆夹的受力情况，在电缆夹的开口一边装有一条节距相同的板式链 4，以使链环不致发生侧向弯曲或扭绞。

5. 破碎装置

破碎装置（图 1-33）用来破碎将要进入机身下的大块煤，安装在迎着煤流的机身端部，由破碎滚筒及其传动装置组成。有由截割部减速箱带动或专用电动机传动两种驱动方式。

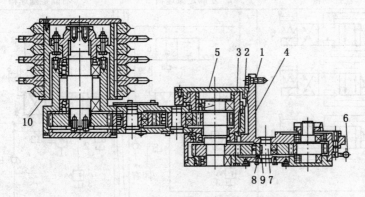

1—螺栓；2—固定套；3—回转套；4—机体；5—摇臂壳体；
6—离合手把；7—轴；8—偏心轮；9—平键；10—破碎滚筒

图 1-33 破碎装置

6. 底托架

底托架（图 1-34）是滚筒采煤机机身与工作面输送机相连接的组件。由托架、导向滑靴、支撑滑靴等组成。电动机、截割部和行走部组装成整体固定在托架上，通过其下部的四个滑靴（分别安装在前、后、左、右）骑在工作面输送机上，并沿输送机滑行。靠采空区侧的两个滑靴称导向滑靴，导向滑靴套装在工作面输送机中部槽的导轨或无链牵引的行走轨上，防止采煤机运行时落道。

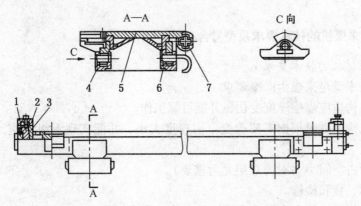

1—压板；2—斜铁；3—塞铁；4、6—滑靴；5—底架；7—导链管

图 1-34 底托架

靠煤壁侧的滑靴称支撑滑靴，用以支撑采煤机并起导向作用，有滑动式和滚轮式两种。底托架与工作面输送机中部槽之间需具有足够的空间，以便于煤流从中顺利通过。有

的滚筒采煤机机身（主要是薄煤层采煤机）通过导向滑靴和支撑滑靴直接骑坐在工作面输送机上，以增大机身下的过煤空间。

7. 辅助液压系统

采煤机的辅助液压系统一般要完成滚筒调高、机身调斜、翻转挡煤板和防滑等动作，其系统如图 1-35 所示。

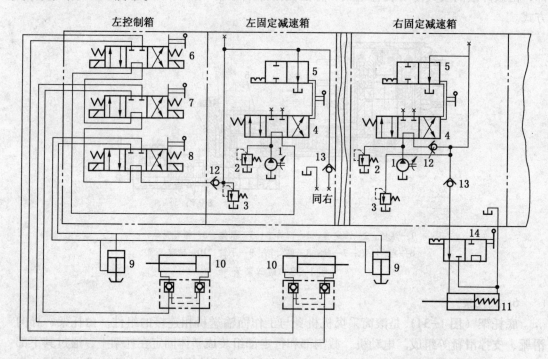

1—液压泵；2—安全阀；3—溢流阀；4、5—手动控制阀；6、7—调高换向阀；8—调斜换向阀；
9—调斜液压缸；10—调高液压缸；11—防滑液压缸；12、13—单向阀；14—防滑换向阀

图 1-35　辅助液压系统

四、滚筒式采煤机的技术要求及型号含义

1. 滚筒式采煤机的技术要求

（1）装机功率满足采煤生产率要求。

（2）截割机构适应煤层厚度变化，并能可靠工作。

（3）牵引机构能随时根据需要改变牵引速度大小，并能实现无级调速，以适应煤层硬度变化。

（4）机身所占空间小（对薄煤层尤为重要）。

（5）便于拆、装和检修。

（6）防爆性能好，能在有煤尘、瓦斯的工作面安全工作。

（7）具有防滑装置和内外喷雾降尘装置。

（8）工作稳定可靠，操作简单方便，维修容易。

2. 滚筒式采煤机型号含义

以 MG300/700-WD 为例说明型号的组成及其含义。

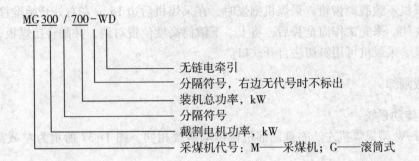

课题二 MG300-W 型液压牵引采煤机

MG300-W 型采煤机是我国自行设计、研制的大功率采煤机，它与 SGZ-730/264 型刮板输送机、ZY4000-18/38 型液压支架、SZZ-730/132 型转载机、PEM980×815 型颚式破碎机以及 SDZ-150 型可伸缩带式输送机等组成综采配套设备，用于开采层厚 2.1~3.7 m、倾角小于 35°的中硬或硬煤层。

一、组成及工作原理

如图 1-36 所示，该机主要由截割部（包括固定减速箱、摇臂减速箱、滚筒和挡煤板）、牵引部（包括液压传动箱、牵引传动箱）、电动机（定子水冷，300 kW）、滚轮—齿条无链牵引机构、破碎装置和底托架等组成。

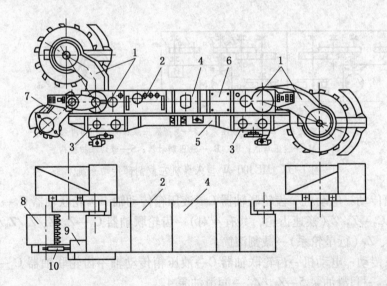

1—截割部；2—液压传动箱；3—牵引传动箱；4—电动机；5—底托架；6—中间箱；

7—破碎装置小摇臂；8—破碎滚筒；9—破碎装置固定减速箱；10—小摇臂摆动油缸

图 1-36 MG300-W 型采煤机

该机靠 4 个滑靴骑在工作面刮板输送机上工作。靠煤壁侧的两个滑靴支撑在输送机的铲煤板上；靠采空区侧的两个滑靴支撑在输送机的槽帮上，并通过齿条上的导轨为滑靴导向，使采煤机不致脱离齿轨。采煤机割煤时，在采煤机后边 15 m 左右处开始推移输送机，紧接着移支架。采完工作面全长后，将上、下滚筒高度位置对调，并翻转挡煤板，然后反向牵引割煤。采煤机可用斜切法自开缺口。

二、截割部

（一）传动系统

MG300-W 型采煤机左、右截割部机械传动系统相同，图 1-37 所示为左截割部传动系统。

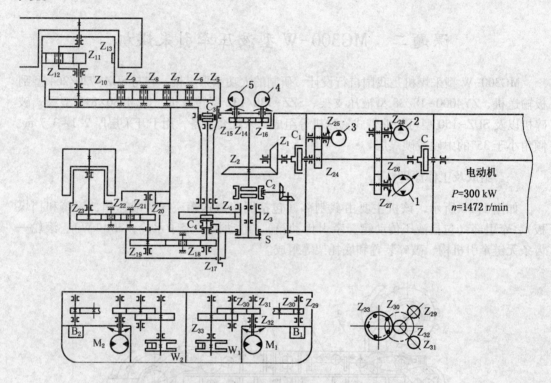

1—主液压泵；2—辅助液压泵；3—调高液压泵；4、5—润滑泵；
M_1、M_2—液压马达；B_1、B_2—液压制动器；S—剪切保护机构

图 1-37 MG300-W 型采煤机左截割部传动系统

截煤滚筒传动：电动机→齿轮联轴器 C→液压箱传动轴→齿轮联轴器 C_1→Z_1/Z_2（锥齿轮）→离合器 C_2→Z_3/Z_4（换速齿轮，共有 4 对）→齿轮联轴器 C_3→Z_5/Z_6/Z_7/Z_8/Z_9（惰轮）/Z_{10}→Z_{11}、Z_{12}、Z_{13}（行星轮系）→截割滚筒。

润滑油泵传动：电动机→齿轮联轴器 C→液压箱传动轴→齿轮联轴器 C_1→Z_1/Z_2（锥齿轮）→Z_{14}/Z_{15}→润滑油泵 5→Z_{14}/Z_{15}→润滑油泵 4。

破碎滚筒传动：电动机→齿轮联轴器 C→液压箱传动轴→齿轮联轴器 C_1→Z_1/Z_2（锥齿轮）→离合器 C_2→Z_3/Z_4→离合器 C_4→Z_{17}/Z_{18}/Z_{19}→Z_{20}/Z_{21}/Z_{22}/Z_{23}→破碎滚筒。

（二）结构

图 1-38 所示为固定减速箱的结构，其整体铸造的箱体结构是上下对称的，因此在减速箱进行组装时，箱体无左右之分，可以翻转 180° 使用。但已组装好的左、右固定减速

箱不能左、右互换。

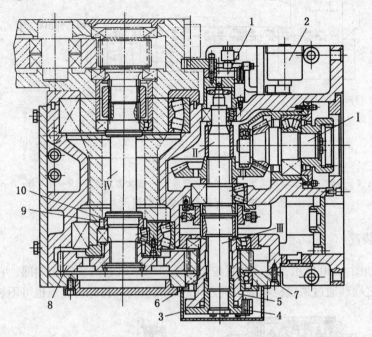

1—润滑油泵；2—冷却器；3—过载保护套；4—安全销；5—轴套；6—滑动轴承；7、8—齿轮；9、10—密封圈

图 1-38 固定减速箱结构

固定减速箱内装有两级齿轮传动（共 4 个轴系组件）、齿轮离合器和两个润滑油泵。Ⅱ轴靠采空区侧的端部通过齿轮离合器与Ⅲ轴连接。Ⅲ轴端部用花键与过载保护套 3 连接。保护套又通过安全销 4 与轴套 5（由两个滑动轴承 6 支撑）连接。两轴套与齿轮是通过花键连接的。这样，动力由齿轮离合器→Ⅲ轴→过载保护套→安全销→轴套→齿轮 7→齿轮 8，然后传至Ⅳ轴。当滚筒过载时，安全销被剪切断，电动机及传动件得到保护。过载保护装置位于采空区侧的箱体之外，其外面有保护罩，一旦安全销断裂，更换比较方便。

摇臂外形呈下弯状，加大了摇臂下面过煤口的面积，使煤流更加畅通。摇臂壳体为整体结构，靠采空区侧的外面焊有一水套，以冷却摇臂。

（三）润滑

固定箱和摇臂箱的润滑系统如图 1-39 所示。固定箱里的齿轮、轴承等传动件靠齿轮旋转时带起的油进行飞溅润滑。固定箱油池 8 中的热油由润滑泵 6 送至冷却器 7 冷却，冷却后的油又回到固定箱油池。因固定箱油池与破碎装置固定箱油池内部相通，故破碎装置固定箱中的润滑油也得到冷却。

润滑泵 5 专供摇臂箱传动件的润滑。当摇臂上举时，润滑油都流到摇臂箱靠固定箱端，这时机动换向阀 4 处于Ⅱ位，摇臂中的润滑油经摇臂下部吸油口 3、换向阀 4 进入润滑泵 5，排出的油经管道送到摇臂中润滑齿轮和轴承。当摇臂下落到水平位置和下倾 22°时，换向阀的阀芯被安装在摇臂上的一个凸轮打到Ⅰ位，这时集中到远离固定箱端的摇臂中的油液经滚筒端的吸油口 1、换向阀 4 进入油泵后，又送到摇臂箱靠固定箱端。这样就保证了摇臂在上举和下落工作时摇臂中传动件都能得到充分润滑。

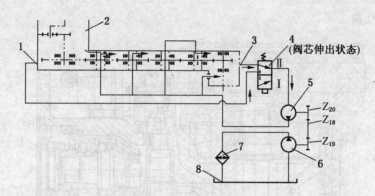

1、3—吸油口；2—摇臂；4—机动换向阀；5—摇臂润滑泵；6—固定箱润滑泵；7—冷却器；8—固定箱油池

图 1-39　固定箱和摇臂箱的润滑系统

三、破碎装置

破碎装置如图 1-40 所示，破碎装置位于采煤机靠回风巷的固定箱端部，它的用途是破碎大块煤，使之顺利通过采煤机与输送机之间的过煤空间。特殊情况下也可不装破碎装置。

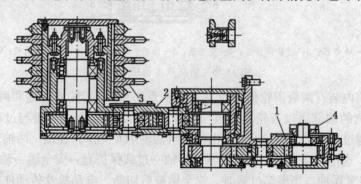

1—固定减速箱；2—小摇臂减速箱；3—破碎滚筒；4—离合齿轮

图 1-40　破碎装置

破碎装置的固定箱用螺栓固定在截割部固定箱的侧面，其壳体上下对称，换工作面时绕横向轴线翻转 180° 可装到另一端截割部固定减速箱侧面。但已装好的破碎装置固定箱不能翻转使用。

破碎滚筒如图 1-41 所示。它由筒体 3、大破碎齿 2、小破碎齿 1 等组成。大、小破碎齿成盘状，交替装在筒体上，并用键 5 连接到筒体 3 上。破碎齿表面堆焊一层耐磨材料，齿体材料为高强度的合金结构钢。

四、牵引部

MG300-W 型采煤机的牵引部包括液压传动箱、牵引传动箱和滚轮—齿条无链牵引机构。液压传动箱中集中了牵引部除油马达外的所有液压元件（如主油泵、辅助泵、调高泵、各种控制阀、调速机构和辅件等）。牵引传动箱有两个，分别装在底托架两端的采空区侧。牵引传动箱中的摆线油马达分别通过二级齿轮减速后驱动滚轮，而滚轮又与固定在输送机采空区侧槽帮上的齿条啮合而使采煤机沿工作面全长移动。

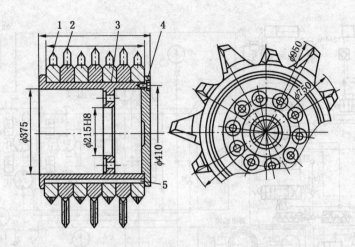

1—小破碎齿；2—大破碎齿；3—筒体；4—端盖；5—键

图 1-41　破碎滚筒

MG300-W 型采煤机牵引部的机械传动系统的每个牵引传动箱中有两个摆线马达，由主泵的压力油驱动，分别经两级齿轮减速后驱动牵引滚轮，使它们与输送机上的齿条相啮合而实现牵引。这种传动方式不但具有较大的牵引力，而且滚轮与齿条间的接触应力小，提高了牵引机构的使用寿命。

滚轮—齿条牵引机构中的滚轮结构如图 1-42 所示。滚轮 1 为锻件，在其节圆圆周上均布有 5 个滚子 2，它们滑装在销轴 3 上，并用挡板将销轴轴向限位。销轴上开有径向和轴向油孔，从油嘴 6 可向滚子和销轴间的滑动面上加注润滑油。滚子形状呈鼓形，有利于与齿条啮合。滚子材料为优质合金钢。

齿条由固定齿条和调节齿条组成，如图 1-43 所示。调节齿条 5 用销轴 4 固定在固定齿条 2 的长孔中，并用螺母将销轴轴向定位。二者采用长孔、圆柱销轴的连接方法，可以保证输送机在垂直方向弯曲 3°的情况下，滚轮与齿条仍能保持良好的啮合，以适应煤层底板的起伏。铆固在齿条侧面上的导轨 3 用来为采煤机采空区侧的滑靴导向，定位销 6 用于安装齿条时定位。MG300-W 型采煤机液压传动系统如图 1-44 所示，它包括主油路系统、操作系统和保护系统。

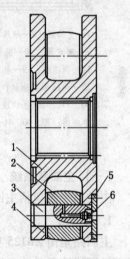

1—滚轮；2—滚子；3—销轴；
4—密封垫；5—挡板；6—油嘴

图 1-42　滚轮结构

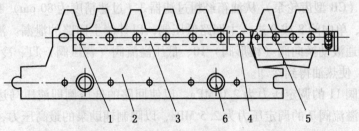

1—铆钉；2—固定齿条；3—导轨；4—销轴；5—调节齿条；6—定位销

图 1-43　齿条

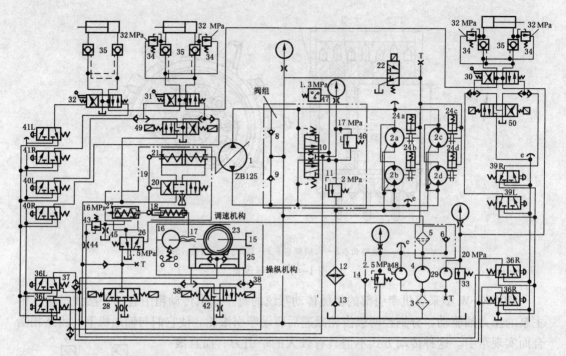

1—主油泵；2—液压马达；3—粗过滤器；4—辅助泵；5—精过滤器；6、8、9、13、14—单向阀；
7—溢流阀；10—换向阀；11—背压阀；12—冷却器；15—手把；16—开关圆盘；17—螺旋副；
18—调速套；19—杠杆；20—伺服阀；21—变量油缸；22—电磁阀；23—齿轮；24—液压制动器；
25—失压牵引油缸；26—失压控制阀；27—回零油缸；28、42、49、50—电磁阀；29—调高泵；
30、31、32—手、液动换向阀；33、34、46—安全阀；35—液压锁；36—牵引阀；37、38—交替
单向阀；39、40、41—调高阀；43—远程调压阀；44、45—节流阀；47—压力继电器；48—手压泵

图 1-44　MG300-W 型采煤机液压传动系统

（一）主油路系统

主油路系统包括主回路、补油和热交换回路。

1. 主回路

主回路是由 ZB125 型斜轴式变量轴向柱塞泵 1（主油泵）与四个并联的 BM-ES 630型定量摆线液压马达 2 组成的闭式回路。改变主油泵的排量和排油方向即可实现采煤机牵引速度的调节和牵引方向的改变。

2. 补油和热交换回路

辅助泵 4（CB 型齿轮泵）从油箱经粗过滤器 3（过滤精度为 80 pm）吸油，排出的油经精过滤器 5、单向阀 8 或 9 进入主回路低压侧，以补偿主回路的泄漏。液压马达排出的热油经三位五通液动换向阀（梭形阀）10、低压溢流阀（背压阀）11、冷却器 12 及单向阀 13 回油箱，使热油得到冷却。

低压背压阀 11 的调定压力为 2.0 MPa，以使回路的低压侧即液压马达的排油口维持一定的背压。溢流阀 7 的调定压力为 2.5 MPa，以限制辅助泵的最高压力，防止因压力过高而损坏。单向阀 6（滤芯安全阀）的作用是保护滤油器。单向阀 13 的作用是在更换冷却器时防止油箱的油外漏。

由于辅助泵只能单向工作，为了防止电动机因接线错误而短时反转使泵吸空，专门设置了单向阀 14，这时辅助泵可通过该单向阀从油箱吸油。

（二）操作系统

操作系统用于控制牵引的启停、调速、换向，以及截割滚筒、破碎滚筒的调高。

1. 手动操作

1) 牵引的换向和调速

当牵引手把 15 置于中位时，开关圆盘 16 的缺口对零，使常开行程开关断开，电磁阀 22 断电，其阀芯在弹簧作用下复位，回零油缸 27 左、右活塞的外侧油腔与油箱接通，两活塞内侧的弹簧伸张，通过调速机构将主泵摆缸拉到零位。

在启动电动机后，主泵、辅助泵都运转。当顺时针或逆时针方向转动牵引手把 15 时，在开关圆盘 16 作用下，行程开关闭合，电磁阀 22 通电，辅助泵排出的工作液体经电磁阀 22 进入液压制动器 24，对液压马达松闸；同时，通过压力控制油使失压控制阀 26 的阀芯左移。由于一般情况下三位三通电磁阀（也称功控电磁阀）28 处于欠载位置（左位），故控制油经过该阀、失压控制阀 26 进入回零油缸 27 两活塞的外侧油腔时，压缩其中的弹簧，实现对主油泵的解锁。这时，转动手把 15，通过螺旋副 17 可使调速套 18 移动，并通过杠杆 19 的摆动而移动伺服阀 20 的阀芯，使变量油缸 21 移动，从而实现采煤机牵引换向和牵引速度的调节。

2) 截割滚筒和破碎滚筒的调高

调高是通过专用的调高泵 29、三个 H 机能的手、液动换向阀 30、31、32 来实现的。其中换向阀 30、31 控制左、右摇臂的升或降，换向阀 32 控制破碎装置小摇臂的升或降。安全阀 33 的调定压力为 20 MPa，用于限制调高泵 29 的最大压力。安全阀 34 的调定压力为 32 MPa，用以保护调高油缸。液控单向阀 35（液压锁）的作用是固定调高油缸的位置。应当指出，由于采用了 3 个串联的 H 机能的换向阀，故 3 个油缸只能单独操作。

2. 液压操作

液压操作是用手、液动换向阀来实现采煤机的牵引换向、调速和滚筒调高的。

为了便于操作，在采煤机两端装有按钮控制的二位三通阀，分别为 36L、36R、39L、39R、40L、40R、41L、41R。

按动每端的牵引阀 36 之一的按钮，压力控制油即经此阀和交替单向阀 37、38 进入失压牵引油缸 25 的一侧。油缸 25 的另一侧的油经交替单向阀 38、37 及另一牵引阀 36 回油箱。于是油缸 25 的齿条活塞移动，并通过齿轮 23、螺旋副 17 及调速套 18 进行换向和调速。其换向、调速过程同手动操作。松开牵引阀 36 的按钮，控制油被切断，变量油缸被锁在一定位置上，主油泵以一定的排量工作（采煤机以一定的牵引速度移动）。当需要采煤机停止牵引或减速时，先通过反向牵引使失压牵引油缸 25 的活塞回到零位，控制油经活塞中心的单向阀及油缸中部的孔道去推动牵引阀 36 的阀芯外移，即发出一个停车信号，指示司机停止牵引。同理，按动每对调高阀 39、40 或 41 之一时，即可利用液动的方法移动手、液动换向阀 30、31 或 32 的阀芯，使左、右滚筒或破碎滚筒升降。松开按钮，控制油源被切断，换向阀在弹簧作用下复位，调高油缸即被锁定在一定位置上。

3. 电气操作

电气操作是利用电信号来实现采煤机的牵引换向、调速和各滚筒调高的。电气操作分为电气按钮操作和无线电遥控操作。无线电遥控操作是为电气自动控制和在急倾斜煤层中采煤而设置的，它通过将电信号转换成液动信号来控制操纵机构或换向阀，从而达到采煤机换向、调速或调高的目的。当发出电信号后，电磁阀 42 动作，即可移动失压牵引油缸 25 的齿条活塞，通过齿轮 23、螺旋副 17、调速套 18 等来实现采煤机牵引换向、调速。电信号消失后，电磁阀 42 复位，机器就以一定的牵引方向和速度运行。同理，发出电信号后也可使电磁阀 49、50 动作，从而实现左、右滚筒的调高。

（三）保护系统

MG300-W 型采煤机有完善的保护系统，这些保护系统包括以下几种。

1. 电动机功率超载保护

电动机功率超载保护是当电动机功率超载时，使采煤机的牵引速度自动减慢，以减小电动机的功率输出；当外载减小时，牵引速度又可自动增大，直至恢复到原来选定的牵引速度。这样既可避免损坏电动机，又可充分发挥电动机的功率。

电动机功率超载保护是通过三位三通电磁阀（功控电磁阀）28、回零油缸 27 及调速套 18 的原来整定位置来实现的。采煤机正常工作时，电磁阀 28 处在欠载位置（左位），控制油经电磁阀 28、失压控制阀 26 进入回零油缸 27 两活塞的外侧油腔，使内侧弹簧压缩，从而使调速套解锁。这时，牵引手把 15 可根据工作面的情况任意将牵引速度整定到所需的数值。当电动机功率超载时，电气系统的功率控制器发出信号，使功率控制电磁阀 28 处于右位，回零油缸 27 中的油液经失压控制阀 26、功率控制电磁阀 28、节流器回油箱。于是，回零油缸中的弹簧就推动拉杆使调速套 18 向减小牵引速度方向移动，牵引速度即降低。由于调速手把未动，因此调速套只能压缩其中的记忆弹簧。一旦电动机超载消失，功控电磁阀 28 就恢复到欠载位置，回零油缸解锁，通过拉杆使调速套向增速方向移动，牵引速度增大，但由于记忆弹簧的位置被调速手把整定位置所限制，故牵引速度的最大值只能恢复到原来整定的数值。

2. 恒压控制

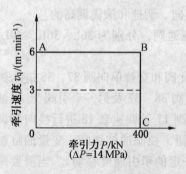

图 1-45　恒压控制特性曲线

恒压控制是指当牵引力小于额定值（400 kN）时，控制采煤机以调速手把所整定的速度运行；牵引力大于额定值时，使牵引速度自动降低，直到回零；当牵引速度降低使牵引力小于额定值时，使牵引速度又自动增大到整定的数值。恒压控制特性曲线如图 1-45 所示。若手把整定的牵引速度为 3 m/min，则在牵引力小于 400 kN 时（主回路高压侧压力达到 16 MPa）时，工作点在图中的虚线上移动。当牵引力达到或大于 400 kN 时，牵引速度沿 BC 线下降，直至降到零。在此过程中，若牵引力减小到额定值以下，则牵引速度又恢复到整定值运行。

恒压控制是通过远程调压阀 43、回零油缸 27 及调速套等实现的。在正常工作（牵引力小于 400 kN，即主回路高压侧压力低于 16 MPa）时，远程调压阀 43 关闭，回零油缸处于解锁状态，采煤机以整定的牵引速度运行。当主油路由于牵引负载增大而压力超过 16 MPa 时，远程调压阀溢流，其一部分低压油从旁路节流阀 45 分流（它可提高动作的稳定性，并可作为回零油缸的呼吸孔），另一部分进入回零油缸 27 的弹簧腔，推动活塞外移，迫使调速机构中的伺服杠杆 19 向减小主泵流量的方向运动，调速套 18 中的弹簧受压缩。当牵引负荷减小，即当主油路压力降到低于 16 MPa 时，远程调压阀 43 又关闭，回零油缸解锁，在记忆弹簧推动下，牵引速度又恢复到整定值。

3. 高压保护

高压保护由高压安全阀 46 实现，高压安全阀的整定压力为 17 MPa。当远程调压阀 43 失灵时，可由高压安全阀来保护高压系统。

4. 低压欠压保护

低压欠压保护的目的是为了使系统维持一定的背压。它由失压控制阀 26 和压力继电器 47 来实现。当主回路低压侧压力低于 1.2 MPa 时，失压控制阀 26 复位，回零油缸 27 的弹簧腔与油箱接通，使主泵回零，机器停止牵引。若失压控制阀失灵，当压力低于 1.3 MPa 时，压力继电器 47 动作，切断电动机电源，采煤机停止工作。

5. 停机油泵自动回零

当采煤机在某一整定牵引速度下工作而突然停电时，由于刹车电磁阀 22 断电和失压控制阀 26 失压，回零油缸中的弹簧推动主泵自动回零，从而可保证下次开机时，主泵在零位启动。

6. 过零保护

过零保护的目的是为了防止机器在从一个牵引方向减速后，向另一方向牵引时，由于突然换向而产生冲击，有手动液控和电控两种过零保护方法。

手动液控过零保护的操作为按动牵引阀 36，使低压控制油经该阀、交替单向阀 37 进入操纵机构，推动液动牵引油缸 25 移动。当达到零位时（牵引速度为 0），油缸 25 的活塞上的 $\phi 3$ mm 小孔与缸体上的 $\phi 2$ mm 小孔对齐，油经油缸上的单向阀流到控制阀 36 的阀芯右端液控口，司机手上感到有一个信号，表明牵引调速手把已经达到零位，应当立即松手，以切断去油缸 25 的油路而停止牵引；否则采煤机会出现反向牵引。然后，司机再按下该牵引阀按钮，采煤机即反向牵引。

电控过零保护是通过行程开关实现的。固定在牵引手把 15 轴上的开关圆盘 16，其圆周上有一个 120° 的缺口，当手把转到零位时，行程开关的滚轮正好落于该缺口，使行程开关动作而切断三位四通电磁阀 42 的电源，于是电磁阀 42 复位，油缸 25 停止移动，机器停止牵引。以上两种过零保护都能使二位三通电磁阀 22 断电，从而使制动器 24 对液压马达实现制动，采煤机停止牵引。

7. 超速和防滑保护

《煤矿安全规程》规定，采煤机在倾角 15° 以上的工作面工作时，必须装设可靠的防滑装置。MG300-W 型采煤机用 4 个制动器 24 并通过二位三通电磁阀 22 来实现松闸和抱闸。采煤机正常运转时，二位三通电磁阀带电，制动器对液压马达松闸，4 个液压马达基本同步运转。而当其中一套牵引系统出现故障时，就会发生 4 个液压马达运转不同步，其中一个马达超速运转的情况，这时主油路的压力就建立不起来，采煤机就会在自重作用下开始下滑。当下滑速度超过 10 m/min 或 4 个牵引滚轮间的速度差大于 2 m/min 时，装在马达传动齿轮上的速度传感器便发出信号，使二位三通电磁阀 22 断电，制动器就立即制动，及时阻止采煤机下滑。

此外，系统中还设有压力表、测压点、放气塞、手压泵及加油阀等。操作点有机器中部的手动操作、机器两端的液动和电动及离机操作等多处。

五、喷雾冷却系统

MG300-W 型采煤机的喷雾冷却系统如图 1-46 所示。所用水由两条水管经电缆拖曳装置引入安装在底托架上的水阀，由水阀分配到各路，以进行冷却和内外喷雾。

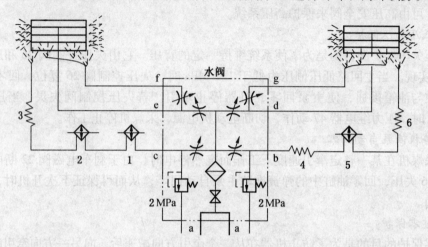

1、2、5—冷却器；3、4、6—水套

图 1-46 喷雾冷却系统

1. 冷却水系统

由水阀 c 口出来的水依次经液压传动箱冷却器 1、左截割部固定减速箱冷却器 2、左摇臂水套 3 到左摇臂下面的喷嘴，以减少左滚筒向输送机装煤时的煤尘；由水阀 b 口出来的水依次经电动机水套 4、右固定减速箱冷却器 5、右摇臂水套 6 到右摇臂下面的喷嘴，以减少右滚筒向输送机装煤时的煤尘。

2. 外喷雾系统

由水阀 f、g 口出来的水分别到左、右弧形挡煤板上的两个喷嘴内。

3. 内喷雾系统

由水阀 c、d 口出来的水分别到左、右摇臂中心管，经滚筒的三个螺旋叶片上的水道到喷嘴。

供水泵流量为 320 L/min，水压为 2 MPa，内喷雾喷嘴为 PZA1.5-45 型，外喷雾喷嘴为 PZB2.5-70 型。

课题三　MG400/920-WD 型电牵引采煤机

一、电牵引采煤机的发展及特点

德国于 1976 年制造出了第一台电牵引采煤机。随后，各采煤大国都在大力研制并发展电牵引采煤机。

电牵引采煤机代表了采煤机的发展方向，近年来高产高效的开采记录都是由电牵引采煤煤机创造的。电牵引采煤机的优点是：

（1）具有良好的牵引特性。可在采煤机前进时提供牵引力，使机器克服阻力移动；也可在采煤机下滑时进行发电制动，向电网反馈电能。

（2）可用于大倾角煤层。牵引电动机轴端装有停机时防止采煤机下滑的制动器。它的设计制动转矩为电动机额定转矩的 1.6~2.0 倍，因此电牵引采煤机可用在 40°倾角的煤层。

（3）运行可靠，使用寿命长。电牵引和液压牵引不同，前者除电动机的电刷和整流子有磨损外，其他件均无磨损，因此使用可靠，故障少，寿命长，维修工作量小。

（4）反应灵敏，动态特性好。电子控制系统能将多种信号快速传递到调节器中，以便及时调整各参数，防止机器超载运行。例如，当截割电动机超载时，电子控制系统能立即发出信号，降低牵引速度；当截割电动机超载 3 倍时，采煤机能自动后退，从而防止滚筒堵转。

（5）效率高。电牵引采煤机将电能转化为机械能只做一次转换，效率可达 90%；而液压牵引由于能量的几次转换，再加上存在泄漏损失、机械摩擦损失和液压损失，效率只有 65%~70%。

（6）结构简单。电行走部的机械传动系统结构简单，尺寸小，重量轻。

（7）有完善的检测和显示系统。采煤机在运行中，各种参数如电压、电流、温度、速度等均可检测和显示。当某些参数超过允许值时，便会发出报警信号，严重时可以自行切断电源。

二、MG400/920-WD 型交流电牵引采煤机概述

MG400/920-WD 型交流电牵引采煤机（图 1-47）是国产功率较大的电牵引采煤机，它与 SGZ880/800-W 型刮板输送机、BC7D400-17/35 型液压支架等组成综采配套设备，适用于高产高效综合机械化开采，可用于煤层厚度 2~4 m、倾角小于 18°、煤质硬或中硬

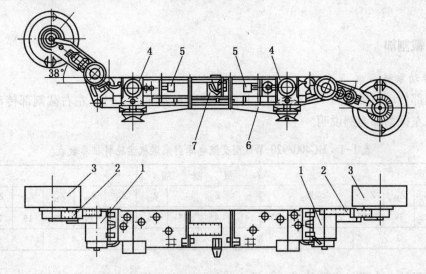

1—截割电动机；2—摇臂减速器；3—滚筒；4—行走部箱；5—调高油泵；6—大框架；7—电控箱

图 1-47　MG400/920-WD 型交流电牵引采煤机

的煤层综采。该机还可派生出 MG400/920-GWD 型或 MG400/920-AWD 型采煤机，可供厚煤层或较薄煤层使用。

MG400/920-WD 型采煤机行走采用交流变频调速，用无链机构牵引。采煤机操作点设置在机身中间及两端，可直接操作按钮或手把，也可用无线电发射器随机操作。

MG400/920-WD 型采煤机由左右滚筒 3、左右摇臂减速器 2、左右截割电动机 1、大框架 6、行走部箱 4、左右调高油泵 5、冷却喷雾系统、电控箱 7、变频器、变压器及各种辅助装置等组成。主要特点是：

（1）截割部电动机横向布置在摇臂上，摇臂与机身之间没有动力传递，取消了螺旋伞齿轮传动和结构复杂的通轴，缩短了机身长度。

（2）所有的截割反力、调高油泵支撑反力和牵引的反作用力均由大框架承受，而电控箱、左右调高油泵等均不受外力，不仅外形尺寸减小，而且可靠性提高。

（3）用来支撑、安装各部件的托架采用框架结构，取代了传统采煤机的平板式底托架。大框架由三段组成，它们之间用高强度液压螺栓副连接，结构简单，强度大，可靠性高，又便于拆装。

（4）每个主要部件都可以单独从大框架中由采空侧或煤壁侧抽出，不必拆动其他部件，故更换容易，维修方便。

（5）采用交流变频调速、摆线轮—销轨无链牵引机构系统，体积小，调速范围广，牵引速度和牵引力大，故障少，能满足高产高效工作面的要求。

（6）调高液压系统采用集成阀块，管路少，维修方便。

（7）行走部箱为独立的箱体，配套多种槽宽的输送机时，只需选用行走部箱及改变煤壁侧的滑靴即可，而主机不变。

（8）变频器设置在巷道内，冷却条件好，能防止因振动而带来的不良影响，提高了可靠性。

（9）各动力部件都由单独电动机驱动，可减少相互间的复杂传动关系，通用性、互换性增强。

三、截割部

1. 传动系统

截割部传动系统如图 1-48 所示。其齿轮特征参数见表 1-1。左右截割部传动系统相同，现以左截割部为例说明。

表 1-1　MG400/920-WD 型交流电牵引采煤机齿轮特征参数表

项目	截 割 部														
	Z_{12}	Z_{13}	Z_{14}	Z_{15}			Z_{16}			Z_{17}	Z_{18}	Z_{19}	Z_{20}	Z_{21}	Z_{22}	Z_{23}
齿数	22	39	40	21	23	25	47	45	43	18	29	29	39	15	28	73
模数	7			8						12				10		

电动机的动力通过齿轮传动，最后由行星架输出，将动力传给截割滚筒。

通过变换齿轮齿数，可以得到三种转速，分别为 37.03 r/min、32.55 r/min、28.46 r/min。

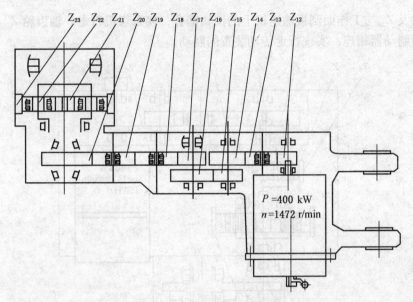

图1-48 截割部传动系统图

2. 传动装置结构

截割部传动装置结构如图1-49所示。电动机直接安装在摇臂箱体上，经齿轮传动驱动滚筒。内喷雾水经盖、中心水管引至滚筒喷嘴，进行内喷雾。

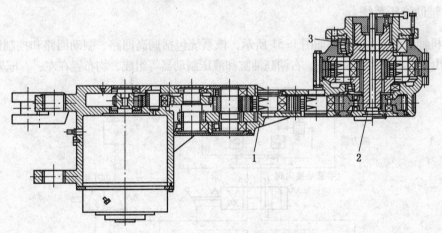

1—摇臂箱体；2—盖；3—中心水管

图1-49 截割部传动装置结构图

摇臂壳体采用整体铸造结构，外壳上、下焊接冷却水套，用来降低摇臂内油池温度和外喷雾。输出轴采用410 mm×430 mm长方形连接套与滚筒连接，滚筒采用三头螺旋叶片，直径可根据煤层厚度选取，输出转速可根据不同直径滚筒的线速度要求和煤质硬度在三挡速度内选取。

四、牵引部

牵引部传动系统如图1-50所示。牵引电动机的动力通过齿轮传给二级行星减速器，最后由行星架输出，传给行走箱内的驱动轮Z_{24}、Z_{24}与行走轮Z_{26}、双联齿轮中的Z_{25}相啮合，行走轮及 Z_{26} 与工作面刮板输送机上的销轨啮合，使采煤机行走。轴齿轮 Z_1 通过花键与液压牵引制动器相连，实现行走传动装置的制动。

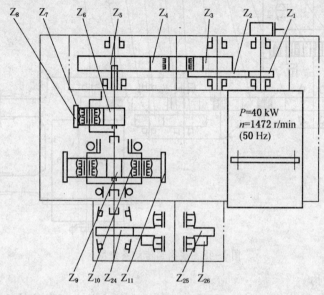

图 1-50　牵引部传动系统图

五、辅助液压系统

采煤机辅助液压系统原理如图 1-51 所示，该系统包括调高回路、制动回路和控制回路三个部分，由左、右调高油泵，左、右调高油缸和液压制动器等组成，均布置在左、右框架上。

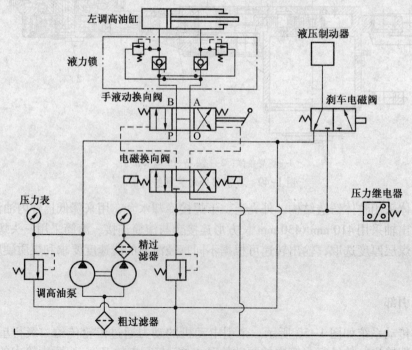

图 1-51　辅助液压系统原理图

　　左、右调高油泵分别控制左、右滚筒升降，当司机同时操作两滚筒升降时可互不干涉，而且管路损失小。另一特点是采用双联泵，主联泵用于调高，次联泵用于制动和控制。调高和不调高对控制与制动没有影响，系统简单、可靠。由于制动回路中有同步要求，因此用同一个油源同一套控制元件，两个液压制动器都是从左调高油泵供给油源。左、右调高油泵的不同之处是右调高油泵上不设刹车电磁阀及压力继电器。调高油泵的高压安全阀调定压力为 20 MPa。

　　两个中位机能 H 型手液动换向阀分别操纵左、右摇臂的调高。当采煤机不需调高时，调高泵排出的压力油由手液动换向阀中位回油池，低压溢流阀调定压力为 2 MPa，为电磁换向阀、液压制动器提供压力油源。

　　当将调高手柄往里推时，手液动换向阀的 P、A 口接通，B、O 口接通，高压油经手液动换向阀打开液力锁，进入调高油缸的活塞杆腔，另一腔的油液经液力锁回油池，实现摇臂下降；反之，将调高手柄往外拉时，实现摇臂上升。

　　当操纵点布置在整机两端端头控制站相应的按钮时，电磁换向阀动作，将控制油引到手液动换向阀相应控制阀口使其换向，实现摇臂升、降的电液控制。

　　当调高完成后，手液动换向阀的阀芯在弹簧作用下复位，油泵卸荷，同时调高油缸在液力锁的作用下自行封闭油缸两腔，将摇臂锁定在调定位置。工作时外力使油缸内的油压升至 32 MPa，液压锁内的安全阀打开，起安全保护作用。

　　液压制动回路的压力油与调高控制回路是同一油源，由二位三通刹车电磁阀、液压制动器及其管路组成。刹车电磁阀贴在集成块上，通过管路与安装在左、右框架内牵引减速箱中的液压制动器相通。

　　当需要采煤机行走时，刹车电磁阀得电动作，压力油进入液压制动器，牵引解锁，采煤机得以正常牵引。当采煤机停机或出现某种故障时，刹车电磁阀失电复位，制动器油腔压力油回油池，通过弹簧压紧内、外摩擦片，将牵引制动，使采煤机停止牵引并防止下滑。

　　控制回路是指控制手液动换向阀换向和压力继电器动作的油路。

课题四　滚筒式采煤机的使用与维护

　　采煤机性能的正常发挥，不仅取决于设计和制造质量，而且还取决于用户对机器的正常操作和日常的精心维护。

　　采煤机的使用、维护和检修包括新机器的地面安装、验收和试运转，下井和运输，井下的安装、试验和投产，开机前的检查和准备，开机和停机顺序，紧急情况的停车，操作注意事项，常见故障的分析和处理，以及维护和检修等。

一、采煤机的下井与安装

1. 下井前的检查

　　采煤机下井前，应在地面进行安装和试运转，其目的是检查和清点部件（包括应带的技术文件）数量是否齐全，安装连接关系是否准确，机器的操作运转是否灵活，结构、性能参数是否符合要求，以及设备间配套关系是否正确，以便将差错和事故隐患尽量在下井之前消灭。

在清点部件数量并将它们组装成整机后，应进行以下几方面的工作：

（1）按照技术要求向有关部位注液压油和润滑油（润滑脂），通冷却水。

（2）启动采煤机，检查各部分的动作是否正确、灵活、可靠。具体包括滚筒转向符合工作要求，摇臂升降灵活，截割部和牵引部离合器手把、牵引换向和调速手把以及其他手把、按钮、开关灵活，挡煤板翻转灵活，喷雾系统工作正常，各保护装置和显示仪表工作正常，各防爆部位连接牢固，等等。

（3）性能测试。包括测试正、反向的最大牵引速度，牵引速度回零情况，正、反向的压力过载情况（必须进行几次）。截割部要求在电动机额定功率 50% 和 75% 的加载情况下，各正、反转 30 min，测定电动机电流、各部位油温和机壳温度，记录噪声、漏油部位，测量齿轮的啮合间隙和接触斑点。加载试验结束后的油温不得高于 60 ℃，壳温不得高于 110 ℃。此外，还要测定辅助液压系统的压力、摇臂升降时间和调高范围。

2. 下井和运输

为了减少采煤机在井下组装的工作量，如果提升、运输条件许可，应尽量整体下井。不得已，也可分成电动机和牵引部、固定减速器和摇臂、滚筒、底托架等几个部分下井。

下井之前，应根据工作面方向和机器的安装顺序，安排好各部件的装车顺序和方位，避免在井下调头。

机器的外伸轴颈要用护罩保护，摇臂要锁死，液压接头和水管要用塑料帽堵住。

3. 井下安装、试验和投产

采煤机在工作面的安装地点一般都在上顺槽，应在该处架设起重设备。为了将底托架放到输送机溜槽上，靠近安装地点的电缆槽和挡煤板先不安装。各部件的安装顺序是：将底托架先装到输送机上→将各部件放在底托架上→牵引部与底托架固定并与电动机的止口对准→从它们的两端分别安装其他部分，最后安装调高油缸、挡煤板、滚筒、拖缆装置、水管等。安装完后加注液压油和润滑油（脂）。

采煤机安装完毕后，按要求进行动作试验。挂上牵引链（有链牵引时），再进行滚筒、摇臂升降、牵引方向、挡煤板翻转的试验。

采煤机试生产的最初几天，应特别注意牵引链的张紧程度和各部分紧固件是否松动。试生产正常后，即可正式投产。投产前，应将机器各部的油放掉更换新油，并清理或更换滤芯。

二、采煤机的使用和维护

1. 采煤机的操作

1）开机前检查内容

（1）各手把、按钮均置于"零位"或"停止"位置。

（2）截割部离合器手把置于"断开"位置。

（3）截齿应齐全、锐利、牢固，各连接螺栓无松动。

（4）牵引链无扭结现象，齿轨无断裂并连接可靠，紧链装置及其安全阀能正常工作。

（5）电缆及拖缆装置、水管和油管、冷却系统和喷雾系统、水压和水量都完好或正常。

（6）液压油和润滑油（脂）的油量和油质符合规定要求，各过滤器无堵塞现象。

2）开机顺序

（1）解除各紧急停车按钮。

（2）打开各部位的冷却水截止阀。

（3）接通断路器。

（4）合上截割部和破碎机构的离合器。

（5）根据采煤机的工作方向、采高，升降摇臂和翻转挡煤板。

（6）发出警告信号，当确认机器周围特别是滚筒周围无人时，启动电动机，进行空转试车。这时应检查滚筒转向、各部声响是否正确或正常。对于初次开机或停机时间较长的采煤机，应在只给电动机供冷却水的情况下打开离合器空转 10～15 min，使油温升至 40 ℃，并按要求将混入液压系统中的空气排净。

（7）启动输送机，打开供水阀。

（8）启动采煤机，先使滚筒旋转，后给牵引速度。

3）停机顺序

（1）停止牵引。

（2）待滚筒中煤排净后停止电动机。

（3）关闭喷雾系统截止阀。若司机离机或要长时间停机时，应脱开离合器，断开隔离开关，关闭总供水阀。

4）紧急停机

遇下列情况之一时应紧急停机：

（1）电动机闷车。

（2）严重片帮或冒顶。

（3）机内发出异常响声。

（4）电缆拖移装置卡住或出槽时。

（5）出现人身或其他重大事故时。

5）操作注意事项

（1）未经培训的人员不得开机。

（2）不得带负荷启动。

（3）一般情况下不允许用隔离开关或断路器断电停机。

（4）喷雾系统工作不正常时不准割煤。

（5）滚筒截齿必须齐全。

（6）严禁滚筒割顶梁和铲煤板。

（7）拖缆装置在电缆槽内不许有挂卡现象。

（8）在电动机即将停转时才能操作离合器。

（9）煤层倾角大于 15°时应有防滑装置，大于 16°时还应加设液压安全绞车。

（10）更换截齿或滚筒附近有人时，必须脱开离合器。

（11）开机前必须发出信号或高声喊话，确认机旁无人时方准开机。

（12）翻转挡板煤时要正确操作，以避免其变形。

（13）不允许输送机上的大块异物带动采煤机强迫运行，一旦发现，应立即排除。

（14）随时调节调高、调斜装置，避免工作面出现弯曲和台阶。

2. 采煤机的故障处理

1）采煤机常见的故障

采煤机常见的故障主要有三大类：一是液压传动部分的故障，二是机械传动部分的故障，三是电气控制部分的故障。液压传动部分的故障较多，占采煤机总故障的 80% 以上。

2）判断故障的程序和方法

采煤机司机在分析判断故障时，首先要对采煤机的结构、原理、性能及系统原理做全面的了解，只有这样才能对故障做出正确的判断。

（1）判断故障的程序。

听：听取当班司机介绍发生故障前后的运行状态，必要时可开采煤机听其运转声音。

摸：用手摸可能发生故障点的外壳，判断温度变化情况和振动情况。

看：看液压系统有无渗漏，特别注意看主要的液压元件、接头密封处、配合面等是否有渗漏现象。

量：通过仪表、仪器测量绝缘电阻以及冷却水压力、流量和温度；检查液压系统中高、低压实际变化情况，油质污染情况；测量安全阀、背压阀及各种保护装置的主要整定值等是否正常。

分析：根据以上程序进行科学的综合分析，排除不可能发生的原因，准确找出故障原因和故障点，提出可行的处理方案。

（2）判断故障的方法。

为准确及时的判断故障，查找到故障点，必须了解故障的现象和发生过程。其判断方法是先外部、后内部，先电气、后机械，先机械、后液压，先部件、后元件。

①先划清部位。首先判断是哪类故障、可能发生在采煤机的哪个部位，弄清故障部位与其他部位之间的关系。

②从部件到元件。确定部件后，再根据故障的现象和前述的程序查找到具体元件，即故障点。

3）采煤机故障处理的一般过程

（1）了解故障现象及发生过程，尤其要了解故障的细微现象。

（2）分析引起故障的可能原因。

（3）做好排除故障的准备。

4）常见故障的分析与预防

分析采煤机液压系统时应该注意两个方面：一是压力变化情况。它主要表现为低压正常、高压降低，高压正常、低压下降和高压正常、低压上升三个方面。要理解高压随负载增加而升高，低压应是恒定的，负载增加或降低对低压无影响。应注意渗漏和窜油两种情况。二是油液的污染情况。故障表现为油温升高、牵引部有异常声响、过滤器堵塞、液压系统泄漏和伺服机构动作迟缓等方面。

（1）采煤机单向牵引的原因及预防措施。

①原因：

a. 伺服机构的单向阀油路或伺服阀回油路被堵塞卡死，回油路不通（节流孔不通），造成采煤机无法换向。

b. 伺服机构中伺服阀到单向阀或油缸之间的油管有泄漏，造成采煤机不能换向。

c. 伺服机构调整不当，主液压泵摆角摆不过来（不能越过零位）造成采煤机不能换向。

d. 电位器或电磁阀损坏，如断线或接触不良等，造成采煤机无法换向。

②预防措施：

a. 加强维护和保养，及时检查油质变化情况。

b. 加强对过滤器的清洗。

c. 加强安装、调试工作的质量管理。

d. 认真做好设备的试运转工作。

（2）采煤机不牵引的原因和预防措施。

①原因：

a. 液压油严重污染，使补油单向阀、梭形阀的阀座与阀芯之间可能有杂质。

b. 主液压泵不能正常工作，渗漏量大。

c. 伺服机构失效。

d. 液压马达漏油。

e. 主回路两主管路破裂或严重泄漏。

②预防措施：

a. 加强油质管理。

b. 按规定做好主泵、液压马达的试验。

c. 加强调试和试运转工作的质量管理。

d. 不随意打开盖板及各孔堵。

e. 液压管路的爆炸压力试验要合格。

f. 避免管路与其他物料摩擦。

（3）引起液压牵引部异常声响的原因与预防措施。

①原因：

a. 主油路系统缺油。

b. 液压系统中混有空气。

c. 主油路系统泄漏。

d. 主液压泵或液压马达损坏。

②预防措施：

a. 随时注意检查液压油的油位。

b. 注意注油、换油时先用手压泵向系统充油排气，或将空运转时间适当延长。

c. 保持油液清洁，防止过滤器堵塞或吸油管吸空。

d. 安装管路要正确，及时检查松动的接头，更换的密封件要合格。

e. 保证液压泵、液压马达符合运转要求。

（4）补油热交换系统低压过低的原因与预防措施。

①原因：

a. 油箱油位太低或油液黏度过高，油质污染，产生吸空。

b. 过滤器堵塞。

c. 背压阀整定值低，或因系统油液不清洁堵住了背压阀的主阀芯或先导孔。

d. 补油系统或主管回路漏损严重。

e. 补油泵低压安全阀损坏或整定值低。

f. 电动机反转。

g. 吸油管密封损坏，管路接头松动，管路漏气或油质黏度高。

h. 补油泵花键磨光或泵损坏。

②预防措施：

a. 按规定注入液压油，并注意油位不能太高或太低，防止泵吸空和油质被污染。

b. 按维护保养制度清洗或更换过滤器滤芯。

c. 试运转时注意调整背压阀和低压安全阀的整定值。

d. 认真观察补油系统、主回路系统无有漏损，接头是否松动。

e. 初次开机时注意检查电动机的转向是否正确。

f. 注意检查补油泵的花键轴或泵的转动情况。

（5）牵引无力的原因及预防措施。

①原因：

a. 主回路系统泄漏严重。

b. 主泵或液压马达泄漏或损坏。

c. 制动装置不能完全松闸。

d. 系统的高压与低压相互串通。

②预防措施：

a. 坚持维护保养制度和检查制度。

b. 避免主回路系统与其他物料接触或摩擦。

c. 检修时要特别注意对主泵、液压马达的维护，及时更换已损坏的零件，并严格试验。

d. 维护时注意油质变化，避免油质污染。

e. 高压安全阀要按规定进行整定和调试。

f. 试运转时要注意制动装置的工作状态、间隙、制动力矩是否符合要求。

（6）牵引速度慢的原因及预防措施。

①原因：

a. 调速机构发生故障，使调速时主泵摆角小。

b. 主回路系统、泵、液压马达出现渗漏或损坏，造成压力低，流量小。

c. 制动装置未松闸，牵引阻力大。

d. 低压控制压力偏低。

e. 行走机构轴承损坏严重或滑靴轮丢失。

②预防措施：

a. 司机要随时注意控制压力的变化及行走机构的运行情况，发现问题时，不能带病运行，必须先处理后开机。

b. 按规定更换不合格的零部件，并加强验收试验工作。

（7）液压牵引部过热的原因及预防措施。

①原因：

a. 冷却水量、水压不足或无冷缺水。

b. 冷却系统泄漏或堵塞。

c. 齿轮磨损超限，接触精度降低。

d. 轴、轴承等配合间隙不当。

e. 系统泄漏，油量过多或过少。

f. 油质不符合要求。

②预防措施：

a. 严格油质管理制度，避免油质污染，及时更换已失效变质的油液。油位要符合要求。

b. 加强冷却系统的检查和维护，无水时不得开机割煤。

c. 安装配合要符合要求，更换不合格的零部件。

d. 司机开机前要加强检查，避免紧固件松动。

（8）滚筒不能调高或升降速度缓慢的原因及预防措施。

①原因：

a. 调高油泵损坏，泄漏量太大。

b. 调高油缸变形、活塞杆弯曲，或活塞腔与活塞杆腔窜液。

c. 安全阀损坏或调定压力太低。

d. 液压锁损坏。

②预防措施：

a. 做调高油泵、液压锁、安全阀试验，保证其合格。

b. 避免油路接头松动，及时更换密封件。

c. 避免调高油缸的碰砸。

不同型号采煤机的故障表现形式及处理不同，表1-2所列故障判断及处理方法仅供参考。

表 1-2 采煤机故障判断及处理方法

部位	故障现象	可能原因	处理方法
牵引部	牵引力太小（高压表压力过低）	主油管漏油	拧紧、换密封件或换油管
		液压马达泄漏过大	更换
		冷却不良［油温不应超过70 ℃，AM-500型采煤机不应超过（74±6）℃］	调定供水压力，流量达到适宜值
		高压安全阀、过压关闭阀整定压力过低	重新整定，压力达到规定值
		补油量不足	清洗或更换过滤器，更换补油泵，背压调至规定值
		液压油黏度低或变质	换油

表 1-2（续）

部位	故障现象	可能原因	处理方法
牵引部	牵引速度低（主泵流量小）	主油管漏油	拧紧或更换
		液压马达或主泵泄漏过大	更换
		主泵变量机构有故障	重新调节
		过滤器堵塞	清洗或更换
	高压表频繁跳动	主泵柱塞卡死，复位弹簧断裂（主泵配流盘严重磨损）	更换新泵
	补油压力（低压表压力）低，补油泵排量不足	滤油器堵塞	清洗或更换
		补油泵泄漏严重	更换
		油面低	加油至规定高度
	补油回路漏油	背压阀整定值低	重新调定
		管路漏油	拧紧或更换
	过载保护装置动作后，重新启动时开关阀手把总是跳回"关"位	主泵"零"位不正确	重新调节
	主牵引链轮一转就停	去高压安全阀的管路漏油	拧紧或更换
		高压安全阀失灵或漏油	重新整定或更换
	牵引力超载但不停止牵引	保护油路不起作用；液压功率调节器失灵；开关活塞卡死；过压关闭阀卡死；高压安全阀失灵	重调或更换
	牵引部发出异常响声	主油路不正常，缺油；漏油；混入空气；油泵和液压马达损坏	加油、排气、更换
	牵引部液压油乳化	冷却器漏水	更换
		机壳上盖板密封不严、渗水	换密封件、涂密封胶
		吸入湿空气	定期从排油孔排出一定量的含水油
		油质低劣	更换合格的液压油
	牵引部齿轮箱发热	润滑油不合格：混入水或杂质，油性低劣	更换
		油位过低	加油
		轴承损坏	更换
		齿轮损坏	更换

表1-2（续）

部位	故障现象	可能原因	处理方法
载割部	开机时摇臂立即升起或下降控制系统失灵，使油缸始终处于动作状态	电磁阀卡死	更换
		控制电路按钮失灵	更换
		换向阀手把与阀芯连接松脱	坚固或更换
	摇臂升不起，或升起后自动下降，或升起后受力即下降	液压锁失灵	更换
		油缸窜油	更换
		管路漏油	拧紧或更换
		安全阀整定值过低	重新整定
	固定箱和摇臂箱温度过高	可能泵转动不灵活，或柱塞烧伤	更换
		齿轮油量不足	加油
		齿轮齿面损伤	更换
		轴承损坏	更换
	挡煤板翻转操作不灵	供油路漏油	拧紧或更换
		翻转油缸漏油	更换
		液压马达漏油	更换
		换向阀窜油	更换
		安全阀失灵	调整或更换
	离合器手把憋劲	滑块卡死	修复或更换
		花键卡死	修复或更换
		齿轮端部变形	修复或更换
电气设备	电动机启动后操作牵引按钮时机器不牵引	电路断线	修复
		供电电压过低	恢复供电电压
	只有一个方向牵引	另一个方向的电磁铁电路断线	修复
	牵引速度只增不减或只减不增	按钮接触不良	修复
		电磁铁或阀芯卡住	修复或更换
	调斜不灵活	按钮接触不良或电压低	修复或恢复供电电压
	电动机启动不起来	控制回路断线	修复
		主电路接触器烧坏	更换
	电动机一启动就停	保护系统动作	重新调整
		接地	修复
		相间通路	修复
	电动机温度高	冷却水量小或无	修复
		轴承损坏	更换
		笼条断	修复
液压油	乳化	进水	更换
	黑褐色且有刺激性气味	变质	更换
	油中有可见金属颗粒或悬浮物	混入煤粉、铁屑	更换
	密度、酸值增加	变质	更换

3. 维护与检修

维护与检修的内容包括"四检"［班检、日检、周（旬）检、月检］和强制性的定期检修（小修、中修、大修）。"四检"的重点是注油（油品、牌号必须符合规定，并经100目以上的滤网过滤）、油质、滤油器、连接螺栓、截齿、外露水管、油管及电缆。"四检"细则见表1-3。

表1-3 采煤机"四检"细则

类别	序号	检修项目	标准和要求	参加人	时间
班检	1	外观情况	各部清洁，无浮煤、积水、杂物	采煤机司机和小班检修工	不少于30 min
	2	各种信号、压力表、油位指示器	能正确显示		
	3	机身对接、挡煤板、滑靴等处易松动的螺栓	齐全、牢固		
	4	导向装置、齿轨连接装置	齐全、牢固		
	5	各部漏油、渗油情况	液面符合规定，在运行卡中记录		
	6	截齿、齿座	齿座完整，截齿齐全、锋利、连接牢固		
	7	电缆	电缆连接可靠，无扭曲挤压，夹板无缺损，记录电缆损坏情况		
	8	各操作手把、按钮	灵活可靠		
	9	牵引链、连接环、紧链器	无断裂、扭结、咬伤、变形，连接环安装位置正确，紧链器可靠		
	10	防滑、制动装置	动作灵活，工作可靠		
	11	冷却、喷雾供水情况	供水压力、流量符合规定，水流畅通，无泄漏，喷雾效果良好		
	12	挡煤板翻转装置、支撑架	挡煤板翻转灵活，支撑架的转动副内无煤粉		
日检	1	处理班检中处理不了的问题		由检修班长、机组长负责，人数不少于5人	不少于6 h
	2	处理电缆、夹板、缆槽故障			
	3	滑靴、机身对接和挡煤板等处的螺栓	无扭结，拖移自如，夹板完好，螺栓、螺帽、垫片齐全，连接牢固		
	4	各部油位、注油点	加注油、脂，油品符合规定，油量适宜		
	5	冷却喷雾系统	水管畅通，无泄漏，喷嘴畅通无损坏，水泵压力和流量符合规定，各部冷却水压力、流量符合规定		
	6	调斜、调高、翻转千斤顶	动作灵活，无损坏，无泄漏		
	7	牵引链、齿轨连接环、紧链装置	同班检		
	8	防滑装置、制动装置	动作可靠、灵活		
	9	操作手把、按钮	灵活、可靠		
	10	滤油器	达到正常过滤精度		

表 1-3（续）

类别	序号	检 修 项 目	标 准 和 要 求	参加人	时间
周（旬）检	1	处理日检中处理不了的问题		由机电科长、综采队长、机电工程师组织机电科、检修班工人、采煤机司机等人员进行	一般同日检时间
	2	各部油质和油量	按规定加注油、脂，油品合格，油量适宜，并取油样外观检查		
	3	滑靴、支撑架	牢固、可靠		
	4	机身对接螺栓等处过滤器	清洗或更换油、水过滤器，保证过滤精度		
	5	电气控制箱	防爆面无伤痕，接线不松动，箱内干燥，无油污和杂物		
月检	1	处理周（旬）检处理不了的问题		由机电矿长或副总工程师组织，并有机电科和检修班工人参加	同日检，或可根据任务量适当延长
	2	处理漏油，取油样检验	取油样化验，并进行外观检查，换油并清洗油池，处理各部位漏油		
	3	滑靴磨损情况	一般不超过 10 mm		
	4	牵引链磨损、节距变化情况，链轮磨损、齿轨变形情况	建议每 45 天强制更换连接环		
	5	电动机绝缘性能测试	用 1000 V 摇表，绝缘电阻大于 1.1 MΩ		
	6	电动机密封	密封良好		
	7	电动机轴承注入锂基脂	每 3 个月注一次		
	8	电气箱防爆面、电缆	符合防爆规定		
	9	防滑制动闸	EDW 型采煤机摩擦片磨损间隙小于 6 mm		
	10	滚筒轴承、连接螺栓、滚筒磨损等情况	运转正常，螺栓齐全牢固，记录滚筒开裂和磨损情况		

1）小修

小修是指采煤机在工作面运行期间结合"四检"进行的强制性维修和临时性的故障处理（包括更换个别零部件和注油），目的是维持采煤机的正常运转和完好。小修周期为 1 个月。

2）中修

中修是指采煤机采完一个工作面后，整机（至少是牵引部）上井由使用矿进行定检和调试。中修除完成小修的内容外，还应完成下列任务：

（1）全部解体清洗、检验、换油，根据磨损情况更换密封装置和其他零部件。

（2）各种护板的整形、修理或更换，底托架、滑靴（或滚轮）的修理。

（3）滚筒的局部整形、齿座的修复。

（4）导轨、电缆槽、拖移装置的整形、修理。

（5）控制箱的检验和修理。

（6）整机调试合格后方可下井，试验记录要填写齐全。中修由矿井机电部门负责，无能力检修时送局（公司）机修厂。中修周期为 4~6 个月。

3）大修

若采煤机主要部件磨损超限，整机性能普遍降低，但仍具有修复价值和条件，可送局（公司）机修厂进行恢复其主要性能的整机大修。大修除完成中修任务外，还应完成下列任务：

（1）截割部的机壳、轴承套杯、摇臂套、小摇臂、轴、端盖的修复和更换。

（2）摇臂机壳、轴承座、行星架、连接凸缘的修复或更换。

（3）滚筒的整形及其配合面的修复。

（4）各千斤顶的修复或更换。

（5）油泵、液压马达、所有阀及其他零件的修复或更换。

（6）牵引部行星传动部分的修复。

（7）冷却、喷雾系统的修复。

（8）电动机绕组整机重绕或部分重绕，防爆面的修复。

（9）以恢复整体性能为目的其他零件的修复。

（10）整机调试、运转合格后喷漆、出厂。大修由局（或公司）机修厂进行，周期为 2~3 年。采煤机检修质量和试验规定应符合原煤炭工业部颁发的《综采设备检修质量暂行标准（机械部分）》的要求。

三、采煤机的试验

采煤机在验收和检修过程中要进行各种试验，以检验元件或整机性能是否符合质量标准。图 1-52 是 MLTS 型截割部或牵引部摩擦加载试验台的工作原理图。

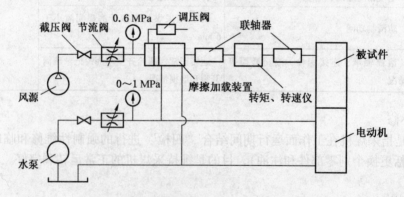

图 1-52　摩擦加载试验台的工作原理图

试验时，被试件由电动机驱动。加载装置是被试件（截割部或牵引部）的负载。该试验台是利用摩擦片产生的摩擦力矩（制动力矩）作为负载的（除此之外，还可用电力或水力测功机等作加载装置）。加载装置与被试件之间用联轴器连接起来，并接入转矩、转速测量仪，以便测量被试件输出轴的有关参数（如截割部和牵引部出轴的转矩、转速等）。被测试件的输入功率可由电动机测得。根据以上已知的参数，便可计算出截割部和牵引部的牵引力、牵引速度、传动效率等。其中传动效率为

$$\eta = \frac{M_2 \cdot n_2}{9550 \cdot N_1} \times 100\%$$

式中 N_1——电动机输出功率，kW；

$\quad\quad M_2$——被试件输出轴的扭矩，N·m；

$\quad\quad n_2$——被试件输出轴的转速，r/min。

摩擦加载装置（图1-53）由活塞1、外摩擦片2、内摩擦片4、弹簧3（在两片外摩擦片之间）、花键轴5、外壳（有内花键）6组成。其工作原理是：压力为 $0\sim0.4$ MPa 的压缩空气经节流阀稳压后，从摩擦加载装置左端进入缸内推动活塞1右移，而将内、外摩擦片压紧（产生正压力）。内摩擦片通过花键与花键轴连接，而外摩擦片是卡在固定在机架上的外壳的花键槽中的。当花键轴通过联轴器由被试件带动旋转时，摩擦加载装置中的内、外摩擦片间产生的摩擦力矩成为被试件的负载。风压增大，摩擦片间产生的正压力和摩擦力矩就增大，被试件的制动作用也就加大，达到被试件加载的目的。

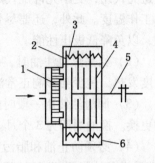

1—活塞；2—外摩擦片；3—弹簧；
4—内摩擦片；5—花键轴；6—外壳
图1-53 摩擦加载装置

由于在加载过程中内、外摩擦片间产生相对滑动，会产生很大的热量，因此，必须用专门的冷却水泵向加载装置供水进行冷却。冷却水压力小于 0.8 MPa，水量为 $20\sim30$ L/min，冷却水同时对电动机和被试件进行冷却。新采煤机下井前的试验项目和采煤机检修后的试验项目可参考有关规程。牵引部主油泵、液压马达的试验装置、试验项目可参考有关标准或书籍。

四、采煤机润滑油、润滑脂的选择

采煤机工作条件恶劣，因此，对润滑油、润滑脂的选择、管理和使用应特别重视。

1. 采煤机润滑油的选择

润滑油能减小齿轮齿面和其他运动件的摩擦和磨损，减小功率损失，散发热量，防止零件锈蚀，降低噪声和冲洗运动副间的污垢，从而可以保证机器正常运转，延长使用寿命。

齿轮润滑油分为两大类，即工业齿轮油和车辆齿轮油。采煤机械的齿轮传动都用工业齿轮油，车辆齿轮油用于车辆和工程机械的齿轮传动。

选择齿轮润滑油应考虑油的品种和黏度。选择润滑油的品种和黏度的依据是：

（1）齿面接触应力的大小。接触应力小，选用普通工业齿轮油；接触应力大，选用极压工业齿轮油。

（2）比功的大小。比功小，选用普通工业齿轮油；比功大，选用极压工业齿轮油。

（3）工作温度。工作温度高时，选用高黏度的油。

（4）载荷性质。有冲击载荷时，用极压齿轮油；载荷平稳时，用普通工业齿轮油。

（5）水的侵入情况。有水侵入场合，要选用分水性好的硫磷型极压齿轮油。

2. 采煤机润滑脂的选择

润滑脂选择的主要依据是机器的工作温度、运转速度、轴承负荷和工作条件。采煤机械中常用的润滑脂有钙基脂、钠基脂、锂基脂。锂基脂的综合性能较好，在采煤机械中应用较为广泛。

3. 润滑油、润滑脂使用中应注意的问题

（1）必须根据以上原则合理选择润滑油的品种和牌号，或根据说明书规定选用，尽量避免代用，更不允许乱代用。必须代用时，应以优代劣，黏度一定要相当，同时还应考虑工作温度。此外，还要尽量避免混用，特别是极压齿轮油不能和不加添加剂的油品混用，以免降低极压性能。

（2）给采煤机注油时，一定要按照说明书规定，按时按量加注，注油量过多会引起过度发热，过少会影响正常润滑。

（3）润滑油使用一段时间后，由于本身氧化和外来因素影响，油会变质，故必须及时更换。换油周期为 3 个月。换油时，将废油放净后要用同类油品冲洗，然后加注新油。

（4）必须防止油和脂污染、混用、错用事故发生，要认真贯彻原煤炭工业部颁发的《综采设备油脂管理试行细则》，并设专人管理，严格把关。

五、《煤矿安全规程》对滚筒式采煤机使用的规定

《煤矿安全规程》对使用滚筒式采煤机采煤作出以下规定：

（1）采煤机上必须装有能停止工作面刮板输送机运行的闭锁装置。启动采煤机前，必须先巡视采煤机四周，发出预警信号，确认人员无危险后，方可接通电源。采煤机因故暂停时，必须打开隔离开关和离合器。采煤机停止工作或检修时，必须切断采煤机前级供电开关电源并断开其隔离开关，断开采煤机隔离开关，打开截割部离合器。

（2）工作面遇有坚硬夹矸或黄铁矿结核时，应采取松动爆破处理措施，严禁用采煤机强行截割。

（3）工作面倾角在 15°以上时，必须有可靠的防滑装置。

（4）使用有链牵引采煤机时，在开机和改变牵引方向前，必须发出信号。只有在收到返向信号后，才能开机或改变牵引方向，防止牵引链跳动或断链伤人。必须经常检查牵引链及其两端的固定连接件，发现问题，及时处理。采煤机运行时，所有人员必须避开牵引链。

（5）更换截齿和滚筒时，采煤机上下 3 m 范围内，必须护帮护顶，禁止操作液压支架。必须切断采煤机前级供电开关电源并断开其隔离开关，断开采煤机隔离开关，打开截割部离合器，并对工作面输送机施行闭锁。

（6）采煤机用刮板输送机作轨道时，必须经常检查刮板输送机的溜槽、挡煤板导向管的连接情况，防止采煤机牵引链因过载而断链；采煤机为无链牵引时，齿（销、链）轨的安设必须紧固、完好，并经常检查。

📝 **复习思考题**

1. 对采煤机的基本要求是什么？
2. 采煤机有哪些性能参数？意义是什么？
3. 滚筒采煤机由哪几部分组成？各部分作用如何？
4. 简述螺旋滚筒的主要结构、参数，对其转向和叶片旋向有何要求？
5. 滚筒采煤机截割部有哪些特点？

6. 无链牵引机构主要有哪些优点？

7. 牵引部传动装置有哪些类型？各类型特点如何？

8. 调高、调斜的目的是什么？滚筒调高有哪些形式？

9. 说明液压调高系统的工作原理。

10. 新采煤机下井之前的地面安装、验收和试运转的目的是什么？要进行哪些工作？

11. 采煤机下井和运输要注意哪些问题？

12. 试述采煤机井下安装的顺序。正式投产前还要进行哪些工作？

13. 采煤机开机前要进行哪些检查工作？开机、停机顺序是怎样的？采煤机操作注意事项有哪些？

14. 什么是"四检"？其内容、标准是什么？"四检"的重点是什么？

15. 采煤机的小修、中修和大修的内容分别有哪些？

16. 采煤机常用哪些齿轮润滑油和润滑脂？

17. 润滑油和润滑脂在使用中应注意哪些问题？

模块二　采区运输设备

课题一　可弯曲刮板输送机

一、刮板输送机概述

刮板输送机是用刮板链牵引，在槽内运送散料的输送机械。可弯曲刮板输送机是其相邻中部槽在水平面和垂直面内可有限度折曲的刮板输送机。

刮板输送机是综合机械化采煤工作面的主要运输设备，除运送煤炭外，还可作为采煤机的运行轨道、液压支架移动的支点。

1. 刮板输送机的组成

对于不同类型的刮板输送机，其组成部件的形式和布置方式不尽相同，但其主要结构和基本组成部件是相同的。

可弯曲刮板输送机主要由机头部 I （包括机头架、传动装置、链轮组件等）、中间部 II （包括过渡槽、中部槽和刮板链等）和机尾部 III （包括机尾架、传动装置和链轮组件等）组成，此外还有紧链装置、挡煤板、铲煤板和防滑锚固装置等附属部件，如图 2-1 所示。

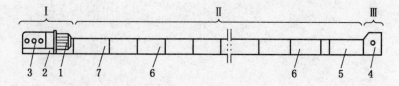

1—电动机；2—液力耦合器（联轴器）；3—减速器；4—机尾；5—机尾过渡槽；6—中间溜槽；7—机头过渡槽

图 2-1　刮板输送机的组成示意图

1）机头部

机头部（图 2-2）是将电动机的动力传递给刮板链的装置，它主要包括机头架、传动装置、链轮组件等。利用机头传动装置动力的紧链器和链牵引采煤机牵引链的固定装置也安装在机头部。常用的机头部有端卸式和侧卸式。

端卸式机头部：物料直接从机头架的端部卸载，卸载方向和刮板链运行方向相同。它需要一定的卸载高度，以防止块煤堵塞和底链带回煤。

侧卸式机头部：物料主要以机头架侧面卸载，卸载方向与刮板链运行方向垂直，同转载机的运输方向一致。侧卸煤流由主煤流、副煤流和粉煤流三部分构成。主煤流沿犁煤方向从机头架侧卸载口流入转载机，副煤流反向从犁煤板底部流入转载机，剩下的少量粉煤随刮板链通过底板栅孔漏入转载机。

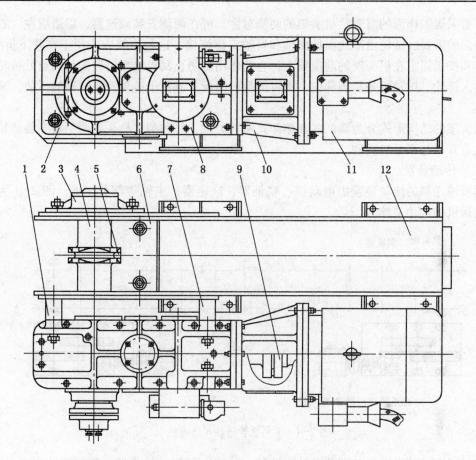

1、7—垫块；2—减速器；3—盲轴；4—链轮；5—拨链器；6—护轴板；
8—紧链装置；9—联轴器；10—连接筒；11—电动机；12—机头架

图 2-2　刮板输送机机头部

（1）机头架。

机头架（图 2-3）是机头部支承安装链轮组件、减速器、过渡槽等部件的框架式焊接构件，它由左侧板、右侧板和中板用较厚的钢板焊接制成，有足够的刚度和强度。为适

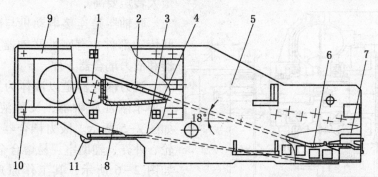

1—固定架；2—中板；3—底板；4—加强板；5—侧板；6—耐磨板；
7—高锰钢端头；8—前梁；9—横垫板；10—立板；11—圆钢

图 2-3　刮板输送机机头架

应左、右采煤工作面的需要，机头架的两侧对称，可在两侧安装减速器，以适应左、右采煤工作面的需要。链轮由减速器伸出轴和盲轴支撑连接，这种连接方式便于在井下拆装。拨链器和护板固定在机头架的前横梁上，它的作用是防止刮板链在链轮的分离点处被轮齿带动卷入链轮。护轴板是易损部位，用可拆换的活板，既便于链轮和拨链器的拆装，又可以更换。

机头架的结构形式分为端卸式和侧卸式两种类型，每种型式机头架两侧板安装链轮组件的孔有开口与不开口两种。

（2）传动装置。

刮板输送机的传动装置由电动机、联轴器、减速器、主轴等部分组成。图 2-4 为某刮板输送机的传动系统。

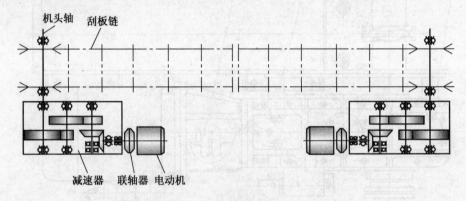

图 2-4　某刮板输送机传动系统

电动机有单速电动机与双速电动机两种。单速电动机一般为四极鼠笼型防爆电动机，只有一个额定转速；双速电动机是有两种额定转速的鼠笼型电动机。采用电动机拖动生产机械时，对电动机启动的要求：①有足够大的启动转矩，保证生产机械能正常启动。②在满足启动转矩要求的前提下，启动电流越小越好。

对用在刮板输送机上的电动机有这样一些要求：不用液力耦合器时，都采用双笼型转子、高启动转矩的隔爆电机；采用液力耦合器时，对电动机的启动转矩要求不高，只要求最大转矩要高。

联轴器是连接电动机与减速器的中间传动部件，有刚性联轴器、弹性联轴器和液力耦合器 3 种。

液力耦合器是以液体为工作介质的一种非刚性联轴器，又称液力联轴器，如图 2-5 所示。液力耦合器由泵轮、涡轮、外壳、辅助室、易熔合金塞等组成，如图 2-6 所示，其工作原理如图 2-7 所示。

泵轮和涡轮统称耦合器的工作轮，两者内腔均布置有若干径向叶片，形成

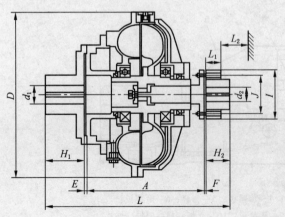

图 2-5　液力耦合器

液体介质循环流动空间，即液力耦合器工作腔。

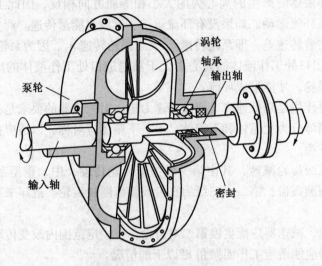

图 2-6　液力耦合器的组成

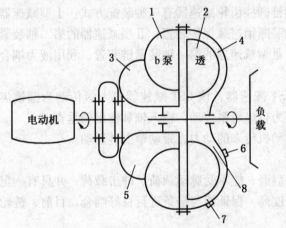

1—泵轮；2—透平轮；3—后辅室外壳；
4—透平轮外壳；5—后辅助室；6—注油孔；
7—易熔合金塞；8—前辅助室

1—后辅助室；2—工作腔；3—泵轮；
4—外壳；5—环流；6—涡轮；7—挡板；
8—前辅助室；9—轴套；a、b、c—过流孔

（a）　　　　　　　　　　　　（b）

图 2-7　液力耦合器工作原理简图

　　泵轮和涡轮之间没有任何刚性联系，可以相互自由转动。液力联轴器的工作过程：在液力联轴器局部充满了工作液体，当泵轮在电动机带动下旋转时，其中的工作液体便被泵轮叶片驱动，在离心力的作用下，工作液体沿泵轮工作腔的曲面流向涡轮，同时冲击涡轮叶片，使之带动从动轴旋转。其能量的转换过程是：原动机的机械能—泵轮机械能—工作液体动能—涡轮机械能。

　　当电动机带着泵轮旋转时，液体被叶片带动旋转而产生离心力。当涡轮转动之后，因

其与泵轮同向旋转，所以其中的工作液体必然产生对抗性离心力。此时，若泵轮和涡轮的转速相同，则工作液体所产生的离心力的大小相等而方向相反，因此工作液体不产生运动，当然也不存在环流运动。如果没有环流运动，就没有能量传递。产生环流的条件是泵轮与涡轮之间存在着转速差，即泵轮转速 n_1 大于涡轮转速 n_2。因为泵轮转速 n_1 大于涡轮转速 n_2 时，泵轮出口处工作液体的离心力大于涡轮进口处工作液体的离心力，工作液体才能从泵轮进入涡轮，才能形成环流。

减速器的主要作用是降低速度，增大传递力矩。对减速器的要求是：

①减速器的箱体分为上箱体和下箱体，上、下箱体应对称，以适应在左右工作面和机头、机尾安装的互换。

②减速器为三级齿轮减速，其中第一级为锥齿轮传动，中、重型刮板输送机的减速器，锥齿轮均采用圆弧齿；第二、三级为直齿或斜齿圆柱齿轮。近年来有向行星齿轮传动发展的趋势。

③为改变链速，减速器应能更换第二对齿轮，在一定范围内改变传动比。

④一般减速器应能适应工作面倾角 8°以下的情况。

⑤为使减速器内润滑油的油温不超过 100 ℃，减速器应设有水冷装置。

⑥减速器能用于正、反向运行。

为了适应不同的需求，三级传动的圆锥圆柱齿轮减速器有三种装配方式：Ⅰ型减速器的第二轴端装紧链装置，第四轴或第一轴装断销过载保护装置；Ⅱ型减速器的第二轴装紧链装置，利用液力耦合器实现过载保护；Ⅲ型减速器的第一轴装紧链装置，利用液力耦合器实现过载保护。

近年来，在重型刮板输送机中使用 CST 减速器，该 CST 减速器第一级传动为圆锥齿轮传动，第二级为圆柱齿轮传动，第三级为行星轮系传动，输入轴和输出轴垂直。

主轴是传动装置的主要部件，接受电动机传来的动力，带动牵引链运动。

（3）链轮组件。

对链轮组件的基本要求是：强度高，耐磨，能承受脉动载荷、冲击载荷，并具有一定的韧性；齿形尺寸参数设计准确，加工精度高，保证能与链条进行良好啮合。目前，链轮的齿数一般为 6~8 齿。

链轮组件由链轮、滚筒、轴（盲轴）、轴承和密封件等组成，有整体式和剖分式两种。根据刮板链的布置方式分为中单链型链轮、边双链型链轮、中双链型链轮和准边双链型链轮。

2）中间部

中间部包括溜槽（中部槽、过渡槽、调节槽）和刮板链等。溜槽是刮板输送机牵引链和煤岩的导向机构和支撑机构。

（1）溜槽。

①中部槽：构成刮板输送机中部机身的承载槽，其作用是承载煤岩，支承和导向刮板链条，兼有连接挡煤板和铲煤板，承受液压支架和推溜器的推拉载荷，支承和导向采煤机的作用。相邻中部槽采用可活动的高强度连接装置连接，使中部槽能偏转一定角度，以满足刮板输送机弯曲推移和适应底板起伏的要求。中部槽结构如图 2-8 所示。

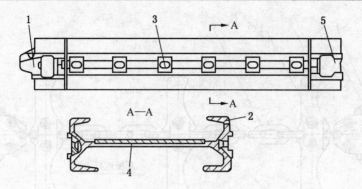

1—凸端头；2—槽帮钢；3—支座；4—中板；5—凹端头

图 2-8 中部槽

中部槽分为开底式和封底式两种。开底式即中部槽的下槽为敞开式。这种中部槽的重量轻、结构简单，下槽发生故障便于处理，但刚度小，易磨损变形，阻力大，寿命短，不适合松软底板。封底式即中部槽的下槽为封闭式。这种中部槽刚度大，刮板链在下槽运行阻力小，适合于松软底板。为便于检查和处理底链，每隔几节中部槽需安装 1 节带检查口的中部槽。

②过渡槽：机头部或机尾部与中部槽的连接槽，分为机头过渡槽和机尾过渡槽，其作用是将由中部槽转运来的煤炭提升到机头架中板上，或使刮板链由机尾架平滑地过渡到中部槽上。

③调节槽：其作用是调节输送机的铺装长度。

溜槽上一般都安装挡煤板，主要是增加装煤量，加大输送机的运输能力。有些挡煤板敷设电缆、油管、水管及采煤机导向管。

（2）刮板链。

刮板链是刮板输送机中传递牵引力，直接刮运物料的组件，由刮板（链段上导向和刮运物料的构件）、矿用圆环链（多个链环组成的挠性牵引构件）和接链环（连接圆环链成为封闭式系统的构件）组成。

圆环链抗拉强度要高、耐磨性要好、耐疲劳性要好、抗腐蚀性要强，有中单链、中双链、边双链和准双边链四种，分别如图 2-9~图 2-12 所示。

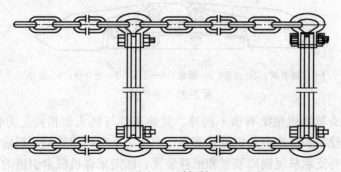

图 2-9 刮板链

3）机尾部

机尾部有驱动装置和无驱动装置两种。有驱动装置的机尾部，由于机尾不需要卸载高

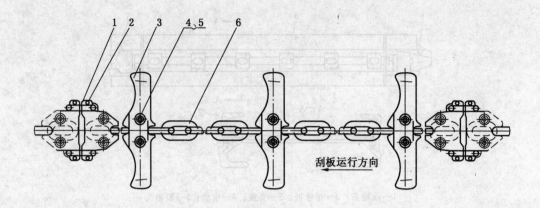

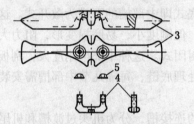

1—拨链器；2—开口销；3—刮板；4—U型螺栓；5—自锁螺母；6—圆环链

图 2-10　中单链

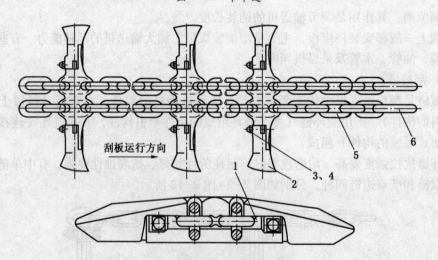

1—卡链横梁；2—刮板；3—螺栓；4—螺母；5—圆环链；6—连接环

图 2-11　中双链

度，所以除了机头架和机尾架有所不同外，其他部件与机头部相同。无驱动装置的机尾部，机尾架只有使刮板链改向的机尾轴部件。中型、重型和超重型刮板输送机机尾部兼有辅助驱动、连接与支承机尾锚固装置和推移装置、固定采煤机械牵引链的功能。现代刮板输送机的机尾大多采用可伸缩机尾装置，也称自动调链装置，其作用是在刮板输送机运行中手动或自动调整刮板链松紧，有利于改善刮板链工作状况、减小启动功率等，也可以整体改善刮板输送机的运行效果。刮板输送机可伸缩机尾部简图如图 2-13 所示。

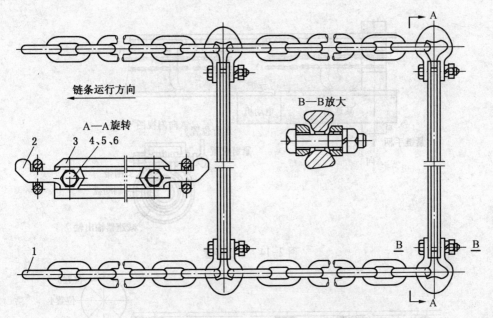

1—圆环链；2—连接环；3—刮板；4—螺栓；5—螺母；6—弹簧垫圈

图 2-12 边双链

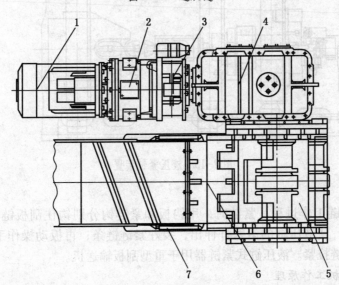

1—电动机；2—液力耦合器；3—液压马达；4—减速器；5—张紧行程；6—滑动机架；7—张紧千斤顶

图 2-13 刮板输送机可伸缩机尾部简图

4）紧链装置

紧链装置（图 2-14）是调整刮板输送机刮板链预张力的装置，通常由紧链器和阻链器组成。

（1）紧链器。紧链器是直接或配合刮板输送机减速器对链条施加张力的机构，有棘轮式、抱闸式、盘闸式、液压马达式和液压缸式。液压缸紧链器两端有挂钩，可将拆开的刮板链两端固定，不需用阻链器，目前应用较多，如图 2-15 所示。

（2）阻链器。阻链器是在紧链时将链条的一端固定住的装置，有链条挂钩式和楔块

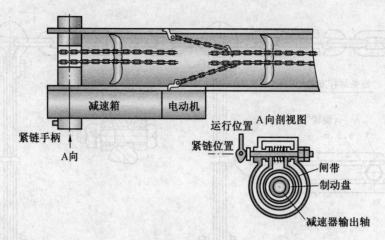

图 2-14　紧链装置

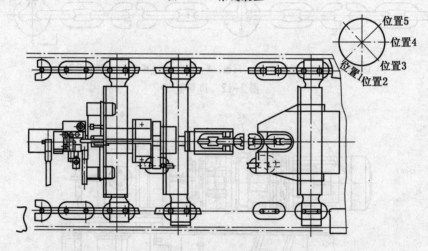

图 2-15　液压紧链装置

式两种。

（3）液压紧链工作过程。紧链时，用钩板和紧链钩分别钩住刮板链段两端的刮板，然后操作控制阀，使液压缸的活塞杆伸出，装好紧链链条；再扳动操作手把，缩回活塞杆，即可将刮板链拉紧。液压缸式紧链器用于重型刮板输送机。

2. 刮板输送机工作原理

刮板输送机是由绕过机头链轮和机尾滚轮（机尾链轮）的无级循环的刮板链作为牵引机构，以溜槽作为煤炭的承载机构。启动电动机，力经联轴器和减速器传动链轮驱动刮板链连续运转，将装在溜槽中的煤由机尾推运到机头处卸载转运。

3. 刮板输送机的分类

（1）按溜槽的布置和结构方式分：并列式（适用于薄煤层）、重叠式（适用于厚煤层）、开底式（适用于底板坚硬完整）、封底式（适用于底板松软破碎）。

（2）按牵引链结构分：片式套筒滚子链、焊接圆环链和可拆模锻链等。

（3）按链条数及布置方式分：

①中单链刮板输送机。刮板上的链条位于刮板中心，刮板在中部槽内起导向作用的刮

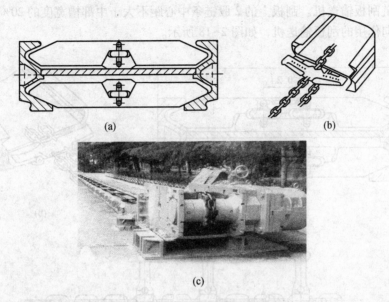

(a)

(b)

(c)

图 2-16　中单链刮板输送机

板输送机，如图 2-16 所示。

②边双链刮板输送机。刮板上的链条位于刮板两端，链条和连接环在中部槽内起导向作用的刮板输送机，如图 2-17 所示。

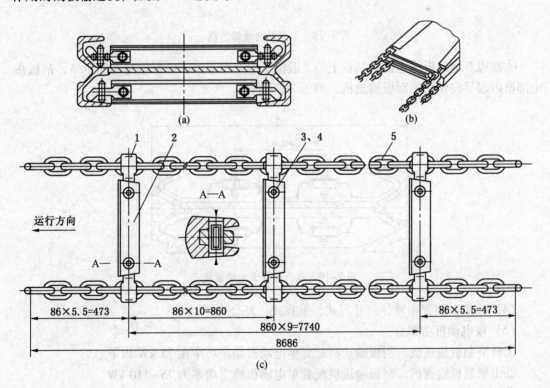

1—接手；2—刮板；3、4—弹性圆柱销；5—链条

图 2-17　边双链刮板输送机

③中双链刮板输送机。刮板上的 2 股链条中心距不大于中部槽宽度的 20%，刮板在中部槽内起导向作用的刮板输送机，如图 2-18 所示。

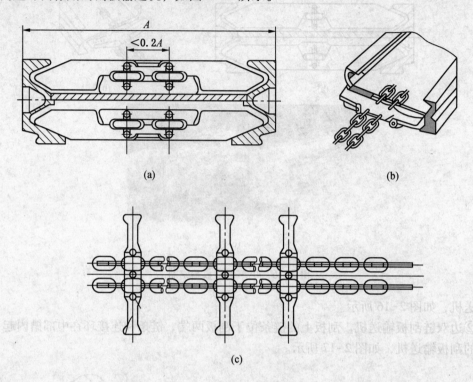

(a)

(b)

(c)

图 2-18　中双链刮板输送机

④准边双链刮板输送机。刮板上的 2 股链条中心距不大于中部槽宽度的 50%，刮板在中部槽内起导向作用的刮板输送机，如图 2-19 所示。

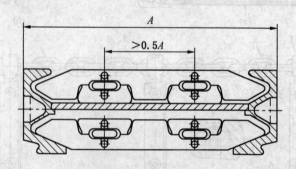

图 2-19　准边双链刮板输送机

（4）按传动装置布置分：并列式、垂直式、复合式。

（5）按电动机功率分：

①轻型刮板输送机。刮板输送机配套单电动机额定功率在 75 kW 以下。

②中型刮板输送机。刮板输送机配套单电动机额定功率为 75~110 kW。

③重型刮板输送机。刮板输送机配套单电动机额定功率为 110~200 kW。

④超重型刮板输送机。刮板输送机配套单电动机额定功率大于 200 kW。

（6）按卸载方式分：

①端卸式。刮板输送机呈直线型，煤炭从输送机的一端卸载，如图2-20所示。

②侧卸式。机头搭在转载机上，机头架呈90°卸载到转载机上。

③直弯式。中部槽做90°弯曲的刮板输送机。刮板输送机与桥式转载机连成一个整体，从而使工作面的煤直接卸到带式输送机上，而不需转载。

④交叉侧卸式。刮板输送机的机头与转载机的机尾做成一个整体，上、下链相互交叉穿过。输送机的机头上槽煤转到转载机的上槽，输送机的下链带回的煤落在转载机的下槽，如图2-21所示。

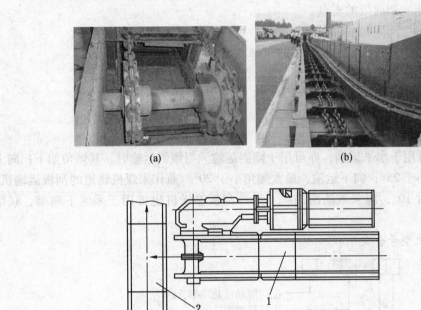

1—刮板输送机；2—转载机

图2-20　端卸式刮板输送机

图2-21　交叉侧卸式刮板输送机

4. 刮板输送机的特点

刮板输送机结构强度高，机身低矮，可以弯曲，适应较恶劣的工作条件；可作为采煤机的运行轨道，还可作移置液压支架的支点；推移刮板输送机时，铲煤板可自动清扫机道浮煤；挡煤板后面有安装电缆、水管的槽架，并对电缆、水管起保护作用，推移输送机时，电缆、水管同时移动。

1）优点

（1）结构坚实。能经受住煤炭、矸石或其他物料的冲、撞、砸、压等外力作用。

（2）能适应采煤工作面底板不平、弯曲推移的需要，可以承受垂直或水平方向的弯曲。

（3）机身矮，便于安装。

（4）能兼作采煤机运行的轨道。

（5）可反向运行，便于处理底链事故。

（6）能作液压支架前段的支点。

2）缺点

（1）空载功率消耗较大，为总功率的30%左右。

（2）不宜长距离输送。

（3）易发生掉链、跳链事故。

（4）消耗钢材多，成本高。

5. 刮板输送机适用范围

刮板输送机可用于水平运输，亦可用于倾斜运输。当倾斜运输时，其倾角如下：向上运输，最大倾角小于25°；向下运输，最大倾角小于20°。兼作采煤机轨道的刮板运输机，当工作面倾角超过10°，应采取防滑措施。另外刮板输送机也可用于采区下顺槽、联络眼、采区上下山。

6. 刮板输送机型号含义

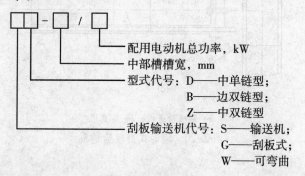

配用电动机总功率，kW

中部槽槽宽，mm

型式代号：D——中单链型；
　　　　　B——边双链型；
　　　　　Z——中双链型

刮板输送机代号：S——输送机；
　　　　　　　　G——刮板式；
　　　　　　　　W——可弯曲

例如，中部槽宽为 630 mm、配用电动机功率为 2×75 kW 的边双链矿用刮板输送机的型号表示为 SGB-630/150。

二、刮板输送机的安装与试运转

1. 安装前的准备工作

（1）刮板输送机在运往井下之前，参加安装、试运转的工作人员应熟悉该机的结构、工作原理、安装程序和注意事项。

（2）按照制造厂的发货明细表，对各部件、零件、备件以及专用工具等进行核对检查，保证完整无缺。

（3）在完成上述检查之后，在地面对主要传动装置进行组装，并做空负荷试运转，检查无误后方能下井安装。

（4）现场安装前对一切设备再进行一次检查，特别是对传动装置，包括电动机、减速器、机头轴等应重点检查，若发现有损坏变形部件应及时更换。

（5）对于不便拆卸和需要整体下井的部件，在矿井条件允许的情况下，应整体运送。在运送前，整体部件的紧固螺栓应连接牢固。各零部件下井之前，应清楚地标明运送地点（如下顺槽或上顺槽等）。

（6）准备好安装工具及润滑脂。

（7）不管在运输巷或工作面，铺设刮板输送机的机道都要平直。

2. 铺设安装方法

应根据各矿井运输条件和工作面特点，从实际出发，决定工作面刮板输送机的铺设安装方法。

1）安装顺序

无论采用哪一种安装方法，输送机都应由机头向机尾依次进行安装。将机头部布置在卸煤地点的合适位置，摆好放正，然后装中部槽及刮板链的下链，再装接机尾部，最后装接好上刮板链。以上工序经检查无误后，即可紧链试车。最后可装上挡煤板、电缆槽和铲煤板等附件，投入整机试运行。

上述安装工序决定了刮板输送机各部件应放置的地点。当安装地点在回采工作面时，应首先把机尾部、机尾传动装置和挡煤板、铲煤板等附件运到上顺槽，把机头架、机头传动装置、机头过渡槽，以及全部溜槽和刮板链等组件都运到下顺槽。然后按安装次序将所有溜槽及刮板链依次运进工作面，并在安装位置排开。铲煤板、挡煤板及其他附件，待输送机主体安装并调整好后，由输送机从上顺槽运到安装位置。为安全起见，当从输送机上卸这些附件并进行机体安装时必须停机。在将全部零部件运往安装位置时，要注意零件的安装次序和方向。

2）安装工艺

（1）机头部的安装。

机头部的安装质量高低与刮板输送机是否能平稳运行关系甚大，安装时必须要求其稳固、牢靠。主要技术要求如下：

①机头架上的主轴链轮未挂链之前，应保证其转动灵活。

②装链轮组件时，要保证边双链的两个链轮的轮齿在相同的相位角上，否则将会影响刮板链的传动，并可能造成事故。

③起吊传动装置的吊起钩要挂在电动机和减速器的起重吊环上，切不可挂在连接罩上。

④传动装置被吊起后，用撬杠等工具将其摆正，再用木垛、木楔等物垫平。

⑤减速器座与机头架连接处应安装垫座，垫座的作用一般是使传动装置与机身保持一定距离，便于采煤机能骑上机头，实现自动开切口。

⑥在减速器外壳侧帮耳板上的 4 个螺孔处穿入地脚螺栓，把它们固定在机头架的侧帮上。电动机通过连接罩与减速器固定并悬吊起来。

⑦最后按安装中线再一次用撬杠将机头摆正。按安装中线校正机头的方法是：一个人站在机头架的中间处，同时另一个人站在机尾处用矿灯对照，借助光线使机头架的中心线与机道的安装中心线重合即可。

（2）中间部及机尾部的安装。

过渡槽安装好之后，将刮板链穿过机头架并绕过主动轮，然后装接第一节中部槽。其方法是：

①先将链子引入第一节溜槽下边的导向槽内，再将链子拉直，使溜槽沿链子滑下去，并与前节溜槽相接。

②按上述方法继续接长底链，使之穿过溜槽的底槽，并逐节把溜槽放到安装位置上，直到铺设到机尾部。

③将机尾部与过渡槽对接妥当后，可将刮板链穿过过渡槽，从机尾滚筒（带有传动装置的机尾传动链轮）的下面绕上来放到中板上，继续将刮板链接长。

④将接长部分的刮板倾斜放置，使链条能较顺利地进入溜槽的链道，然后再将其拉直。

⑤依此方法将上刮板链一直接到机头架。

（3）紧链。

根据需要调整刮板链的长度，最后将上链接好。为减少紧链时间，在铺设刮板链时要尽量将链子拉紧。在安装过程中，应注意如下事项：

①安装刮板链时，要注意按已做好的标志进行"配对"安装，否则会影响双边链的链条的受力均匀和链条与链轮之间的啮合情况。

②在上溜槽装配时，连接环的凸起部位应朝上，竖链环的焊接对口应朝上，水平链环的焊接对口应朝向溜槽的中心线，且不许有扭麻花的现象。

③在安装中，应避免用锯断链环的办法取得合适的链段长度，而应用备用的调节链进行调整。

④安装后的检查，包括：紧固件是否有松动现象；减速器、液力耦合器等润滑部位的油量是否充足；刮板链是否有扭绕不正的情况，以及各部件的安装是否正确；控制系统和信号系统是否符合要求。

3. 安装基本要求

（1）机头铺设的位置必须有设计图纸，特别是综采工作面，应考虑机头与支架的关系，保证与相关设备的连接尺寸符合要求。

（2）回采工作面的刮板输送机必须沿机身全长装设能发出停止或开动信号的装置，发出信号点的间距不得超过 15 m。

（3）溜槽铺设要做到平、直、稳，圆环链不得拧麻花。

（4）连接件、紧固件应齐全，连接应牢固可靠。机头、机尾架要打压柱，防止机头上翘发生挤人事故和损坏设备。

（5）安装后要进行认真检查并进行试运转。

（6）对刮板输送机安装总的要求是：

"三平"：溜槽接口要平，电动机与减速器底座要平，对轮中心线接触要平。

"三直"：机头、溜槽、机尾要直，电机与减速器中心要直，链轮要直。

"一稳"：整台刮板输送机安设要稳，开动时不摆动。

"二齐全"：刮板要齐全，链环螺栓要齐全。

"一不漏"：溜槽接口要严密不漏煤。

"两不"：运转时刮板链不跑偏、不飘链。

4. 工作面刮板输送机搭接要求

（1）与顺槽刮板输送机搭接时，垂直高度应保持 300~500 mm，搭接距离不应小于 250 mm。

（2）直线搭接时，后一台的机头要高于前一台机尾 300 mm，前后交错不小于 500 mm。

5. 综采工作面刮板输送机的特殊安装要求

（1）在地面先将两块中部槽组装起来，装车下井进行工作面安装。

（2）注意链条不能出现拧麻花现象。

（3）综采工作面刮板机的机尾一般在采煤机骑上溜槽后再进行安装。

（4）安装完中部槽再安装挡煤板。

（5）中部槽的安装一般与液压支架的安装配合进行。

6. 搬运、安装时的安全注意事项

（1）刮板输送机在装车时，要按井下安装顺序编号装车。对大件一定要固定牢靠，对怕砸、怕碰、怕尘、怕水的部件要管理好，并采取相应的保护措施。

（2）起吊时要检查起吊工具的完好情况和强度，在安全可靠的情况下装卸车。

（3）运输中沿途各交叉点、上下山等地点，要设专人指挥，防止在运输中发生事故。

（4）刮板输送机未进入工作面之前，要先检查铺设地点的煤壁和支护状况，要清理好底板，确认可靠后再进行铺设。

（5）为了减少搬运工作量，输送机一般是从回风巷开始进行安装，安装时要有专人指挥调运，防止在安装中出现挤、砸、压事故。

（6）刮板输送机铺设要平。如底板有凸起时要整平，相邻溜槽的端头应靠紧，搭接平整无台阶。这是保证安全运转的前提。

（7）安装及投入运转时要保持输送机的平、直、稳、牢，并注意刮板链的松紧程度。要根据链条的松紧情况及时张紧，防止卡链、断链及底链脱落等事故发生。

（8）用液压支架或支柱悬吊溜槽时应随时注意顶板情况，避免冒顶。

（9）工作面安装使用的绳扣、链环、吊钩等必须进行详细检查，确认可靠后才可使用。

7. 刮板输送机的试运转

刮板输送机在试运转之前，应重点进行以下各项检查：

（1）在初次安装时，机体要直，沿机身均匀取 10 个点进行检查，其水平偏差不应超过 150 mm；垂直方向接头平整、严密、不超差；接头错口不超过 3~4 mm，角度不超过 4°。

（2）各部螺栓、垫圈、压板、顶丝、油堵和护罩等须完整齐全、紧固。

（3）液力耦合器、减速器、传动链、机头、机尾和溜槽等主要机件要齐全完整。

（4）电气系统开关接触情况良好、工作状态可靠，电气设备有良好接地。

（5）减速器、液力耦合器、轴承等润滑良好，符合要求。

若以上检查没有发现问题，即可进行试运转，试运转分空载及负载两步进行。先进行空载运转，开始时断续启动电动机，开、停试运行，当刮板链转过一个循环后再正式转动，时间不少于 1 h。各部检查正常后做一次紧链工作，然后带负荷运转一个生产班。试运转时应重点注意以下事项：

（1）机器各部件运行的平稳性，如是否振动，链条运行是否平稳、有无刮卡及跳链现象，刮板链的松紧程度及各部声音是否正常等。

（2）各部温度是否正常，如减速器、机头和机尾的轴承、电动机及其轴承等温度一般不应超过 70 ℃，液力耦合器的温度不应超过 60 ℃，大功率减速器的温度不应超过 85 ℃。

（3）负荷是否正常，重点是电动机启动电流及负荷电流是否超限。

（4）观察减速器、液力耦合器及各轴承等部位是否有漏油情况。

（5）令采煤机在刮板输送机上试运行，观察是否能顺利通过。

注意：在一般情况下，除检修及处理故障外，不做刮板链倒转的试运转。

三、刮板输送机的操作方法

1. 运转前的检查

为了保证刮板输送机的安全运转，在运转前必须做详细的检查。检查分为一般检查和重点检查。

1）一般检查

首先检查工作环境，如工作面的支护情况、输送机上有无人员作业、有无障碍物、锚固装置是否牢固。然后检查电缆吊挂是否合格，电动机、开关按钮等接线是否良好。如果检查没有发现问题，可点动电动机，观察输送机是否运转正常，接着再进行重点检查。

2）重点检查

（1）机头检查。

①有传动小链的刮板输送机，应检查传动小链的链板、销子的磨损变形程度，链轮上的保险销是否正常。必须使用规定的保险销，不得用其他物品代替。

②检查弹性联轴器的间隙是否正确（一般 3~5 m）、液力耦合器是否完好。

③检查减速箱油量是否适当（油面高度为大齿轮高度的 1/3）。

④检查机头架连接螺栓、地脚压板螺栓、机头轴承座螺栓等是否齐全坚固。

⑤检查链轮、托叉、护板是否完整坚固。

⑥检查弹性联轴器和紧链器的防护罩是否齐全。

（2）中间部检查。

对中间部刮板链从头到尾进行一次详细检查，方法是：从机头链轮开始，往后逐级检查刮板链、刮板、连接环以及连接环上的螺栓。检查 4~5 m 后在刮板链上用铁丝绑一记号，然后开动电动机把带记号的刮板链运行到机头链轮处，再从此记号向后检查，一直到机尾。在机尾的刮板链上再用铁丝绑一个记号，然后从机尾往回检查中部槽对口有无戗茬或搭接不平、磨环、压环、上槽陷入下槽等情况。回到机头处，开动输送机把机头记号运转到机头链轮处，再往后重复以上检查，至此检查一个循环。若发现问题应及时处理。

（3）机尾检查。

机尾有动力驱动时，检查方法与机头检查方法相同；无动力驱动时，要做以下检查：

①检查机尾滚筒的磨损与轴承转动情况（转动应灵活）。

②检查调节机尾轴的装置是否灵活。

③检查机尾环境是否良好，如有积水，要挖沟疏通。

经以上检查，确定一切良好，便可开动电动机正式运转。

2. 刮板输送机操作一般步骤

（1）经上述检查无误后，方可发出开机信号。

（2）启动时应断续启动，隔几秒钟后再正式启动。

（3）不能强行启动，如出现刮板输送机连续 3 次不能启动，必须找出原因并处理后才可再次启动。

（4）在无集中控制系统时，多台刮板输送机的启动都应从外向里沿逆煤流方向依次启动。

（5）在正常运转时应注意巡回检查。

（6）停车时应从里向外顺煤流方向依次进行，并清除刮板输送机上的煤炭。

3. 紧链装置的操作方法

1）紧链装置的作用

紧链装置的作用是调节刮板链的松紧程度，使其具有一定的预紧力，防止刮板链运行时发生松链或堆链现象。紧链方式有三种，即电动机反转紧链、专设液压马达紧链、专设液压缸紧链。

2）紧链装置的操作方法

（1）棘轮紧链装置的操作方法。

棘轮紧链装置用于电动机反转紧链方式，其工作过程如下：

如图 2-22 所示，紧链时先把刮板链一端固定在机头架上，另一端绕经机头链轮，反

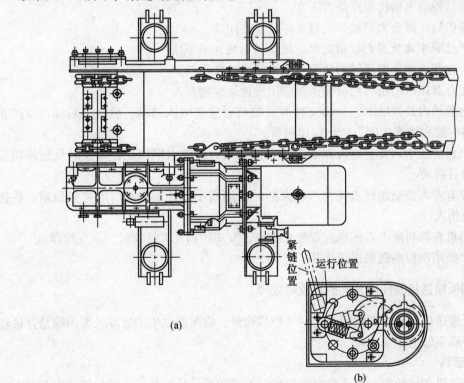

图 2-22　棘轮紧链装置

向点动电动机，待链条拉紧时立即用棘轮紧链器闸住链轮，防止链条回缩，然后拆除多余的链条，再接好刮板链。刮板链的张紧程度，以运转时机头下方下垂两个链环为宜。

棘轮紧链器装在减速器二轴的伸出端。手把在运行位置时，弹簧顶杆使插爪脱离棘轮，棘轮任意转动；紧链时将紧链器把手扳到"紧链位置"，插爪被弹簧顶杆顶入棘轮的齿根，然后反向点动电动机，使机头链轮反转，因棘轮插爪的限制，电动机停转时棘轮被制动，链条被拉紧到有足够拉力时，停止电动机，从链条自由端拆除多余的链段，将刮板链接在一起后，点动电机使链轮反转的同时，将手把复位到"运行位置"使插爪脱开棘轮。拆除紧链挂钩，即可正常运行。棘轮紧链器用于轻型刮板输送机。

（2）液压缸紧链装置的操作方法。

液压缸紧链装置主要由液压缸紧链器、紧链链条、紧链钩、连接头、保险销等组成，其具体操作方法参见前面的叙述。

4. 操作安全注意事项

（1）联络信号齐全可靠，操作信号正确。

（2）精力集中，不打瞌睡。

（3）随时观察顶板支护情况，电缆及周围环境情况。

（4）操作按钮要放在安全可靠的位置，防止撞、砸。

（5）遇有大块煤或矸石及时处理，以免引起系统堵塞。

（6）听到停机信号时要及时停机，只有重新听到开机信号后方可开机。

（7）无煤时不使刮板输送机长时间空运转。

（8）经常检查电动机温度是否正常。

（9）停机后，将磁力启动开关打至零位，并闭锁。

5. 生产过程中需使用刮板输送机运送物料时的注意事项

（1）应在刮板输送机运转的情况下向溜槽内放置物料。

（2）配有双速电动机的刮板输送机应用慢速运送物料。

（3）向溜槽内放置坑木、金属支柱等长物料时应先放入前端、后放入后端，以防止碰人。物料应放在溜槽中间，防止刮碰槽帮。

（4）物料运送中，要有专人跟随在物料的后端；遇有卡阻情况，应及时发出停机信号，处理后再启动。

（5）要有专人在输送地点接物。两人同时从溜槽中向外搬物料时应先搬后端、后搬前端，以免伤人。

（6）司机在物料碰不着的地方观察和操作，发现物料无人接应时，应立即停机。

（7）严禁用刮板输送机运送炸药。

四、刮板输送机的使用、维护及故障处理

对刮板输送机进行合理使用、定期维护和检修、将可能发生的故障及时消除是保证输送机安全可靠运转的重要手段。

（一）运转

刮板输送机在运转中，除注意它的温度、声音和平稳性之外，还要保证其安全和有效运转。

1. 安全运转

安全包括人身安全和设备安全两个方面。

1）人身安全

为保证人身安全，应做到：

（1）开机之前应发出信号；机器运行中不允许在机上行走或横跨机身，亦不允许用脚踩圆环链的方法处理飘链故障。

（2）液力耦合器和电动机风扇等快速旋转机件的裸露部分的防护罩应稳妥可靠。

2）设备安全

为保证设备安全，应做到：

（1）注意安全防护。对有打眼爆破作业工序的工作面，在爆破时应注意对溜槽的防护，以免打翻、打坏；对淋水大的顶板要注意对电动机和减速器的防护，以免电动机受潮和减速器内的润滑油乳化，影响润滑效果。

（2）避免大块。大块煤或矸石经过采煤机时，因不通过底托架，有可能将采煤机顶起和损坏溜槽。

（3）及时紧链。新投入运行的刮板输送机因链环间和溜槽间的接合间隙在运行中趋于缩小，致使链子松弛，易引起卡链、跳链、落道等事故。因此，除应注意随时紧链外，对投入运行 1 周的新刮板输送机，应特别注意刮板链的松紧情况，及时紧链。

（4）保持传动部件的清洁，以便于检查和散热，不允许在减速器或电动机上打支柱或将其当作起重工具的支承座用。

2. 有效运行

为使刮板输送机能获得高的运行效益，可采取如下措施：

1）保持刮板输送机在平和直的条件下运行

（1）弯曲的角度不超过规定值。

（2）推溜工作要在离采煤机 3 节溜槽之外进行，不可推出"急弯"，弯曲部分不要少于 6~8 节溜槽；停机时不可推溜；推溜时的速度要慢，以便将浮煤铲净，避免浮煤将溜槽的一侧垫高，造成倾斜。

（3）除弯曲段外，全部溜槽的铲煤板都要推到与工作面煤壁贴紧的位置，以求推直。

（4）采煤机应将底板割平，对底板的局部凸起及凹下部分应进行处理。

2）提高有效运行时间

刮板输送机的生产率是由其效率和运行工作时间决定的。在负荷一定的情况下，设备运行的工时利用率越高，输煤量就越大。刮板输送机效能的充分发挥，是提高产量和经济效益的有效途径。因此，在生产中要想尽一切办法减少停运时间。一般不允许刮板输送机空载运行，因为空运不但缩短了有效运行时间，也会造成电力的浪费和机件的无效磨损。如果输送机在运行时发生故障，只要故障范围不再扩大，则应尽量采取临时维修手段，维持设备继续运转，将故障的处理推迟到检修班或交接班的空余时间进行。要避免停机，延长其有效运行时间。

3）负载合理

刮板输送机的负载应尽可能达到额定值，以充分发挥其生产能力。输送机上装煤过多，会使煤溢出溜槽之外，白白地耗费了劳动力和动力，且引起设备过载和机件损伤；装煤过少，即所谓"大马拉小车"，使刮板输送机的能力不能充分发挥，无功损耗增大，不经济。另外，负载的均匀性也很重要，它不但对设备的经济运行有影响，且对刮板输送机零部件的工作寿命也有影响。

4）采用新型设备

对一些效率低、耗能大、维修费用高的老旧刮板输送机应进行淘汰，采用新型设备以达到提高运行效率的目的。

5）推行自动化和集中控制

当前刮板输送机的自动控制多采用电子技术，其中动力载波控制在煤矿已有很多成功的经验，它可利用设备原有动力线作为载波信号传递的公用通道，无需另设控制线路。这不但节省人力，而且更安全、合理、经济。

6）实行高速运行

在刮板输送机的功率尚有潜力的情况下，适当提高刮板链的速度，也是提高其生产率的一个有效途径。

7）加强供电管理

电源的电压降不能超限，因为电动机转矩是同电压的二次方成正比的，电压低会造成电动机启动困难、发热。所以，要尽可能地缩短供电距离，使供电变压器尽量靠近设备。

8）设备衔接合理

在刮板输送机的连续输送线上，各部能力必须彼此配合适当，以免因个别环节的配合不当而影响整个系统的能力发挥。

（二）维护

1. 维护的目的和意义

1）目的

维护的目的是及时处理设备运行中经常出现的不正常状态，保证设备的正常运行。它包括更换一些易损件、调整紧固和润滑注油等，实际上是一种预防设备发生事故、提高运行效率和延长设备服务寿命的一种重要措施。

2）意义

机械磨损会使刮板输送机的性能随着使用时间的延长而逐渐变差。维护的意义就是利用检修手段，有计划地事先补偿设备磨损、恢复设备性能。维护工作做得好，设备使用的时间就长。

2. 维护内容

维护包括巡回检查和定期检修两方面。

1）巡回检查

通过定期巡回检查可发现许多故障，将故障消灭在发生之前。

巡回检查一般是在不停机的情况下进行，个别项目可利用运行的间隙时间进行，每班检查次数不应少于2~3次。检查内容包括：易松动的连接件，如螺栓等紧固件；发热部位，如轴承等温度的检查（不超过65~70℃）；各润滑系统，如减速器、轴承、液力耦合器等的油量是否适当；电流、电压值是否正常，各运动部位是否有振动和异响，安全保护装置是否灵敏可靠，各摩擦部位的接触是否正常等。

检查方法一般是采取看、摸、听、嗅、试和量等办法。看是从外观检查；摸是用手感触其温升、振动和松紧程度等；听是对运行声音的辨别；嗅是对发出气味的鉴定，如油温升高的气味和电气绝缘过热发出的焦臭气味等；试是对安全保护装置灵敏可靠性的试验；量是用量具和仪器对运行的机件，特别是受磨损件做必要的测量。

巡回检查还包括开机前的检查。在开机之前，要对工作地点的支架和巷道进行一次检查，注意刮板输送机上是否有人工作或有其他障碍物，检查电缆是否卡紧，吊挂是否符合要求。若无问题，则点动输送机，看其运行是否正常。接着应对机身、机头和机尾进行重点检查。

2）定期检修

定期检修是根据设备的运行规律，对其进行周期性维护保养，以保证设备的正常运行。刮板输送机的定期检修可分为日检、周检和季检等。

（1）日检。

日检即每日由检修班进行的检修工作。日检除包括巡回检查的内容外，还需更换一些易损件和处理一些影响安全运行的问题。重点应检查以下各项：

①更换磨损和损坏的链环、接链环和刮板。

②处理减速器和液力耦合器的漏油。

③检查溜槽（特别是过渡槽）、挡煤板及铲煤板的磨损变形情况，必要时进行更换。

④检查拨链器的工作情况（主要是紧固和磨损）。

（2）周检。

周检是每周进行一次的检查和检修工作。周检除包括日检的全部内容外，主要是处理一些需停机时间较长的检查维护项目。重点的检修项目是：

①检查机头架和机尾架有无损坏和变形情况。

②检查连接减速器的地脚螺栓和液力耦合器的保护罩两端的连接螺栓是否紧固。

③通过电流表测查液力耦合器的启动是否平稳，各台电动机之间的负荷分配是否均匀，必要时可以通过注油进行调整。

④检查减速器内的油质是否良好、油量是否合适，轴承、齿轮的润滑状况和各对齿轮的啮合情况。

⑤测量电动机绝缘，检查开关触头及防爆面的情况。

⑥检查拨链器和压链块的磨损情况。

⑦检查铲煤板的磨损情况及其连接螺栓的可靠性。

（3）季检。

季检为每隔3个月进行1次的检修工作，主要是对一些较大的和关键的机件进行更换和处理。季检除包括周检的全部内容外，还包括对橡胶联轴器、液力耦合器、过渡槽、链轮和拨链器等进行检修更换，并对电动机和减速器进行较全面的检修。

（4）大修。

当采完一个工作面后，将设备升井进行全面检修。具体工作如下：

①对减速器、液力耦合器进行彻底清洗、换油。

②检查电动机的绝缘、三相电流的平衡情况，并对电动机的轴承进行清洗。

③对损坏严重的机件进行修补、校正、更新。

3. 润滑时注意事项

润滑注油是对刮板输送机进行维护的重要内容。良好的润滑可以减轻机械的磨损，对部件起冷却、密封、减振、防腐蚀等作用。润滑注油时注意所使用的润滑油牌号应与设备相符合，一般均以厂家产品说明书为准，若需替代也必须与原油品相近。注油时应先从放油塞处放去已经变质的油，经清洗后方可注入新油。

（三）刮板输送机常见故障及其处理

对刮板输送机加强维护，坚持预防性检修，使其不出或少出故障，是当前机电管理工作中的重要一环。但由于管理和维修水平以及设备本身的结构性能等方面的原因，刮板输送机在运行中发生故障是难免的。问题是当这些故障发生之后，如何能做到正确判断、迅速处理，把事故的影响减小到最低程度。

1. 故障判断的基本常识

只有正确判断故障，才有可能做到正确处理故障，这也是经过实践验证了的道理。对于保护装置完善和技术结构比较复杂的刮板输送机更是如此。

1）工作条件

对故障的正确判断，首先要注意刮板输送机所处的工作条件。工作条件不但是指刮板输送机所处的工作地点、环境及负荷状态，也包括了对它的维护情况、已使用的时间和机件的磨损程度等。把工作条件与刮板输送机的结构特点、性能和工作原理结合起来分析考虑，才可做出较正确的判断。

2）运行状态

刮板输送机的运行状态（包括故障预兆显示）是通过声音、温度和稳定性这三个因素表现出来的。这三个因素是互相关联的，对于不同的机件、不同的故障类型以及故障发生的不同部位，三个因素的突出程度有所不同。零件的损坏，除已达到了正常的使用寿命，即已达到了服务年限而未被更换外，多是由于超负荷运行引起的。而负荷增大就会表现出运行声音的沉重和温度的增高。当负荷超出一定范围时，机件就会出现运行不稳定，直到损坏。因此，掌握机器的运行声音、温度和稳定性，是掌握机器的运行状态、判断故障的重要依据。

如上述可知，声音的掌握靠听觉；稳定性的掌握靠视觉和触觉，也常与声音结合判断；温度的掌握是很重要的，因为所有机件故障的发生，除突然故障造成的损坏外，大多伴有温度的升高，所以维护人员要在没有温度仪器指示的情况下，掌握温度判断的技术。

3）表现形式

刮板输送机在运行中发生的故障有时不是直观的，也不可能对其组件立即做全部解体检查，在这种情况下，只能通过故障的表现形式和一些现象进行分析和判断。刮板输送机的每一个故障的发生，都会有一定的预兆。掌握了这些不同特点的预兆，往往可将事故消除在发生之前。若故障已经发生，则可根据这些预兆查明原因，迅速做出判断和正确处理，将因此而产生的影响减到最小，并将引起事故的根源清除。

2. 常见故障及其处理方法

1）刮板链在链轮上掉链

（1）故障征兆：刮板输送机正常运行时，刮板链忽快忽慢，链速不均，这就是刮板链脱离了链轮，为非正常状态运转。

(2) 故障原因：机头不正、机头第二溜槽或底座不平、链轮磨损严重超限或咬进杂物，使刮板链脱出轮齿，边双链刮板输送机两条链的松紧不一；刮板严重歪斜；刮板间距太大或过度弯曲。

(3) 预防措施：保持机头平直，垫平机身，使机头、机尾和中间部成一直线；对无动力驱动的机尾可把机尾链轮改为带沟槽的滚筒，以防链轮咬进杂物；调整边链长度使其一致，更换过度弯曲的刮板，补齐所缺的刮板。

2）刮板底链出槽

(1) 故障征兆：电动机发出十分沉重的响声，刮板链运行速度逐渐缓慢，甚至停止。如果不是负荷过大被煤埋住，就是底链出槽。边双链最易发生此类故障。

(2) 故障原因：输送机机身不平直，上鼓下凹，过度弯曲，溜槽严重磨损；两条链条长短不一，造成刮板歪斜或因刮板过度弯曲使两链条的链距缩短。

(3) 预防措施：保持机身平直，刮板链松紧适当；刮板歪斜、两条链子长短不一时要及时调整。严重磨损的刮板，特别是调节槽要及时更换。

3）飘链

(1) 故障征兆：电动机发出十分尖锐的响声；刮板刮煤太少，2~3 min 仍不见有大量的煤流至卸载机头处。

(2) 故障原因：机身不平、不直，出现凹槽；刮板链太紧，把煤挤到溜槽一边；刮板链在煤上运行；刮板缺少，弯曲太多；刮板链下面塞有矸石或其他异物。

(3) 预防措施：刮板链要松紧适当，保持机身平直；煤要装在溜槽中间；弯曲的刮板要及时更换，缺少的刮板要及时补齐；如果煤中夹有矸石或拉上山时，可以加密刮板；刮板输送机机头、机尾略低于中间部溜槽，呈"桥"形。

4）断链

(1) 故障征兆：刮板输送机在运行时，刮板链在机头下突然下垂或堆积；边双链的刮板突然向一侧歪斜。

(2) 故障原因：链条过松或磨损严重，或两根链条长短不一；装煤量过多，在重载情况下启动电动机，两条链的链环节距不一致；圆环链的连接螺栓丢失；变形的链环多，工作面底板不平，回空链带煤过多；推溜时步距过小，弯曲度太大；井下腐蚀性水使链条锈蚀或产生裂隙。

(3) 预防措施：坚持使用联轴器；使用一个时期后，将刮板链翻转 90° 后使用；调换水平链环和垂直链环的位置；当榴槽内压煤多或底槽带煤太多，要及时消除，或设专人掏空机头第二节溜槽底部的积煤；及时调整刮板链的松紧程度，更换变形的刮板、链环和连接环。

5）保险销被切断

(1) 故障征兆：电动机转动，但机头轴和刮板链不动。

(2) 故障原因：压煤过多；石、木棒及金属杂物被回空链带进底槽，卡住刮板链，使运行阻力过大；保险销磨损、强度降低，中部板磨损卡住刮板。

(3) 预防措施：启动刮板输送机前要将刮板链调节好，使其松紧程度适当；掏清机头、机尾处的浮煤；如有石、木棒或其他杂物要及时清理，装煤不要太多，中部槽要搭接严密，如有坏槽要及时更换；保险销需要用低碳钢制造，不用其他材料代替，并要勤检查，磨损超限要及时更换，保证销子与销轴的间隙不大于 1 mm。

6）减速器过热、响声不正常

（1）故障征兆：发出油烟气味和"吐噜、吐噜"的响声，用手触摸减速器时有灼热感。

（2）故障原因：齿轮磨损严重超限，齿轮啮合不好，修理时装配不当，轴承损坏或串轴，润滑油量过少或过多，油质不干净。此外，液力耦合器安装不正、地脚螺栓松动和超负荷运转也是造成减速器响声不正常的原因。

（3）预防措施：安装检修时注意安装和装配质量。坚持定期检修制度；经常检查齿轮和轴承的磨损情况；注意各处螺栓是否松动，确保油量适当和油品不受污染，保持耦合器的间隙合适。

7）液力耦合器滑差大

（1）故障征兆：刮板链运行速度明显过低，在轻载时甚至出现打滑的情况。

（2）故障原因：液力耦合器内充液量不足或有泄漏现象，造成液力耦合器输出转矩不够；如果液量符合要求，就可能是负荷太大或刮板链有卡刮现象。

（3）预防措施：调整装载量，确保刮板链及整机安装质量；按规定量注入质量合格的液体；一旦有滴漏现象及时处理。

8）多电动机驱动时液力耦合器温度过高

（1）故障征兆：多个液力耦合器中，1 个温度过高，响声异常。

（2）故障原因：整机的铺设倾角不同，各电动机的负荷也不同，各液力耦合器内注入的工作液体的质量和数量不同。

（3）预防措施：在安装时注意保持液力耦合器倾角一致，不发生歪斜，刮板输送机中各液力耦合器所注入的工作液体质量相同（不能一个注难燃液，另一个注水），同时注入工作液体的数量应相等，也不应在同一输送机中采用不同型号的液力耦合器。在生产实践中用堵转法或测量电流法来调节液力耦合器的工作液量。

3. 刮板输送机伤人事故及预防措施

为了防止和杜绝刮板输送机伤人事故的发生，应采取以下预防措施：

（1）凡转动或传动部位均应按规定设置保护罩或保护栏杆；机尾应设盖板，必须在适当地点设置供人横越输送机的过桥。

（2）不准在输送机溜槽内行走，更不准乘坐刮板输送机；需要运送长物料时，必须制定安全措施。

（3）严格执行处理故障、停机检修的制度。停机后开关处要挂上"有人作业，禁止开机"的警示牌，并与采煤机闭锁。严禁在运行中清扫刮板输送机。在处理飘链时，不准用脚蹬刮板链。

（4）采煤工作面刮板输送机，必须按规定沿着输送机安设能发出停止和启动的信号装置。开机前先发出信号，要使刮板输送机附近的所有人员（包括作业、逗留和行走人员）都知道，并躲到安全地点后点动试车，待观察没有异常情况时再正式开机。

（5）推移刮板输送机的液压装置必须完整可靠；推移刮板输送机时，必须有防止冒顶片帮伤人、损坏设备及挤伤人员的安全措施。刮板输送机机头、机尾必须打牢锚固柱。

（6）刮板输送机两侧电缆要按规定认真吊挂，特别是要把工作面移动的电缆管理好，防止落入溜槽内被刮坏或拉断而造成事故。

（7）必须坚持维护保养制度，保证设备性能完好。

（8）刮板输送机机头、机尾面积较大，必须按作业规程对其顶板进行支护。移动机头、机尾时需要回撤的支柱不要回撤得过早，并且移动过后要立即补上支柱；在使用推移千斤顶移动机头、机尾时要缓慢操作前进，不能挤倒煤壁侧的支柱，以防发生冒顶伤人事故。

（9）刮板输送机的液力耦合器必须指定专人负责维护，按规定注难燃液，易熔合金塞熔化后必须立即排除故障，然后更换，严禁用其他物品代替。

课题二　顺槽桥式转载机

一、转载机概述

（一）桥式转载机的用途及类型

在机械化开采系统中，采区内的煤炭运输系统普遍采用中间转载输送设备，即顺槽桥式转载机，其结构如图 2-23 所示。桥式转载机实际上是一种可以纵向弯曲和整体移动的短距离重型刮板输送机。

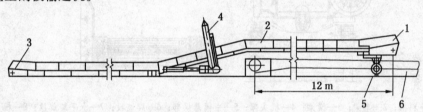

1—机头部；2—机身部；3—机尾部；4—拖移装置；5—行走部；6—带式输送机机尾

图 2-23　顺槽桥式转载机

1. 作用

桥式转载机安装在采煤工作面的下顺槽中，将采煤工作面刮板输送机运出的煤炭转载输送到顺槽可伸缩带式输送机上。它的长度较短，便于随着采煤工作面的推进和带式输送机的伸缩而整体移动。在机械化采煤工作面的下顺槽中使用转载机，可以减少顺槽中可伸缩带式输送机的伸缩、拆装次数，并将煤抬高，便于向带式输送机装载，从而加快采煤工作面的推进速度，提高采煤生产效率，增加煤炭产量。

在掘进巷道使用时，转载机可作掘进工作面输送机，亦可与可伸缩带式输送机配套使用，运输掘进的煤或矸石。如果转载机用于采区巷道掘进运输，则在巷道掘进完成后，可直接转作采煤工作面的顺槽运输设备。

2. 类型

桥式转载机的种类较多，我国现行生产和使用的桥式转载机结构大致相同，只是型号和尺寸、功率大小有区别。

（1）按溜槽型号分为轻型、中型、重型和超重型转载机。

（2）按刮板链型式分为中单链、边双链型、中双链型、准双边链型和三链型转载机。

（3）按整机布置型式分为直线型、弯曲型转载机等。

（二）桥式转载机的结构与工作原理

1. 桥式转载机的结构

桥式转载机主要由机头部（包括传动装置、机头架、链轮组件、支承小车）、机身部（标准溜槽、凹形溜槽、凸形溜槽）、机尾部（机尾架、机尾轴、压链板）、刮板链、挡煤板等部件组成，其基本结构如图 2-24 所示。

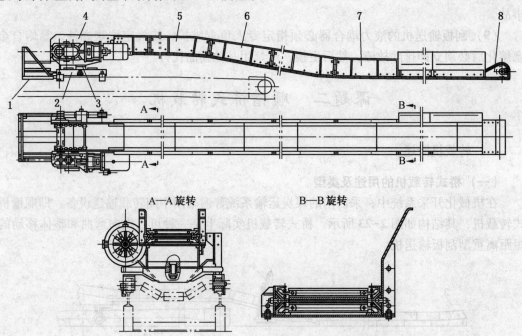

1—导料槽；2—车架；3—横梁；4—机头部；5—中间悬拱部；6—爬坡段；7—水平装载段；8—机尾部

图 2-24　桥式转载机的组成结构

1）机头部

机头部主要包括导料槽、传动装置、机头架、链轮组件、机头小车等。

（1）导料槽。它是由左、右挡板和横梁组成的框架式构件，承载转载机卸下的物料，并将其导装至带式输送机的输送带中心线附近，减轻物料对输送带的冲击，并防止输送带偏载而跑偏，从而保护输送带，有利于带式输送机的正常运行。

（2）机头部传动装置。它由电动机、液力耦合器（电机软启动装置）、减速器、紧链器、机头架、组装链轮、拨链器、舌板和盲轴等组成，如图 2-25 所示。

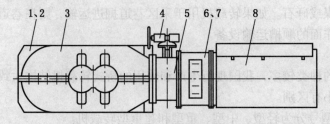

1—机头架；2—连接板；3—减速器；4—紧链制动器；5—闸罩；6—连接罩筒；7—液力耦合器；8—电动机

图 2-25　桥式转载机机头部传动装置

（3）机头小车（图2-26）。它由横梁和车架组成。转载机的机头和悬拱部分可绕小车横梁和车架在水平和垂直方向做适当转动，以适应顺槽巷道底板起伏及可伸缩带式输送机机尾的偏摆，并适应转载机机尾不正及工作面刮板输送机下滑引起转载机机尾偏移的情况。小车车架上通过销轴安装4个有轮缘的车轮，为了防止小车偏移掉道，在车轮外侧的车架挡板上用螺栓固定有定位板，在小车运行时起导向和定位作用。

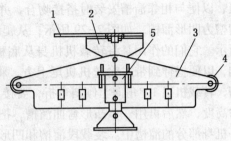

1—底板；2—横梁；3—车架；
4—轮轴；5—支撑液压缸

图2-26 机头小车

2）机身部

机身部包括刮板链及溜槽。机身部断面如图2-27所示。

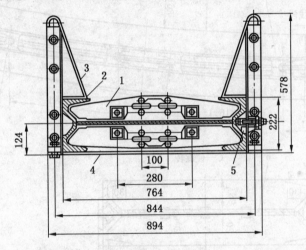

1—刮板链；2—中部槽；3—挡板；4—封底板；5—接头螺栓

图2-27 转载机机身部断面

（1）刮板链（图2-28）。转载机刮板链的结构与相配套刮板输送机的刮板链完全相同。为了提高转载机的输送能力，转载机刮板链刮板的间距比同类刮板输送机小。

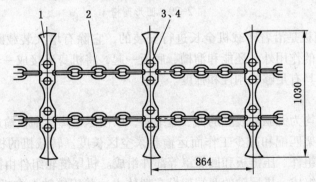

1—刮板；2—链条；3—U型螺栓；4—防松螺母

图2-28 刮板链

（2）溜槽。溜槽水平段与刮板输送机溜槽结构大致相同，溜槽中板的一端焊有搭接板，以便与相邻溜槽安装时搭接吻合，并增加结构刚度。转载机从水平段引向爬坡段的弯溜槽为凹形溜槽，如图 2-29 所示；从爬坡段引向水平段的弯溜槽为凸形溜槽，如图 2-30 所示。它们的作用是将转载机机身从底板过渡升高到一定高度，形成一个坚固的悬桥结构，以便搭伸到带式输送机机尾上方，将煤运送到带式输送机上。通过一节凹形弯曲溜槽，转载机以 10° 角向上倾斜弯折，要接上中部标准溜槽，将刮板链从底板上引导到所需的高度，然后再用一节凸形弯曲溜槽，把机身弯折 10° 角到水平方向，将刮板链引导到水平机身部分的溜槽中。装载段溜槽和凹形弯曲溜槽的封底板位于顺槽巷道底板上，作为滑橇，转载机移动时沿巷道底板滑动，以减小移动阻力。

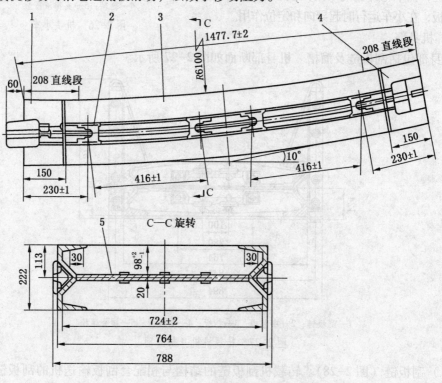

1—凹端头；2—支座；3—凹槽帮；4—凹端头；5—凹槽中板

图 2-29　凹形溜槽

（3）挡板。挡板是沿着转载机全长进行安装的，它除有增大装载断面、提高运输能力、防止煤流外溢的作用外，还能和溜槽、底板一起，将机身连接成一个刚性整体，使爬坡段的水平段拱架具有足够的刚性和强度。

3）机尾部

转载机的机尾均为无驱动装置的低、短结构，以便尽量降低刮板输送机的高度，并有利于与侧卸式机头架匹配和减少工作面运输巷采空区长度。转载机的机尾部主要由机尾架、机尾轴、链轮组件、压链板和回煤罩等部件组成。机尾链轮组件由链轮轴、链轮、轴承和轴承盖等零件组成。机尾轴的两端架设在架体上，并用销轴卡在机尾架体的缺口内。回煤罩安装在机尾架的端部，以便将底刮板链带来的回煤利用刮板翻到机尾架中板上，利用刮板链将煤运走。转载机的机尾无驱动装置，机尾轮为从动轮。为了简化机尾轮结构，有些转载机机尾采用滚筒为刮板链导向。图 2-31 为 SZZ764/132 型转载机机尾部示意图。

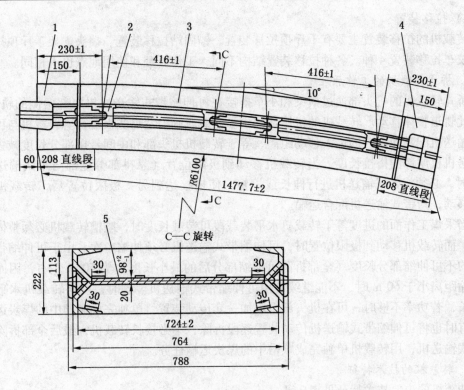

1—凸端头；2—支座；3—凸槽帮；4—凸端头；5—凸槽中板

图 2-30 凸形溜槽

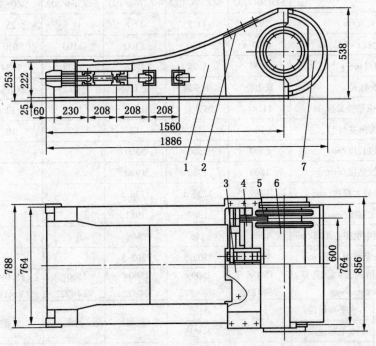

1—机尾架；2—顶板；3—舌板；4—固定架；5—拨链器；6—滚筒组件；7—回煤罩

图 2-31 SZZ764/132 型转载机机尾部示意图

4）拉移装置

转载机的拉移装置主要有千斤顶拉移装置、锚固站拉移装置、端头支架千斤顶拉移装置和绞车拉移装置4种。各种拉移装置结构不同，工作原理和使用地点也不相同。

2. 桥式转载机的工作原理

桥式转载机的机头部通过横梁和小车搭接在可伸缩带式输送机机尾部两侧的轨道上，并沿此轨道整体移动。转载机的机尾部和水平装载段则沿巷道底板滑行。转载机与可伸缩带式输送机配套使用时的最大移动距离，等于转载机机头部和中间悬拱部分长度减去与带式输送机机尾部的搭接长度。当转载机移动到极限位置（悬拱部分全部与带式输送机重叠）时，必须将带式输送机进行伸长或缩短，使搭接达到另一极限位置后，转载机才能继续移动，与带式输送机配合运输。

当采煤工作面的进度等于转载机水平装载段可装载长度时，顺槽转载机必须整体移动一次；而转载机移动到极限位置时，可伸缩带式输送机必须伸缩一次。由于可伸缩带式输送机的不可伸缩部分长度（全部拆除可伸缩部分后的最小长度）为50 m左右，因而当顺槽运输距离小于60 m时，不能继续使用可伸缩带式输送机。这时，可将转载机水平装载段接长，若功率不够时，可在机头部再增加一套传动装置，单独完成顺槽中的煤炭运输任务。有时也将可伸缩带式输送机传动装置逐段拆除，不必接长转载机，最后全部拆除可伸缩带式输送机，用转载机单独完成顺槽中的煤炭运输任务。

3. 转载机的技术特征

转载机的主要技术特征见表2-1。

表2-1 转载机的主要技术特征

型　号		SZB764/132	SZZ764/132	SZZ764/160	SZZ764/200	SZQ-75	SZQ-40
出厂长度/m		29.7	41.2	37.8	41.2	25	25
输送能力/(t·h⁻¹)		700	1100	1100	1100	630	400
刮板链速/(m·s⁻¹)		1.34	1.28	1.28	1.38	1.34	0.85
链条型式		双边链	中双链	中双链	中双链	双边链	双边链
与带式输送机重叠长度/m		11.44	12.4	12.4	12.4	12	12
爬坡性能	爬坡角度/(°)	10	12	12	12	10	10
	爬坡长度/mm	6500	5500	5500			
	爬坡高度/mm	1600	1930	1930			
机头断面尺寸	距地面最大高度/mm	1789	1736.5	1736.5			
	最大宽度/mm	2080	1982	1982			
	溜槽中心至电机中心距离/mm	1006	846	846			
	链轮中心至地面高度/mm	1311	1302.5	1302.5			
机身断面尺寸	中部槽规格（长×宽×高）/mm×mm×mm	1500×764×222	1500×764×222	1500×764×222	1500×764×222	1500×730×190	1500×730×190
	是否封底 水平架桥段	封底	封底	封底	封底	封底	封底
	是否封底 水平落地段		不封底				
	挡板高度 水平架桥段/mm	560	578	578			
	挡板高度 水平落地段/mm	1000	769	1200			

表 2-1（续）

型 号		SZB764/132	SZZ764/132	SZZ764/160	SZZ764/200	SZQ-75	SZQ-40
刮板链	圆环链规格/mm	2-φ22×86	2-φ26×92	2-φ26×92	2-φ26×92	2-φ18×64	2-φ18×64
	中心距/mm	600	100	100	120	600	600
	刮板间距/mm	516	920	920	920	640	640
	质量/(kg·m⁻¹)	50.35	57.1	57.1	57.1	22.6	22.6
减速比		21.11	23.48	23.48	22.98	15.76	24.56
行走部	全长（包括导料槽）/mm	3560	3085	3085			
	导料槽前端至链轮中心距离/mm	2040	1670	1670			
	最大轨距/mm	1362	1362	1362	1362	1362	1362
	行走方式	骑带式输送机	骑带式输送机	骑带式输送机	骑带式输送机	骑带式输送机	骑带式输送机

二、桥式转载机的安装、使用与维护

（一）桥式转载机的安装与拆除

1. 安装前准备工作

先安装好可伸缩式带式输送机机尾（包括转载机机头小车和小车的行走轨道），然后将各部件搬运到相应的安装位置，按顺序堆放。准备好起吊和支撑材料。

2. 设备安装程序

（1）从机头小车上卸下定位板，将机头小车的车架和横梁连接好，然后把小车安装在带式输送机机尾部的轨道上，并装上定位板。

（2）吊起机头部，放在机头行走小车上，将机头架下部固定梁上的销轴孔对准小车横梁上的孔，并插上销轴，拧上螺母，用开口销锁牢。

（3）搭起临时木垛，将中部槽的封底板铺好，铺上刮板链，将溜槽装上去，将链子拉入链道，再将两侧挡板安上，并用螺栓将溜槽及封底板固定。依次逐节安装，相邻侧板间均用高强度紧固螺栓连接好，以保证桥部结构的刚度。

（4）安装弯折处凹凸溜槽及倾斜段溜槽时，应调整好位置和角度，再拧紧螺栓。

（5）水平装载段的安装方法与桥拱部分相同。

（6）最后接上机尾，将溜槽、封底板、两侧挡板全部用螺栓紧固好，即可拆除临时木垛，试运转传动机构。

（7）将导料槽装到带式输送机机尾部轨道上，置于转载机机头前面，上好导料槽与机头小车的连接销轴。

（8）进行试运转时，针对出现的问题重新调试安装。

3. 安装注意事项

（1）注意将传动装置装在人行道一侧，以便检查和维护。

（2）刮板链的连接螺栓头应朝向刮板链的运行方向。链条不许有拧麻花现象，两个锚链轮不得错位。

（3）临时木垛支撑必须牢固。起吊部件过程中，必须注意安全，防止碰撞巷道支架和挤伤人员。

（4）安装过程中要执行"敲帮问顶"制度，并且设专人监护。

（5）试运转时通知所有人员撤离附近区域，以防断链伤人。

4. 拆除顺序

转载机拆卸顺序应根据具体情况而定，一般可按以下顺序进行：

（1）拆除破碎机及溜槽挡煤板。

（2）抽除刮板链，拆除机头部传动装置。

（3）拆除机尾架，逐节向前拆除中部槽。在拆除桥拱部分时，需迈步交替铺设木垛支撑。

（4）拆除机头架及行走部，并把拆除下的设备装车运走。

（5）回收运输巷道内电气设备、电缆、水管和运输设备等。拆除传动部时，应防止所有外露的轴端、轴套、连接罩、法兰盘止口等部位生锈、弄脏、损坏；拆卸胶管时，胶管两端必须用堵塞堵住；拆卸的零部件（如螺栓、螺母等连接件）应存放在适当的箱内，以防止生锈和损坏。

（二）桥式转载机的正确使用

1. 桥式转载机的移动

（1）转载机在采煤工作面顺槽中使用时，可按照采煤工艺进行整体移动。当采空区运输巷进行沿空留巷时，在工作面推进 5 m 的过程中，不必移动转载机；当采空区运输巷随采煤而回撤时，则转载机应与工作面输送机同步前进。由于转载机与可伸缩带式输送机的有效搭接长度为 12 m，所以转载机移动 12 m 后，必须缩短带式输送机后才能继续移动。

（2）转载机在采煤工作面平巷中使用时，其移动方法可以由绞车牵引、液压支架的水平油缸和专设推移液压缸推移。专设推移液压缸放置在平巷的适当地方，推移液压缸活塞与转载机连接，另一端与固定在顶底板间的锚固座相连，操纵推移液压缸实现转载机的整体移动。

（3）转载机在掘进巷道中使用时的移动，可用绞车牵引，也可用掘进机牵引。当转载机机头行走小车及传动装置移动到带式输送机机尾末端时，需接上带式输送机后，转载机才能继续移动。

2. 桥式转载机安全运行

（1）桥式转载机与破碎机、刮板输送机配套使用时，一定要按照破碎机、转载机、刮板输送机的顺序依次启动。停车应按相反顺序进行操作。为了利于转载机的启动，应首先使刮板输送机停机，待卸空转载机溜槽上的物料后，才能将转载机停机。

（2）当转载机溜槽内存有物料时，无特殊原因不应反转。

（3）必须保证减速器、链轮轴组、联轴器和电动机等传动装置处清洁，以防止过热，否则会引起轴承、齿轮和电动机等零部件的损坏。

（4）链条的松紧程度必须合适。

（5）应确保机尾与工作面刮板输送机的搭接位置正确。因转载机机尾装载处与刮板输送机机头机械铰接在一起，拉移时必须保证输送机过渡段推移同步或超前转载机拉移，否则会造成事故。拉移转载机时，保证行走部在带式输送机的导轨上顺利移动，若出现歪斜应及时调整。

（6）每次锚固时锚固柱柱窝必须选择在顶底板坚固处，锚固必须牢固可靠。

（7）转载机严禁运送材料。

3. 转载机司机技术操作规程

1）一般规定

（1）转载机司机必须经过安全培训，达到"三懂"（懂结构、懂性能、懂原理）、"四会"（会使用、会维护、会保养、会处理故障），经考试合格取得操作资格证后持证上岗。

（2）与工作面刮板输送机司机、运输巷带式输送机司机密切配合，统一信号联系，按顺序开、停机。有大块煤矸在破碎机的进料口堆积时，应停止工作面刮板输送机。若大块煤矸不能进入破碎机或有金属物品时，必须停机处理。

2）作业前的检查与处理

（1）电动机、减速器、液压联轴器、机头、机尾等各部分的连接件必须齐全、完好、紧固。减速器、液压联轴器应无渗油、漏油现象，油量要适当。

（2）信号必须灵敏可靠，没有信号不准开机；喷雾洒水装置要保证完好，水压能满足喷雾要求。

（3）机头附近的煤矸、杂物及电动机、减速器上的煤尘必须清扫干净。电源电缆、操作线及其他管线必须吊挂整齐，无挤压现象。

（4）工作面刮板输送机机头与转载机机尾的搭接要合适，转载机跑道及行走小车平稳、可靠。

（5）刮板链松紧要适中，刮板及螺栓必须齐全坚固，连接环使用正确，锯齿环、销齐全紧固。

（6）带式输送机机尾的防护盖应完好。

（7）转载机在空载情况下开机时，各部件的运转应无异常声音，刮板齐全、无损坏变形。

（8）破碎机安全保护网及保护装置要安全可靠。

（9）转载机拉移油缸完好，锚链连接可靠，支护牢固。

（10）转载机、破碎机处的巷道支护必须完好、牢固。

3）启动与运转

（1）站在规定的位置解除闭锁，发出开机信号后点动开机试运转，试运转无异常后再正常开机。

（2）带式输送机启动正常后方准启动破碎机，并按破碎机、转载机的先后次顺序依次启动。运转后要观察机械、电气设备有无振动现象，温度是否正常，各部轴承温度不得超过75 ℃，电机温升不得超过规定的温度，发现异常现象应立即停机检查。

（3）破碎机被较硬的煤矸卡住自动停车时，要先进行电气闭锁再处理故障，进行人工破碎或搬运，故障处理结束后解除电气闭锁。

（4）每次解除电气闭锁后，应点动电动机确认转动方向正确后方可正常启动。

（5）转载机的链条松紧必须一致，在满负荷的情况下，链条松紧量不允许超过2个链环长度，不得有卡链、跳链现象。

（6）转载机联轴器的易熔合金塞或易爆塞损坏后，不得用其他材料代替。

（7）破碎机的保护网和安全装置要保持完好，在工作过程中要经常观察，如有损坏应立即停机处理。

4）拉移转载机

（1）转载机移动前必须清理机头、机尾及破碎机周围的障碍物，保护好电缆、油管、水管，并维护好顶板，移动时要停止工作面输送机。

（2）清理机尾、机身两侧及过桥下的浮煤、浮矸。移动后要将电缆、油管、水管及时吊挂整齐。

（3）检查巷道支护，在确保安全的情况下拉移转载机。

（4）行走小车与带式输送机机尾架要接触良好，不跑偏，移动后搭接良好，保证煤流畅通。

（5）移转载机后，机头、机尾要保持平直、稳定，千斤顶活塞杆要收回。

5）收尾工作

（1）工作面采煤机停止割煤，推移工作面刮板输送机后，把刮板输送机、破碎机及转载机内的煤全部清空。

（2）清扫机头、机尾部位和机身两侧的煤矸。

（3）检查各部件是否有异常现象，做好下次运转准备工作。

（4）交班时，向接班人员交清本班运转情况及存在问题。

4. 桥式转载机的操作注意事项

1）使用转载机的规定

（1）采掘工作面的移动式机器，每班工作结束后和司机离开机器时，必须立即切断电源，并打开离合器。

（2）采掘工作面各种移动式采掘机械的橡套电缆，必须加以保护，避免水淋、撞击、挤压和炮崩。每班必须进行检查，发现损坏，及时处理。

2）转载机使用要求

（1）严禁用转载机运送材料。

（2）转载机停机前，应将溜槽中的物料运完。

（3）转载机启动前一定要发出信号，确实无人在转载机上或附近工作后，先点动开机2~3次，然后正式启动，避免满载启动。

（4）转载机的转动部分要加防护罩，跨越转载机时，要注意安全。

（5）运行中，司机一定要注意力集中，防止煤流涌向机头而烧坏电动机。

（6）如果破碎机安装在转载机机尾处，则必须加保护栅栏，防止人员进入。

（7）锚固柱窝必须选择在顶、底板坚固处，且必须牢靠。

（8）减速器、盲轴、液力耦合器和电动机等传动装置处，必须保持清洁，以防过热。

（9）链子必须有适当的预张力，一般机头链轮下的松弛量以2倍的圆环链节距为宜。

（10）转载机应避免长时间空负荷运转，一般情况下不应反转。机尾与工作面刮板输送机的搭接位置应保证正确。因转载机机尾卸载处与刮板输送机机头机械铰接在一起，拉移时必须保证输送机过渡段的拉移与转载机同步，或超前于转载机拉移，否则会造成事故。

（三）桥式转载机司机岗位责任制

（1）熟悉所操作转载机的技术特征及安全规程、操作规程、作业规程的规定。

（2）检查工作地点周围的顶板、煤帮、支护及其他安全情况。

（3）按规定检查转载机。

（4）开机时精神要集中，注意启动、停止信号及前部带式输送机的运转情况，及时开停转载机。

（5）注意转载机运煤情况，发现漏煤要及时处理。

（6）发现转载机有异常声响及事故时要及时停机处理。

（7）清理带式输送机机尾和滚筒处的煤粉。

（8）准备零部件及其他易消耗品。

（9）配合检修工人拉移转载机。

（10）填写好工作日志。

（四）转载机的维护

为了保证转载机的安全运行，发挥其最佳性能，必须按要求定期维护转载机。

1. 转载机的检查维护

1）班检

（1）目测检查溜槽、拨链器、护板等有无损坏。检查挡板的连接螺栓，如有松动必须拧紧，如有折断必须更换，保证连接可靠。

（2）目测检查刮板链、刮板、接链环是否损坏，任何弯曲的刮板都必须更换。

（3）目测检查电动机供电电缆有无损坏，检查连接罩内部及通风处有无异物，如有异物要及时清理，保证良好通风。

（4）检查接地保护是否可靠。

2）日检

（1）重复班检内容。

（2）参照说明书检查减速器。

（3）运行时目测检查刮板链张力，如果机头下面链条下垂超过2个环，必须重新张紧刮板链。

（4）检查刮板链是否能顺利通过链轮，拨链器的功能是否良好。

（5）检查链轮轴组是否过热。

（6）目测检查减速器有无漏油现象。

3）周检

（1）重复日检内容。

（2）检查传动装置是否安全，有无损坏；检查各紧固件，松动的要及时拧紧。

（3）检查链轮轴组内的润滑油是否充足，有无漏油。

（4）检查联轴器的充液量是否充足，不足时应加足。

4）月检

（1）重复周检内容。

（2）检查两条刮板链的伸长量是否一致，如果伸长量达到或超过原始长度的2.5%时，则需要更换，更换时要成对更换。

5）半年检

（1）重复月检内容。

（2）更换减速器的润滑油，将齿轮等各部件清洗干净。目测检查齿轮及轴承有无损坏，并更换磨损件。装拆时注意确保结合面清洁，密封良好。更换联轴器的润滑油。

（3）更换减速器及联轴器密封件，检修时应在地面检修车间进行。

（4）检查电动机轴承处有无损坏。

2. 转载机的检查维护内容

（1）转载机附近设备较多，应保持巷道中设备、管线整洁完好，以便于转载机的维护、移动和正常运转。

（2）经常检查转载机刮板链张紧程度，发现松弛应及时拉紧。

（3）检查链轮螺栓，刮板牵引链连接螺栓、连接环及链条，螺栓松动的应及时拧紧，损坏脱落的应及时更换。

（4）经常检查桥身部分及爬坡段有无异常现象、溜槽两侧挡板和封底板的连接螺栓有无松动（松动的应及时拧紧）。

（5）检查机头小车和导料槽移动是否灵活可靠、带式输送机机尾两侧是否平直稳妥，防止转载机移动时小车和导料槽发生卡碰和掉道。

（6）经常检查机头传动装置和机尾，并按时注润滑油。

（7）检查牵引装置是否正常，转载机内部是否有杂物。

（8）检查机尾五星轮的情况，以及机尾锚固盖板与工作面输送机搭接状况；检查行人过桥、防护链是否完好、符合要求。

（9）检查传动装置、电动机、减速器、机头、机尾各部螺栓是否齐全、完整、符合要求。

（10）检查信号开关是否灵活可靠，机头喷雾装置是否完好；沿巷行走，检查刮板、挡煤板及电缆、水管是否有短缺、损坏、挤压、歪斜等现象，发现问题，及时处理。

3. 维护时的安全注意事项

（1）禁止工作人员进入转载机溜槽进行检查，如进入必须事先闭锁开关，并设专人监护。

（2）带式输送机机尾轨道有损坏时，必须更换，防止掉道伤人。

（3）站在带式输送机上处理转载机机头故障时，必须闭锁带式输送机，防止其突然开动。

（4）在处理被卡的刮板链时要停机，并挂警示牌。

（5）用钢丝绳牵引移动转载机时，应使作用力对中，不准把钢丝绳挂在机头小车的横梁上，一定要挂在机头两侧板上的孔内。

（6）转载机水平装载段应与工作面输送机卸载位置配合适当，保证物料准确地装入转载机，防止抛撒、堆积。

4. 转载机完好标准

1）机头

（1）机头架无开焊或变形，中心轴花螺母开口销齐全，松紧适度。

（2）导料槽完整，无严重变形。

（3）行走小车车轮轴固定牢固，转动灵活，无卡阻现象。

（4）机头护板、分链器完好整齐，安设牢固。

（5）链轮无损伤，链轮承托水平圆环链的平面最大磨损：当节距为 64 mm 时，不大于 6 mm；当节距为 86 mm 时，不大于 8 mm。

2）中间部

（1）刮板链松紧适度。

（2）链条组装合格，运转中刮板不跑斜（跑斜不超过一个链环长度为合格），松紧合适，链条正反方向运行无卡阻现象；刮板弯曲变形数不超过总数的3%，缺少数不超过总数的2%，并不得连续出现；刮板弯曲变形不大于15 mm，中双链和中单链刮板平面磨损不大于5 mm，长度磨损不大于15 mm。圆环链伸长变形不得超过设计长度的3%。

（3）桥段的凹、凸槽无磨损漏洞。

3）机尾

机尾滚筒转动灵活，轴承润滑良好。

4）推动装置

（1）活柱不得被炮崩或砸伤，镀层无脱落，局部轻微锈斑面积不大于50 mm²，划痕深度不大于0.5 mm，长度不大于5 mm；单个液压伤口不多于3处；活柱和活塞杆无变形，用500 mm钢板尺靠严，其间隙不大于1 mm，伸缩不漏液，内腔不窜液。

（2）液压管路不漏液；操纵阀动作可靠，不窜液。

（五）转载机常见故障的处理

转载机的常见故障与刮板输送机基本相同，见表2-2。

表2-2 桥式转载机的常见故障、原因及处理方法

故障现象	可能原因	处理方法
电动机不启动	(1) 接线不牢 (2) 控制线路损坏 (3) 单相运转	(1) 重新接好 (2) 检查线路，排除损坏部位的线路 (3) 检查排除
液力耦合器严重打滑	(1) 液力耦合器液量不足 (2) 转载机严重超载 (3) 刮板链被卡住 (4) 紧链器处于工作位置	(1) 按规定补足液量 (2) 卸掉一部分煤 (3) 处理被卡部位 (4) 把紧链器手柄扳到非工作位置
减速器声音不正常，且温度过高	(1) 齿轮啮合不合适 (2) 轴承或齿轮磨损严重 (3) 减速器内有金属杂物或油质严重污染 (4) 油位不符合要求	(1) 重新调整 (2) 更换已损坏的轴承或齿轮 (3) 清除杂物，更换润滑油 (4) 按规定注油
刮板链在链轮处跳牙	(1) 连接环装反或链条拧麻花 (2) 刮板严重弯曲 (3) 链轮轮齿磨损严重 (4) 刮板链过松	(1) 重新调整 (2) 更换刮板 (3) 更换链轮 (4) 重新紧链
桥身悬拱部分有明显下垂	(1) 连接螺栓松动或脱落 (2) 连接挡板焊缝开裂	(1) 拧紧或补齐螺栓 (2) 更换新连接板
机尾滚筒不转或发热严重	(1) 机尾架变形，滚筒歪斜 (2) 轴承损坏 (3) 密封损坏，润滑油太脏	(1) 矫正或更换机尾架 (2) 更换轴承 (3) 更换密封，清洗轴承并换油，补足油量

表 2-2（续）

故障现象	可能原因	处理方法
液力联轴器漏液	(1) 注液塞和保护塞松动 (2) 密封圈损坏	(1) 拧紧松动部位 (2) 更换损坏的密封圈
减速器油温过高	(1) 润滑油牌号不合格或润滑油不干净 (2) 润滑油过多 (3) 散热通风不好	(1) 按规定更换新润滑油 (2) 去掉多余的润滑油 (3) 清除减速器周围煤粉及杂物
刮板链突然卡住	(1) 装载机上有异物 (2) 刮板链跳出槽帮	(1) 清除异物 (2) 处理跳出的刮板链
刮板链卡住后，前、后只能开动短距离	(1) 转载机超限 (2) 底链被卡住	(1) 根据情况卸掉上槽煤 (2) 清除异物，检查机头处卸载情况
断链	刮板链被异物卡住	清除异物，临时连接拉断的链条，开到机头处重新连接

生产实践中，转载机出现较多的有下述两种故障：

（1）机尾发生异响、转动不正常。

①主要原因：桥式转载机机尾的工作环境恶劣，特别是巷道底板有倾角时，由于煤炭外溢，巷道淤塞，积水增多，机尾常在煤水中运转，因此油封较易损坏。一旦油封损坏，煤水就侵入机尾，造成轴承损坏。轴承损坏后的主要表现是发热。当温度超过 65 ℃时，就有异响，同时转动不正常，甚至造成机尾滚筒不转动。

②预防和处理方法：加强机尾轴承的注油润滑，改善机尾作业环境。一旦发现轴承损坏，应立即更换机尾轴组件。

（2）桥身悬拱部分有明显下垂。

①主要原因：一是连接螺栓松动或脱落，二是连接挡板焊缝断裂。

②预防和处理方法：经常检查，发现连接螺栓松动及时拧紧，有脱落的及时补上；发现故障及时检修，不得继续使用。

三、破碎机及其安全操作

（一）破碎机的用途及类型

破碎机主要用来破碎大块煤炭和矸石，以防止砸伤输送带，保证可伸缩带式输送机的正常运行。常见的破碎机类型有锤式破碎机、颚式破碎机和轮式破碎机。锤式破碎机的结构简单、生产效率高，工作可靠性好，适用于破碎不太硬的煤或矸石；颚式破碎机结构较为复杂，但对硬煤、夹矸具有较好的破碎能力；轮式破碎机是一种比较先进的破碎机，但对破碎物料有一定的要求，如硬度不能太大、原煤含矸量不得超过 5% 等。

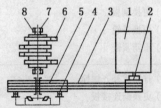

1—电动机；2—联轴器；3—三角带；
4—摩擦离合器；5—大皮带轮；6—破碎齿；
7—轴承；8—破碎轴

图 2-32　轮式破碎机的传动系统示意图

（二）常用破碎机的结构及工作原理

图 2-32 所示为 LPS-1000 型轮式破碎机的传动

系统示意图。该破碎机由防尘装置、破碎机和安全装置 3 部分组成，它一般与 SZZ764/132 型转载机配套使用。在煤矸通过转载机输送的过程中，破碎机中部的破碎轴在驱动装置的带动下，呈水平轴线旋转，装在轴上的 4 个破碎刀齿不停地敲打输送过来的大块煤矸，把煤矸击碎到所要求的块度。破碎的块度可以通过调节破碎轴的高度来调整。

（三）破碎机的安全运行与操作

1. 破碎机的安装与注意事项

1）准备工作

（1）参加安装的人员，应熟悉破碎机的结构、工作原理、安装程序等。

（2）应对各零部件进行检查，保证完整无缺，发现碰伤、变形等现象应予以修复或校正。

（3）检查和维护好顶板，保证工作地点的安全。

（4）清理安装地点的杂物，准备好安装工具和润滑油脂。

（5）检查大皮带轮的布置方向是否与总体方向一致，否则应进行调整。

2）安装程序

（1）将破碎部放置在合适的位置，各接口面要清理干净。

（2）出料部安装在转载机机头侧，挡帘指向转载机机头；入料部安装在转载机的机尾侧，挡帘端指向转载机机尾。紧固连接螺栓。

（3）将动力部顺序组装在出料部上，安装时小皮带轮应与大皮带轮位置相一致。

（4）按要求安装好润滑系统，同时注润滑油和润滑脂，装好三角皮带，调整好张力，最后装好皮带护罩。

（5）将破碎机与转载机中部槽、输入挡板和输出挡板紧固在一起。

（6）安装电气系统。

（7）试运转。

3）安装时安全注意事项

（1）吊拖破碎机主体架时，不要碰撞巷道支架。

（2）各部位连接件不能有松动现象。

（3）三角皮带应有足够的张力。

（4）各转动部件要灵活可靠，要防止刮板链通过溜槽部分时发生卡阻现象。

（5）试运转时，所有人员必须从破碎机附近撤离，以防意外伤人。

2. 破碎机的操作注意事项

（1）破碎机司机必须经培训考试合格后，持证上岗。与刮板输送机司机和可伸缩带式输送机司机配合好，统一信号联络，按顺序开、停机，不得使用晃灯信号。

（2）破碎机应在无负载条件下启动，两次点动的时间不少于 90 s，连续点动不超过 5次。首先启动带式输送机，然后启动破碎机，最后启动转载机和刮板输送机；停机顺序与启动顺序相反。

（3）严禁操作人员和其他人员靠近正在工作中的破碎机。

（4）当发现破碎机前面有人被刮板输送机拉倒时，应立即停机。

（5）当破碎机被大块矸石或其他杂物卡住时，严禁用手或其他工具去撬搬，一定要先停机后处理。

（6）运行过程中，一定要注意刮板输送机的卸煤情况，不准将大块矸石、道木、工字钢等杂物拉入破碎机。处理上述杂物时，必须停机。

（7）若转载机停机，应及时停止破碎机；若再次开动转载机，应先开动破碎机，避免过载使用。

（8）随时注意破碎机的声音，如有异常，及时向转载机司机发出停机信号，及时停机处理，且停电闭锁。

（9）在转载机上处理大块煤、矸、岩时，应闭锁破碎机。

（10）保证破碎机各种安全保护设施齐全完好，不允许使用无喷雾装置及出入口防尘帘损坏的破碎机。

3. 破碎机的维护

1）维护的内容

（1）启动破碎机，查看各手把、按钮、信号闭锁装置是否灵活可靠。

（2）停电后，检查开关、电缆等是否有漏电现象，并对各注油孔进行注油。

（3）检查喷雾装置是否正常畅通，检查水管、截止阀、喷头固定装置是否完好，查看各部件连接螺栓、前后挡帘是否固定完好。

（4）旋转滚筒，观察刀齿，看是否齐全、完整、坚固。

（5）检查传动装置、三角皮带、护罩等是否完好紧固，电动机风扇是否正常。

（6）用注油枪向所有的润滑脂嘴上加注规定的润滑脂。

（7）每周应检查 3 次滑动离合器的运转情况，以保证安全运行。

2）维护保养注意事项

（1）每日检查。检查各运动部件运行情况，减速器安装螺栓的紧固可靠性，传动皮带的张紧程度，主轴轴承箱的压紧固定情况，锤头固定及张紧情况，各传动部位温升、润滑、噪声、振动等情况以及润滑脂渗漏情况。发现异常，及时处理。

（2）每周检查。检查液力耦合器、减速器油位，并采油样检验；检查摩擦离合器运转及磨损情况，调整摩擦副压力，保持所需的传动力矩值；检查锤头磨损及损坏、丢失情况，需更换时应对称成对更换；检查固定锤头的螺栓紧固及张紧情况，有松动的，应及时处理。

（3）定期检查轴承温度。不允许轴承在温度高于 120 ℃ 的情况下工作。轴承温度高于 80 ℃ 时，即应检查轴承游隙，如超过规定游隙值的 10% ~ 17%，应通过调整螺母调至合适游隙值。

（4）定期检查电气系统隔爆、绝缘情况，接头接触紧密情况及电缆绝缘情况，确保电控系统的控制与安全性能。

（5）检查设备技术手册及使用说明书所要求的其他维护保养内容，以及每月检查、每季检查、半年检查的内容。

3）安全注意事项

（1）检修和更换破碎刀齿时，必须停电闭锁，并设专人看护；没有信号的，任何人不得开机。

（2）一定要注意工作环境的安全，以防冒顶、片帮等伤人事故的发生。

（3）检查喷雾装置或打开设备时，必须停机、停电闭锁。

（4）不允许使用破裂或工作端磨损到极限状态的刀体。

（5）不能使用破裂的或带槽不完整的皮带轮。

（6）不能用锤子或其他工具直接敲击紧固衬套。

（7）三角带必须成套更换。

4. 破碎机伤人事故的预防

（1）严禁操作人员和其他人员靠近正在工作的破碎机，以防转动部分伤人及飞溅的煤、矸石伤人。

（2）破碎机前后都必须挂好挡帘，以防破碎煤、矸石飞出伤人。

（3）当破碎机被大块矸石或其他杂物卡住时，严禁用手或其他工具去撬搬，一定要先停机，后处理。

（4）当发现破碎机前面有人被转载机拉倒时，应立即停止破碎机和转载机的运转。

（5）无信号或信号不清时不得开机。

（6）检修破碎机或更换刀齿时，一定要先断电后闭锁，在转载机或带式输送机上检修或处理破碎机故障时，应停止其运转，并加以闭锁。

课题三 带式输送机

一、带式输送机概述

带式输送机（图2-33）是重要的散状物料运输设备，输送能力大，耗电量小，能实现连续输送，被广泛应用于国民经济的各个行业。

图2-33 带式输送机示意图

（一）带式输送机的作用及优缺点

1. 作用

带式输送机是一种以挠性输送带载运物料的连续输送机，许多煤矿从采掘工作面、采区上下山、运输大巷直到地面运煤系统都采用了带式输送机。带式输送机常以多台串联衔接，构成完整的连续运输系统。

2. 优缺点

（1）优点：带式输送机运输能力大，工作阻力小，耗电量低，约为刮板输送机耗电量的 1/3~1/5，物料与输送带一起移动，故磨损小；结构简单，铺设长度长，减小了转载次数，节省人员和设备。

（2）缺点：胶带成本高，初期投资大，且易损坏，不能承受较大的冲击与摩擦；机身高，需专门的装载设备；不适用于运送有棱角的物料；另外，对弯曲巷道的适应性较差。

（二）带式输送机的工作原理

带式输送机的输送带既是牵引机构又是承载机构，用旋转的托辊支撑，运行阻力较小。主动滚筒在电动机驱动下旋转，通过主动滚筒与输送带之间的摩擦力带动输送带连续运行，当物料运到端部后，由于输送带换向而得到卸载。利用专门的卸载装置也可以在中部任意卸载。带式输送机工作原理如图 2-34 所示。

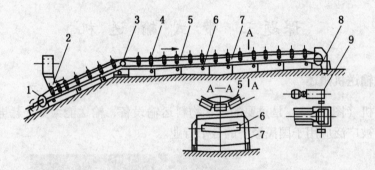

1—拉紧装置；2—装载装置；3—改向滚筒；4—上托辊；5—输送带；
6—下托辊；7—机架；8—清扫装置；9—驱动装置

图 2-34 带式输送机工作原理图

可伸缩带式输送机的工作原理是根据挠性体摩擦传动的原理，靠输送带与传动滚筒之间的摩擦力来驱动输送带运行来完成运输作业的，如图 2-35 所示。输送带绕过传动装置 2 的滚筒，经储带装置 3 的滚筒至机尾 7 的滚筒，形成无级环形带。输送带均支承在托辊上，储带装置张紧绞车把工作输送带张紧，使输送带在工作中与传动滚筒产生摩擦力。输送机的伸缩是利用输送带在储带仓内的多次折返和收放来实现的。

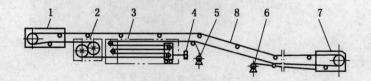

1—卸载端；2—传动装置；3—储带装置；4—张紧绞车；5—收放输送带装置；
6—机尾牵引机构；7—机尾；8—输送带

图 2-35 可伸缩带式输送机工作原理图

带式输送机在运行中，借助于传动滚筒与输送带间的摩擦力将驱动装置与输送带有机地联系起来，以完成二者间的能量传递任务，保证输送机的可靠运行。从输送带与传动滚筒间的摩擦传动原理分析，提高带式输送机牵引力的途径有：增大初张力（适度张紧）、增大围包角（采用双滚筒传动）、增大摩擦系数（采用胶面滚筒）。

（三）　带式输送机的布置方式和适用条件

1. 带式输送机的布置形式

带式输送机可以用作在水平或倾斜方向输送物料。根据带式输送机安装地点及空间的不同，带式输送机的布置有以下 4 种形式。

（1）水平布置方式：带式输送机的头尾部滚筒中心线处于同一水平面内，带式输送机的倾角为 0°，如图 2-36 所示。

（2）倾斜布置方式：带式输送机的头尾部滚筒中心线处于同一倾角平面内，且所有上托辊或下托辊处于同一倾斜平面内，如图 2-37 所示。

图 2-36　水平布置方式　　　　　　　　图 2-37　倾斜布置方式

（3）带凸弧线段布置方式：倾斜布置的后半段与水平布置的前半段进行组合的一种布置方式，如图 2-38 所示。

（4）带凹弧曲线段布置方式：水平布置的后半段与倾斜布置的前半段进行组合的一种布置方式，如图 2-39 所示。

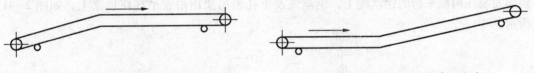

图 2-38　带凸弧线段布置方式　　　　　　图 2-39　带凹弧曲线段布置方式

带式输送机的实际倾角取决于被输送的煤或其他物料与输送带之间的动摩擦系数、输送带的断面形状（水平或槽形）、物料的堆积角，以及装载方式和输送带的运动速度等因素。

2. 带式输送机的适用条件

输送机可进行水平、倾斜和垂直输送，也可组成空间输送线路。通常情况下，使用光面输送带沿倾斜线路布置时，不同物料的最大运输倾角是不同的，即使同一类物料，当其湿度和块度组成不同时，其相应的最大输送倾角也有所不同。在输送原煤时，设计向上最大输送倾角一般为 17°~18°；向下最大输送倾角一般为 15°~16°。当采用花纹输送带加之其他措施时，上运倾角可达 28°~30°，下运倾角可达 25°~28°。当采取一些特殊措施时，可实现更大的输送倾角，乃至垂直提升。

（四）　带式输送机的类型

带式输送机类型很多，煤矿中常用的是滚筒驱动式带式输送机。分类方法主要有以下几种：

（1）按输送带的强度不同，分为通用型和强力型。

（2）按输送作用不同，分为转载式、伸缩式和固定式。

（3）按安装方式不同，分为落地式、吊挂式和组合式。

（4）按牵引方式不同，分为滚筒驱动式和钢丝绳牵引式。

1. 通用固定式带式输送机

机架固定在底板或基础上。一般用在永久使用的地点，如选煤厂、井下主要运输巷。由于该种输送机拆装麻烦，因而不能满足机械化采煤工作面推进速度快的采区运输的需要。

2. 可伸缩带式输送机

由于综合机械化工作面推进速度较快，所以顺槽的长度和运输距离变化也较快，这就要求顺槽运输设备能够快速进行伸长或缩短。可伸缩带式输送机如图 2-40 所示。

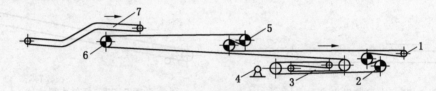

1—卸载滚筒；2—机头传动滚筒；3—储带装置；4—张紧装置；

5—中间传动滚筒；6—机尾改向滚筒；7—转载机

图 2-40　可伸缩带式输送机

3. 吊挂式带式输送机

吊挂式带式输送机可用在工作面运输巷及采区上、下山。其主要特点是上铰接槽形托辊均安装在两根平行的钢丝绳上，钢丝绳及下托辊吊架用吊索吊挂在顶梁上，如图 2-41 所示。

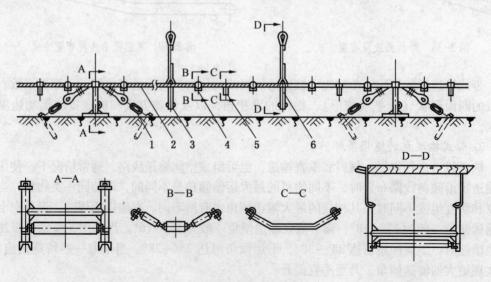

1—紧绳装置；2—钢丝绳；3—下托辊；4—铰接槽形托辊；5—分绳架；6—中间吊架

图 2-41　吊挂式带式输送机

4. 钢绳芯带式输送机

钢绳芯带式输送机又称强力带式输送机，主要用于平硐、主斜井、大型矿井的主要运输巷道及地面，作为长距离、大运量的运煤设备。其特点是：用钢丝绳芯输送带替代了普通输送带，输送带强度大，可满足大运量、长距离、大功率的运输需求。

5. 气垫带式输送机

气垫带式输送机分为全气垫式和半气垫式（上输送带用气室、下输送带用托辊支承），我国常采用半气垫式，其基本组成与工作原理如图 2-42 所示。一般每节气室长3 m，气室之间加密封垫并用螺栓连接。由于在受料处工作段输送带受物料冲击，为防止破坏气垫，仍采用槽形缓冲托辊。利用离心式鼓风机，通过风管将具有一定压力的空气流送入气室 2，气流通过盘槽 3 上按一定规律布置的小孔进入输送带 4 与盘槽之间。由于空气流具有一定的压力和黏性，在输送带与盘槽之间形成一层薄的气垫 5（也称气膜），气垫将输送带托起，并起润滑剂的作用。浮在气垫上的输送带，在机头主动滚筒驱动下运行。

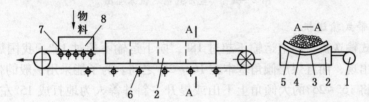

1—鼓风机；2—气室；3—盘槽；4—输送带；5—气垫；6—平托辊；7—缓冲托辊；8—导料槽

图 2-42 气垫带式输送机

1）气垫带式输送机的特点

气垫带式输送机将通用带式输送机的支承托辊去掉，改用设有气室的盘槽，由盘槽上的气孔喷出的气流在盘槽和输送带之间形成气垫，变通用带式输送机的接触支承为气垫状态下的非接触支承，从而显著地减少了摩擦损耗。理论和实践证明，气垫带式输送机有效地克服了上述通用带式输送机的缺点，具有下述特点：

（1）结构简单，运动部件特别少，性能可靠，维修费用较低。

（2）物料在输送带上完全静止，减少了粉尘；降低或几乎消除了运行过程中的振动，有利于提高输送机的运行速度，其最高带速可达 8 m/s。

（3）在气垫带式输送机上，负载的输送带和盘槽的摩擦阻力实际上和带速无关，一台长距离的静止的负载气垫带式输送机只要形成气垫，不需要其他措施就能立即启动。

（4）气垫带式输送机采用箱形断面，其支承有良好的刚度和强度，且易于制造。

2）气垫带式输送机原理及结构

气垫带式输送机原理如图 2-43 所示。输送带 5 围绕改向滚筒 7 和驱动滚筒 1 运行，输送机承载带的支体是一个封闭的气箱 6，箱体的上部为槽形，承载带由气垫支承在槽里运行，输送带的下分支由下托辊 9 支承。鼓风机 10 产生所需要的压缩空气，空气送入作为承载架的气箱后呈纵向散布，并通过气孔 8 进入槽面。从小孔流出的压缩空气在输送带与盘槽之间的非接触支承，使摩擦损耗显著降低，从而使输送机的运行性能得到很大改善。

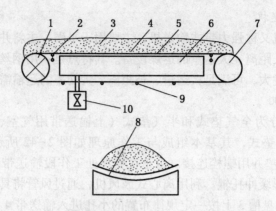

1—驱动滚筒；2—过渡托辊；3—物料；4—气垫；5—输送带；
6—气箱；7—改向滚筒；8—气孔；9—下托辊；10—鼓风机

图 2-43　气垫带式输送机原理图

6. 大倾角带式输送机

一般的带式输送机，向上运输不超过 18°，向下运输不超过 15°。我国煤炭的赋存大多以倾斜煤层出现，而且煤层倾角基本在 16°~25° 之间。为了能采用一般的带式输送机输送煤炭，都是将 16°~25° 的大倾角上下山或提升主斜井等人为地打成 15° 左右的小角度，因而导致巷道开拓量增大，运输环节增多，经济效益下降。另外，随着采煤机械化技术的提高，矿井产量大幅度增加，高产高效现代化矿井不断出现，具有间歇式提升特点的箕斗提升已无法满足发展的需要，制约了井下生产运输能力的提高。再者，由于大倾角带式输送机除了具有常规带式输送机的所有特点外，还有占地少、工程费用低等优点，所以在生产运输中越来越受到重视。

1）大倾角带式输送机优点

大倾角带式输送机既可减小占地面积又能节省运输费用，实践证明，用大倾角带式输送机可缩短运距 1/3~1/2，如图 2-44 所示，这样既缩短了基本建设周期，又减少了投资。

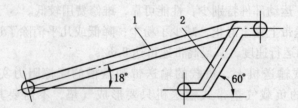

1—普通带式输送机；2—大倾角带式输送机

图 2-44　倾角不同的两种带式输送机所占面积比较

2）增大带式输送机适用倾角的措施

（1）增加物料对输送带表面的摩擦力，即使用花纹输送带。花纹输送带的表面形状有波浪形、锥形、圆锥形、网状形和"人"字形等，如图 2-45 所示。花纹高度 5~40 mm，输送机最大倾角可达 30°~35°，可运送散状物料和成品件。

（2）在普通输送带上增设与输送带一起移动的横隔板。带横隔板的大倾角带式输送机在国外应用较广泛，该种输送带可分为两种，即带有可拆卸横隔板的输送带和带有不可

图 2-45　花纹输送带

拆卸横隔板的输送带。可拆卸横隔板采用机械方法固定，其优点是横隔板损坏后可以更换，也可以根据需要调整隔板间距，缺点是减弱了输送带强度。横隔板高度为 35～300 mm，输送机最大倾角可达 60°～70°。

（3）增加物料与输送带的正压力。采用这种方法来输送物料，倾角可达 90°，带速可达 6 m/s。目前，我国已应用压带式输送机垂直运输物料。在德国，普遍使用一种垂直运输散状物料或成件物品的泡沫塑料压带式输送机。这种输送机具有海绵状的输送带，被运物料夹在承载带和压带之间，如图 2-46 所示，它可在任意角度运输货物。

7. 圆管式胶带输送机

圆管式胶带输送机是用托辊逐渐把腔带逼成管形，其他部分如滚筒、张紧装置、驱动装置与普通带式输送机的结构相同，其结构原理如图 2-47 所示，外形如图 2-48 所示。

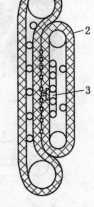

1—承载带；2—压带；3—驱动环路

图 2-46　泡沫塑料压带式输送机

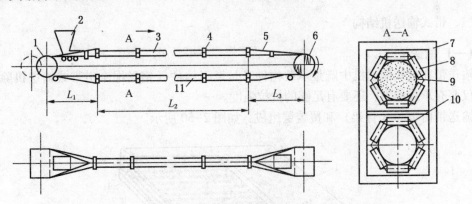

1—尾部滚筒；2—加料口；3—有载分支；4—六边形托辊；5—卸料区段；

6—驱动滚筒；7—结构架；8—托辊；9—物料；10—无载分支；

L_1、L_3—过渡段；L_2—输送段

图 2-47　圆管式胶带输送机结构原理图

8. 多点驱动带式输送机

多点驱动带式输送机，实质上是一种直线摩擦驱动形式的长距离带式输送机，即在一台长距离带式输送机中间装设若干台短的带式输送机，借助于各台短的带式输送机上直线工作段输送带与长距离带式输送机的输送带间相互紧贴所产生的摩擦力，而驱动长距离带式输送机运行，如图 2-49 所示。

图 2-48　圆管式胶带输送机

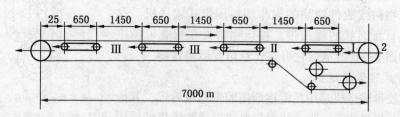

图 2-49　多点驱动带式输送机

二、带式输送机结构

（一）输送带

输送带在带式输送机中既是承载构件又是牵引构件（钢丝绳牵引带式输送机除外），它不仅要有承载能力，还要有足够的抗拉强度。

输送带由带芯（骨架）和覆盖层组成，如图 2-50 所示。

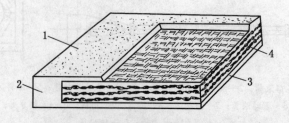

1—上覆盖胶；2—侧边覆盖胶；3—下覆盖胶；4—带芯
图 2-50　输送带的结构

带芯主要由各种织物（棉织物、化纤织物以及混纺材料等）或钢丝绳构成，它们是输送带的骨架层，几乎承受输送带工作时的全部负荷，因此，带芯材料必须具有一定的强度和刚度。覆盖胶用以保护中间的带芯不受机械损伤以及周围介质的有害影响。上覆盖胶层一般较厚，这是输送带的承载面，直接与物料接触并承受物料的冲击和磨损。下覆盖胶是输送带与支承托辊接触的一面，主要承受压力。为了减少输送带沿托辊运行时的压陷阻力，下覆盖胶的厚度一般较薄。侧边覆盖胶的作用是当输送带发生跑偏导致侧面和机架相碰时，保护其不受机械损伤。

1. 输送带分类

按输送带带芯结构及材料不同，输送带被分成织物层芯和钢丝绳芯两大类。

织物层芯输送带又被分为分层织物层芯和整体编织织物层芯两类，且织物层芯的材质有棉、尼龙和维纶等。整体编织织物层芯输送带与分层织物层芯输送带相比，在强度相同的前提下，整体输送带的厚度小、柔性好、耐冲击性好、使用中不会发生层间剥裂，但其伸长率较大，在使用过程中，需较大的拉紧行程。

钢丝绳芯输送带是由许多柔软的细钢丝绳相隔一定间距排列，用与钢丝绳有良好黏合性的胶料黏合而成。钢丝绳芯输送带的纵向拉伸强度高，抗弯曲疲劳性能好，伸长率小，需要的拉紧行程小。与其他种类输送带相比，在强度相同的前提下，钢丝绳芯输送带的厚度小。

2. 输送带的连接

为了便于制造和搬运，输送带的长度一般制成每段 100~200 m，因此，使用时必须根据需要进行连接。橡胶输送带的连接方法有机械接法与硫化胶接法两种，硫化胶接法又可分为热硫化胶接法和冷硫化胶接法。塑料输送带的连接接头则有机械接头与硫化（塑化）接头两种。

1）机械接头

机械接头是一种可拆卸的接头，它对带芯有损伤，接头强度低，使用寿命短，并且接头通过滚筒时对滚筒表面会有损害，常用于短运距或移动式带式输送机上。

织物层芯输送带常采用的机械接头形式有铰接活页式、铆钉固定夹板式和钩状卡子式，如图 2-51 所示。钢丝绳芯输送带一般不采用机械接头。

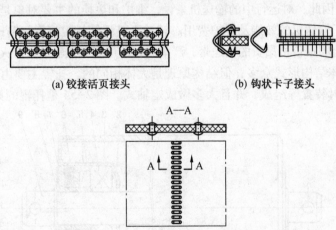

(a) 铰接活页接头　　　　(b) 钩状卡子接头

(c) 铆钉固定夹板接头

图 2-51　织物层芯输送带常用的机械接头方式

2）硫化（塑化）接头

硫化（塑化）接头是一种不可拆卸的接头，具有承受拉力大、使用寿命长、对滚筒表面不产生损害、接头强度高（达 60% ~ 95%）的优点，但存在接头工艺复杂的缺点。对于分层织物层芯输送带，硫化前应将其端部按帆布层数切成阶梯状，如图 2-52 所示，然后将两个端头很好地贴合在一起，用专用硫化设备加压加热并保持一定时间即可完成。值得注意的是其接头静强度为原来强度的 $(i-1)/i \times 100\%$，其中 i 为帆布层数。对于钢丝绳芯输送带，在硫化前应将接头处的钢丝绳剥出，然后将钢丝绳按某种排列形式搭接好，涂上硫化胶料，最后在专用硫化设备上进行硫化连接，如图 2-53 所示。

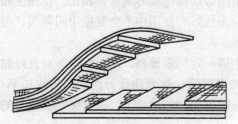

图 2-52　分层织物芯输送带的硫化接头　　　图 2-53　钢丝绳芯的二级错位搭接

3）冷粘连接法（冷硫化法）

冷粘连接法与硫化连接法的主要不同点是冷粘连接使用的胶料涂在接口后不需加热，只需施加适当的压力并保持一定时间即可。冷粘连接只适用于分层织物层芯输送带。

（二）托辊

1. 托辊的作用与基本结构

托辊用来支承输送带和输送带上的物料，减少输送带的运行阻力，保证输送带的垂度不超过规定值，使输送带沿预定的方向平稳运行。

带式输送机上有大量的托辊，其成本占输送机总成本的 25% ~ 30%，托辊总重占整机重量的 30% ~ 40%。因此，对运行中的输送机来说，维护和更换的主要对象是托辊，它们的可靠性与寿命决定了输送机的效能及维护费用。转动不灵活的托辊将增加输送机的功率消耗；堵转的托辊不仅会磨损价格昂贵的输送带，严重时，还可能导致输送带着火等严重事故。

尽管托辊具体结构形式众多，但结构原理是大体相同的。托辊主要由心轴、筒体、轴承座、轴承和密封装置等组成，并且大多做成定轴式。图 2-54 是托辊的典型结构。

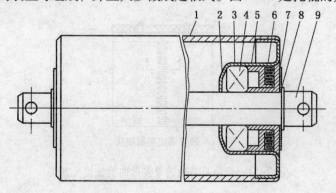

1—筒体；2、7—垫圈；3—轴承座；4—轴承；5、6—密封圈；8—挡圈；9—心轴

图 2-54　托辊结构

2. 托辊的主要技术要求

《煤矿用带式输送机托辊尺寸系列》（MT 73—92）规定了矿用托辊外形尺寸系列。

托辊的主要技术指标为旋转阻力、使用寿命及抗静电等。《煤矿井下用带式输送机托辊技术条件》（MT/T 821—2006）对托辊的具体技术性能做了规定。当托辊的筒体使用非金属材料（如铸石、橡胶、塑料等），在环境温度为（25±5）℃，相对湿度为60%～70%的条件下，其每组测试电阻的算术平均值不得大于$5×10^8 \Omega$。

3. 托辊类型

托辊按其用途不同可分为一般托辊和特种托辊。前者主要包括承载托辊（又称上托辊）与回程托辊（又称下托辊），后者则主要包括缓冲托辊和调心托辊等。

1）承载托辊

承载托辊安装在有载分支上，起支承该分支上输送带与物料的作用。在实际应用中，要求它能根据所输送物料的性质差异，使输送带的承载断面形状有相应的变化。如果运送散状物料，为了提高生产率并防止物料的散落，通常采用槽形托辊；而对于成件物品的运输，则采用平行承载托辊。

槽形托辊组一般由3个或3个以上托辊组成，其中刚性3节槽形托辊与串挂3节槽形托辊尤为常见。

对于刚性3节槽形托辊组，由于3个托辊被相互独立地安装在刚性托辊架上，并且一般布置在同一平面内，因此这种托辊组具有更换方便、固定性强、运行阻力小等特点，但存在防冲击与振动性能差、调整困难等缺点。这种托辊组常使用在载荷比较稳定、冲击振动小、工作条件较好的带式输送机上。

对于串挂3节槽形托辊组，托辊相互之间用铰链连接，悬挂在刚性机架或者弹性机架（钢丝绳）上。这种托辊组的优点是重量较轻，安装更换容易，可以在不停机的情况下更换整套托辊组，也可以根据载荷情况自动做垂直方向的弹性调整，且可由挠性连接装置吸收系统的振动与冲击，从而使噪声大大降低。为适应不同宽度的输送带，可方便地增减托辊数量，如6节450 mm长的托辊可用于2400～2600 mm宽的输送带。

2）回程托辊

回程托辊是一种安装在空载分支上，用以支承该分支上输送带的托辊。常见布置形式如图2-55所示。

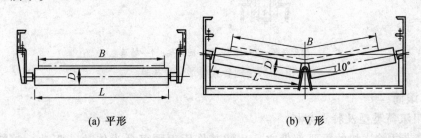

(a) 平形   (b) V形

图2-55 回程托辊组

3）缓冲托辊

缓冲托辊大多安装在输送机的装载点，以减轻物料对输送带的冲击。在运输密度较大的物料情况下，有时需要沿输送机全线设置缓冲托辊。缓冲托辊的一般结构如图2-56所示，它与一般托辊的结构相似，不同之处是在筒体外部加装了橡胶圈。

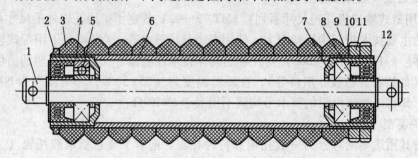

1—轴；2—挡圈；3—橡胶圈；4—轴承座；5—轴承；6—筒体；
7、8、9—密封圈；10、12—垫圈；11—螺母

图 2-56　缓冲托辊结构

4）调心托辊

输送带运行时，由于张力不平衡、物料偏心堆积、机架变形、托辊损坏等，会产生跑偏现象。为了纠正输送带的跑偏，通常采用调心托辊。调心托辊被间隔地安装在承载分支与空载分支上。承载分支通常采用回转式槽形调心托辊，其结构如图 2-57 所示。空载分支常采用回转式平形调心托辊，其结构如图 2-58 所示。调心托辊与一般托辊相比，在结构上增加了两个安装在托辊架上的立辊和转动轴，它们除完成支承作用外，还可根据输送带跑偏情况绕垂直轴自动回转，以实现调偏的功能。

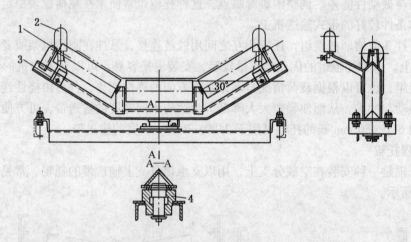

1—槽形托辊；2—立辊；3—回转架；4—轴承座

图 2-57　回转式槽形调心托辊

（三）滚筒

1. 常用滚筒类型及特点分析

滚筒是带式输送机的重要部件之一，按其作用不同可分为传动（驱动）滚筒与改向滚筒两种。传动滚筒用来传递力，它既可传递牵引力，也可传递制动力；改向滚筒则不起传递力的作用，主要用作改变输送带的运行方向，以完成各种功能（如拉紧、返回等）。

1）传动滚筒

传动滚筒按其内部传力特点不同分为常规传动滚筒（简称传动滚筒）、电动滚筒和齿

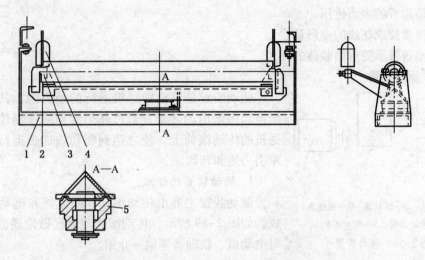

1—下横梁；2—回转架；3—下平形托辊；4—立辊；5—轴承座

图 2-58 回转式平形调心托辊

轮滚筒。

传动滚筒内部装入减速机构和电动机的叫作电动滚筒。在小功率输送机上使用电动滚筒是十分有利的，可以简化安装，减少占地，使整个驱动装置重量轻，成本低，有显著的经济效益。

为改善电动滚筒的不足，人们又设计制造了齿轮滚筒，即传动滚筒内部只装入减速机构的齿轮滚筒。它与电动滚筒相比不仅改善电动机工作条件和维修条件，而且可使其传递的功率大幅增加。

传动滚筒表面有带衬和钢制光面两种形式。衬垫的主要作用是增大滚筒表面与输送带之间的摩擦系数，减少滚筒面的磨损，并使表面有自清作用。常用滚筒衬垫材料有橡胶、陶瓷、合成材料等，其中最常见的是橡胶，橡胶衬垫与滚筒表面的接合方式有铸胶与包胶之分。铸胶滚筒表面厚而耐磨，质量好，有条件应尽量采用；包胶滚筒的胶皮容易脱掉，而且固定胶皮的螺钉易露出胶面而刮伤输送带。钢制光面滚筒加工工艺比较简单，主要缺点是表面摩擦系数小，而且有时不稳定，因此，仅适用于中小功率的场合。橡胶衬面滚筒按衬面形状不同主要有光面铸胶滚筒、直形沟槽胶面滚筒、人字沟槽胶面滚筒和菱形（网纹）胶面滚筒等。

2）改向滚筒

改向滚筒用于改变输送带的运行方向，也可用于压紧输送带。改向滚筒仅承受压力，不传递转矩。改向滚筒有钢制光面滚筒和光面包（铸）胶滚筒两种，包（铸）胶的目的是为了减少物料在其表面黏结，以防输送带的跑偏与磨损。

2. 滚筒直径

在带式输送机的设计中，正确合理地选择滚筒直径具有重要的意义。直径增大可改善输送带的使用条件，也将使其重量、驱动装置、减速器的传动比相应提高。在选择传动滚筒直径时需考虑以下几方面的因素：

（1）输送带绕过滚筒时产生的弯曲应力。

（2）输送带的表面比压。

（3）覆盖胶或花纹的变形量。

（4）输送带承受弯曲载荷的频次。

（四）驱动装置

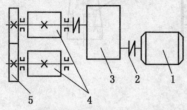

1—电动机；2—联轴器；3—减速器；
4—传动滚筒；5—传动齿轮

图 2-59　驱动装置

驱动装置是驱动输送机运行的动力源，其作用是把电动机输出的转矩，通过联轴器和减速器传递到输送机的传动滚筒上，使之达到驱动输送带运行所需的牵引力矩和转数。

1. 驱动装置的组成

驱动装置主要由传动滚筒、减速器和电动机等组成，如图 2-59 所示，传动滚筒前面已做论述，这里只对电动机、联轴器等做一介绍。

1）电动机

带式输送机驱动装置最常用的电动机是三相鼠笼型电动机，其次是三相绕线型电动机，只有在个别情况下才采用直流电动机。

三相鼠笼型电动机与其他两种电动机相比，具有结构简单、制造方便、易防爆、运行可靠、价格低廉等优点，因此在煤矿井下得到广泛应用，但其最大缺点是不能经济地实现范围较大的平滑调速、启动力矩不能控制、启动电流大。

三相绕线型电动机具有较好的调速特性，在其转子回路中串接电阻可较方便地解决输送机各传动滚筒间的功率平衡问题，不会造成个别电动机长时过载而烧坏。此外，通过串接电阻启动可以减小对电网的负荷冲击，且可实现软启动控制。三相绕线型电动机在结构和控制上均比较复杂，如带电阻长时间运转会导致电阻发热，效率降低，尤其在防爆方面很难达到要求，因此在煤矿井下很少采用。

直流电动机最突出的优点是调速特性好，启动力矩大，但结构复杂，维护量大，与同容量的异步电动机相比，重量是异步电动机的 2 倍，价格是异步电动机的 3 倍，且需要直流电源，因此只有在特殊情况下采用。

2）联轴器

驱动装置中的联轴器分为高速轴联轴器与低速轴联轴器，它们分别安装在电动机与减速器之间和减速器与传动滚筒之间。常见的高速轴联轴器有尼龙柱销联轴器、液力耦合器等，常见的低速轴联轴器有十字滑块联轴器、齿轮联轴器和棒销联轴器等。

3）减速器

减速器根据驱动输送带所需的牵引力矩、运行速度和工作条件选用，大多为多级硬齿面渐开线齿轮传动，也有圆弧齿轮传动的。近年来有选用体积小、重量轻、传动比大的行星齿轮传动的趋向。为便于驱动装置的总体布局，减速器的输入轴和输出轴的位置有相互平行和垂直两种形式，煤矿井下主要使用的是后者。

2. 驱动装置的布置

驱动装置按传动滚筒的数目分为单滚筒驱动、双滚筒驱动及多滚筒驱动，按电动机的数目分为单电机和多电机驱动。每个传动滚筒既可配一个驱动单元，又可配两个驱动单元，且一个驱动单元也可以同时驱动两个传动滚筒。

（五）制动装置

对于倾斜输送物料的带式输送机，为了防止有载停车时发生倒转或顺滑现象，或者对停车特性与时间有严格要求的带式输送机，应设置制动装置。制动装置按其工作方式不同可分为逆止器和制动器两种。

1. 逆止器

常用的逆止器有滚柱逆止器、塞带逆止器和非接触楔块逆止器等。滚柱逆止器靠挤紧滚柱来制止输送机倒转，广泛应用于中、小功率的带式输送机。塞带逆止器依靠制动带与输送带之间的摩擦力来制止输送带倒转，只适用于小功率的带式输送机。

非接触楔块逆止器依靠楔块实现回转轴的单向制动，正常运行时楔块与内、外圈脱离接触，可避免磨损。若干楔块排列在内圈和外圈形成的滚道中，在弹簧作用下楔块的两个偏心圆柱面与内、外圈接触，外圈固定，内圈可连着楔块一起沿逆时针方向转动。当速度超过一定值时，楔块在离心力作用下产生偏转，与内圈和外圈脱离接触，从而避免了它们之间的磨损，延长了使用寿命。当停机后向相反方向逆转时，楔块将内、外圈楔紧，将其制动。这种逆止器磨损小，寿命长，许用力矩大，结构紧凑，已广泛应用于带式输送机。

2. 制动器

带式输送机常用的制动器分为闸瓦制动器和盘式制动器两大类。闸瓦制动器通常采用电动液压推杆制动器，如图 2-60 所示。该制动器装在减速器输入轴的制动轮联轴器上，闸瓦制动器通电后，由电液驱动器推动松闸，失电时弹簧抱闸。盘式制动器是安装在减速器的第二轴、第三轴或输出轴上的一套制动装置，如图 2-61 所示。盘式制动器由制动盘、制动闸和液压系统组成。可以通过调节液压控制系统的电液比例阀的控制电流调节系统压力，从而调节制动装置的制动力。闸瓦制动器的结构紧凑，但制动副的散热性能不好，不能单独用于下运带式输送机；盘式制动器的制动力矩可

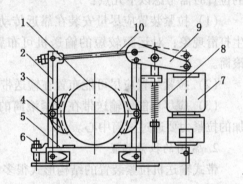

1—制动轮；2—制动臂；3—制动闸瓦垫；4—制动瓦块；
5—底座；6—调整螺钉；7—电液驱动器；
8—制动弹簧；9—制动杠杆；10—推杆

图 2-60　电动液压推杆制动器

调，制动副的散热条件比闸瓦制动器好，可用于功率不大的下运带式输送机。当制动盘采

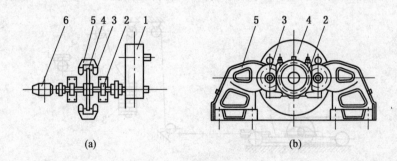

(a)　　　　　　　　　(b)

1—减速器；2—制动盘轴承座；3—制动缸；4—制动盘；5—制动缸支座；6—电动机

图 2-61　盘式制动器

用具有自冷却的空心盘时，可用于发电运行的下运输送机制动，但在煤矿井下应采用防爆元器件。

（六）拉紧装置

1. 拉紧装置的作用与位置

拉紧装置又称张紧装置，它是调节输送带张紧程度，以及产生摩擦驱动所需张力的装置，是带式输送机必不可少的部件。其主要作用有：

（1）使输送带有足够的张力，以保证输送带与传动滚筒间能产生足够的驱动力以防止打滑。

（2）保证输送带各点的张力不低于某一给定值，以防止输送带在托辊之间过分松弛而引起撒料和增加运行阻力。

（3）补偿输送带的弹性及塑性变形。

（4）为输送带重新接头提供必要的行程。

在带式输送机的总体布置时，选择合适的拉紧装置，确定合理的安装位置，是保证输送机正常运转、启动和制动时输送带在传动滚筒上不打滑的重要条件。通常确定拉紧装置的位置时需考虑以下几点：

（1）拉紧装置应尽量安装在靠近传动滚筒的空载分支上，以利于启动和制动时不产生打滑现象；对运距较短的输送机可布置在机尾部，并将机尾部的改向滚筒作为拉紧滚筒。

（2）拉紧装置应尽可能布置在输送带张力最小处，这样可减小拉紧力。

（3）应尽可能使输送带在拉紧滚筒的绕入和绕出分支方向与滚筒位移线平行，且施加的拉紧力要通过滚筒中心。

2. 常用的拉紧装置

带式输送机拉紧装置的结构形式很多，按其工作原理不同主要分为重锤式、固定式和自动式三种。

1）重锤式拉紧装置

重锤式拉紧装置利用重锤的重量产生拉紧力并保证输送带在各种工况下均有恒定的拉紧力，可以自动补偿由于温度改变和磨损而引起的输送带伸长变化。重锤式拉紧装置在结构上简单、工作上可靠、维护量小，是一种应用广泛的较理想的拉紧装置，如图 2-62 所示。它的缺点是占用空间较大，工作中拉紧力不能自动调整。

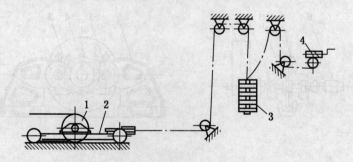

1—拉紧滚筒；2—滚筒小车；3—重锤；4—手摇绞车

图 2-62　重锤式拉紧装置

2）固定式拉紧装置

固定式拉紧装置的拉紧滚筒在输送机运转过程中的位置是固定的，其拉紧行程的调整有手动和电动两种方式。固定式拉紧装置的优点是结构简单紧凑、工作可靠；缺点是输送机运转过程中由于输送带弹性变形和塑性伸长无法及时补偿将导致拉紧力下降，可能引起输送带在传动滚筒上打滑。常用的固定式拉紧装置有螺旋拉紧装置（拉紧行程短、拉紧力小，故仅适用于短距离的带式输送机）、钢丝绳—绞车拉紧装置（适用于较长距离的带式输送机）等。

3）自动式拉紧装置

自动式拉紧装置是一种在输送机工作过程中能按一定的要求自动调节拉紧力的拉紧装置，在现代长距离带式输送机中使用较多。自动式拉紧装置能使输送带具有合理的张力值，自动补偿输送带的弹性变形和塑性变形；缺点是结构复杂，外形尺寸大等。自动式拉紧装置的类型很多，按作用原理分为连续作用式和周期作用式两种；按拉紧装置的驱动力分为电力驱动式和液压力驱动式两种。图 2-63 为某自动式拉紧装置的系统布置图。

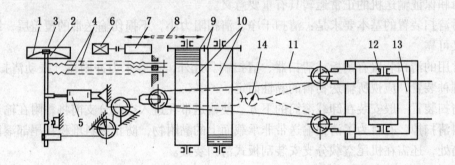

1—制箱控；2—控制杆；3—永久磁铁；4—弹簧；5—缓冲器；
6—电动机；7—减速器；8—链传动；9—传动齿轮；10—滚筒；11—钢丝绳；
12—拉紧滚筒及活动绞车；13—输送带；14—测力计

图 2-63　自动式拉紧装置的系统布置图

（七）机架

机架主要由机头传动架、中部架、中间驱动架、受料架和机尾架等组合而成。机头传动架用于安装头部驱动装置和传动滚筒等元部件；中部架主要安装支承上、下两股输送带的托辊组，由多节架逐节连接而成；中间驱动架用于安装整套中间助力驱动装置，其结构随直线带式摩擦或卸载滚筒摩擦的不同拖动方式而异；受料架设在输送机受料装载处，具有较强的抗冲击能力，架上装有上、下两层可与相邻机架衔接的托辊组，上层为较密集的缓冲托辊组，下层托辊组与中部架上的相同，架上还装有导料槽；机尾架用于安装机尾改向滚筒，输送带在此转向回程，并设有调偏机构。

（八）储带装置

综合机械化采煤工作面推进速度较快，顺槽的长度和运输距离变化也较快，这就要求顺槽运输设备能够快速进行伸长或缩短。可伸缩带式输送机就是为了适应这种需要而设计的，它与普通带式输送机的区别在于机头后面加了一套储带装置，也称储带仓，如图 2-64 所示。

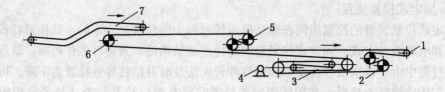

1—卸载滚筒；2—机头传动滚筒；3—储带装置；4—张紧装置；5—中间储带滚筒；6—机尾改向滚筒；7—转载机

图 2-64　可伸缩带式输送机与转载机的布置系统图

（九）清扫装置

在带式输送机运行过程中，不可避免地有部分细块和粉末留在输送带的表面，通过卸料装置后不能完全卸净，当表面留有物料的输送带通过导向滚筒或回程托辊时，会加剧输送带的磨损，引起输送带跑偏，同时沿途不断掉落的物料又污染了场地环境。如果留有物料的输送带表面与传动滚筒表面相接触，除有上述危害外，还会破坏多滚筒传动的牵引力分配关系，致使某台电机过载或欠载。因此，清扫输送带表面的物料，对提高输送带的使用寿命和保证输送机的正常运转具有重要意义。

对清扫装置的基本要求是：清扫干净，清扫阻力小，不损伤输送带的覆盖层，结构简单而又可靠。

常用的清扫装置有刮板式清扫器、清扫刷。此外，还有水力冲刷器、振动清扫器等。采用哪种装置，应视所输送物料的黏性而定。

清扫装置一般安装在卸载滚筒的下方，使输送带在进入空载分支前将黏附在输送带上的物料清扫掉，有时为了清扫输送带非承载面上的黏附物，防止物料堆积在尾部滚筒或拉紧滚筒处，还需在机尾空载分支安装刮板式清扫装置。

（十）保护装置与监控技术

为使带式输送机高效、安全运行，必须安装有关的保护装置，如打滑保护装置、跑偏保护装置等。

1. 打滑保护装置

驱动滚筒转动而输送带不动或不同步运行，这种现象称为输送带打滑。打滑事故轻则将输送带磨损、高温烧断造成停车；重则烧毁输送带，引起矿井重大火灾事故。打滑保护系统的工作原理是采用传感器分别测量带速和驱动滚筒速度，然后进行比较，正常运行时两者无差值，因而无输出。如发生打滑，则有差值输出，经延时后进行保护。

2. 跑偏保护装置

在运行中输送带中心脱离输送机的中心线而偏向一边，这种现象称为输送带的跑偏。输送带边缘与机架相互摩擦，使输送带边胶损坏，同时还会增加运行阻力导致输送带打滑。跑偏严重时会撒煤，甚至引起输送带脱离机架或滚筒。目前，KPT1 型防跑偏装置较为常用，它成对安装在带式输送机托辊两侧支架上（每 50 m 安装一对），有两级工作行程，当输送带跑偏至一定程度时，输送带迫使立辊旋转 20°并发出报警信号，若输送带继续跑偏，迫使立辊旋转至 35°时则整机自动停车。

3. 纵向撕裂保护装置

在带式输送机运行中，当有铁棒、尖角矿石等异物落到输送带上卡住时，会造成输送带纵向撕裂，其撕裂部分主要在装载点，因而该装置安装在装载处的上输送带下方。常用的纵向撕裂保护装置有超声波检测器、测振式检测装置等。

4. 超速保护装置

超速保护装置用于下运带式输送机。当电动机工作在发电状态时存在超速运转的可能性，严重时会造成"飞车"现象。超声保护装置的保护原理类似于打滑保护。

三、带式输送机的使用、维护和故障处理

(一) 整机的安装与调试

对整机安装总的要求是做到"横、平、竖、直"。安装质量将会直接影响整机的正常运行和使用寿命。

1. 安装

1) 安装前的准备

(1) 设备下井前，安装人员必须熟悉设备和有关图纸资料，根据矿井的搬运条件，确定设备部件的最大尺寸和质量。

(2) 在安装设备的巷道中，首先确定输送机安装中心线和机头的安装位置，将这些基准点在顶、底板相应的位置上标示出来。

(3) 清理巷道底板。根据设备总体装配图所标注的固定安装部分长度，将巷道底板平整出来，对安装非固定部分（主要指落地架式的机身）的巷道也要求做一般性平整。如机身一侧铺设一条轻便轨道，将给零部件的搬运带来极大方便。

(4) 为便于运输，一般将大部件解体。在拆卸设备的较大部件时，应在设备上做好标记，以便对号安装。为避免搬运过程中可能产生零部件磕碰损伤或进入尘土，对于外露的齿轮、轴承以及加工配合面，必须采取措施予以保护。

2) 井下铺设

(1) 为避免巷道堵塞，井下铺设应按照先里后外的原则进行，即按机尾、移动机尾装置、机身（中间架）、上托辊、下托辊、卷带装置、储带仓（包括张紧小车、游动小车、托辊小车、储带仓架、储带转向架等）、机头传动装置顺序将它们搬运到各自安装点的巷道旁。

(2) 根据已确定的基准点，首先安装固定部件，如机头部、储带仓、机尾等部件。安装后，机头、机尾及各滚筒中心线应在同一直线上，滚筒轴线的水平度允差在 1/50 以下。

(3) 若 H 架的横撑在下托辊之下，则可将 H 架每隔 3 m 先卧放在底板上一架，再将下股输送带铺放在 H 架开口中间；然后分别将各架竖立，抬起输送带，安装下托辊；最后用刚性纵梁将各架连接，并将整个机身调整平直。

(4) 输送带的铺设方法很多，可根据自身条件和经验确定。为避免下股输送带铺设过程中引起不必要的麻烦，一般铺带时采取先下后上的原则。下股带铺设应与 H 架结构结合起来考虑。一般上股输送带在整机上托辊（槽形托辊）安装后铺设。铺上股带时可借助主传动滚筒和另设置 1 台牵引绞车进行。

(5) 采用后退式采煤法时，将储带仓中的游动小车置于靠近机头端（前进式采煤时置于远离机头的一端）。开动张紧绞车，给输送带以足够张力，以保证输送机在启动和运行过程中输送带不会在传动滚筒上打滑。

（6）检查各部分安装情况，清除影响运转的障碍物，做好通信联络工作，检查电控保护装置动作，准备点动开车。

2. 调试

整机安装铺设完成后，在进行调试后，方可逐步加载，然后正式投入生产。

1）未装输送带的试运转

当机头、储带仓和电气设备都装好后，先不装输送带，进行空运转，检查减速器运转是否平稳，轴承温度是否正常，张紧绞车、卷带装置是否性能良好。

2）装上输送带后的空运转

（1）输送带拉紧。在运转之前，开动张紧绞车给输送带以足够的张力。初张力靠输送带悬垂度调整，先不要靠负荷传感器。

（2）空运转。空运转时全线各要点都必须派人观察情况，发现输送带跑偏、打滑及其他不正常情况，立即停车进行调整。

3）输送带跑偏的调整

输送带跑偏是输送机运转过程中的不正常现象。长时间跑偏运转，将会导致输送带带边拉毛甚至被撕裂，降低输送带使用寿命。所以出现跑偏现象时，必须通过试运转及时予以调整，使输送带保持在托辊和滚筒中部（尽量避免超过托辊或滚筒边沿）运转。

常见跑偏现象的判别与调整方法如下：

（1）机器在运转过程中，若输送带经常在某一段出现跑偏，首先应观察该处安装是否倾斜或不直；若安装质量没问题，可调整托辊或滚筒，使输送带复位。

（2）若输送带上的某一段一运行到某处就出现跑偏现象，则主要是由于输送带呈"S"形或接头不正造成的。对"S"形弯曲轻微者，可通过输送机满载拉紧运行时得到矫正；对弯曲严重者，"S"形部分应予切除重接。输送带接头不正（横向切面与输送带中心线不垂直）时，会出现较长距离的跑偏。这时，必须割掉接头重做，保证接头与输送带中心垂直。

（3）若转载机卸下的煤落不到输送带中间位置，则会引起长距离跑偏。这时，应首先检查是由于输送带跑偏造成的落点不准，还是因落煤不正而造成的输送带跑偏。这时，先将机尾部（尤其是机尾滚筒）找直找正，若落料点仍偏，再调整落料导向板位置。

（4）如果上述几种原因同时存在，则先按（1）、（3）情况分析调整，并反复观察调试。若无明显好转，则按（2）分析处理。

4）输送带张力的调整

带式输送机正常（不打滑）所必需的初张力随运输量和运输长度而变化。过大的初张力将会导致输送带提前老化。输送带运行一段时间后，可能产生松弛而引起初张力下降。为此，必须及时对输送带初张力予以调整。调整程度以输送带在传动滚筒上不打滑为宜。通过张紧绞车牵引游动小车调整输送带初张力可使输送带张紧。在符合带式输送机主要技术参数（运输量、运输距离）条件下正常运行时，必须保持负荷传感器拉力读数到规定值。当运行一段时间后，发现压力下降，应及时调整。在调整初张力过程中，如果发现游动小车与轨道接触不良，或出现小车扭转等情况，则应及时处理，否则将会导致输送带跑偏。

5）输送机纵向坡度调整

在整机铺设过程中，由于巷道底板不平，会出现凹凸不平的地方。对底板凸起的部位，其变化范围的长度应不小于3架中间架（约9 m）的长度，并调整成缓和凸曲线，以防止负荷集中在个别托辊上。必要时，可增加托辊组数。对底板凹下的部位，一定要调整到输送带和任意一组托辊都能接触为止。

（二）可伸缩带式输送机的使用与操作

1. 张紧绞车的使用与操作

在用张紧绞车张紧输送带时，应按图2-65所示的紧带箭头方向旋转手把，使离合器与滚筒销轴啮合，使滚筒与传动轴连接，以形成电动机—联轴器—蜗杆—涡轮—中间轴—小齿轮—大齿轮—传动轴—离合器（啮合状态）—滚筒的传动系统。

由于采用了涡轮、蜗杆的自锁传动机构，所以在电动机停止后不会出现松绳。当松开输送带需要放绳时，先不要松开离合器，应使电动机反转，放松钢丝绳，然后停止电动机，再按图2-65所示的松带箭头方向旋转手把，打开离合器，并继续转离合器制动盘使之与制动环接触。在产生适当制动力后，即可放松钢丝绳。这样可防止由于松绳过多而引起游动小车运行不稳或钢丝绳在滑轮上掉槽现象的发生。

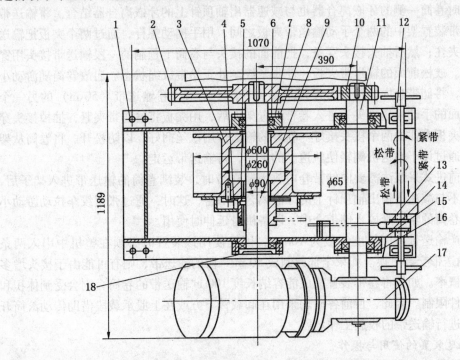

1—底座；2—大齿轮；3—卷筒；4—离合器；5—离合器组；
6、16、18—轴承盖；7、15—轴承；8、14—轴承座；9—主轴；10—小齿轮；
11—传动轴；12—制动器；13—拨叉；17—减速器

图2-65 张紧绞车

2. 卷带装置的使用与操作

卷带装置如图2-66所示，目前国产可伸缩带式输送机配用的都是这种可卷输送带的卷带装置。当用于后退式采煤法需要从储带仓中取出输送带时，先将小车移动架放下，将卷筒放在顶针小车上；再把顶针小车推入卷带装置架内，将小车移动架翻起并用销子挂

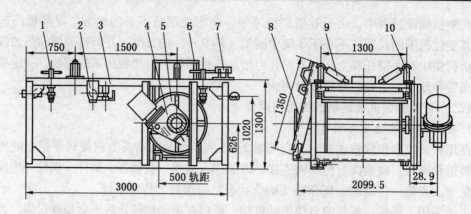

1—卷带夹；2—调心托辊；3—右侧架；4—传动装置；5—卷筒；6—可落地道架；
7—托管架；8—尾架；9—铰接托辊；10—平托辊支架

图 2-66　卷带装置

住；操纵顶针手轮，使小车和减速器出轮的顶针进入卷筒轴孔内，同时卷筒慢慢抬起离开小车架，这时卷筒一侧的牙嵌离合器也与减速器出轴顶针上的牙嵌离合器结合。将输送带接头转到卷带装置架中的两个手动输送带夹板之间，用手摇动螺杆，通过两个夹板把输送带接头两端夹住；然后抽去接头穿条，把前面的接头与卷筒上预制的一段输送带接头用穿条重新穿好。放松前面的输送带夹板，使张紧绞车处于松带放绳状态。启放卷筒随游动小车徐徐前移，将储带仓内的输送带慢慢地卷到卷筒上。当这卷输送带（50 m）的另一个接头越过前面的手动输送带夹板进入卷带装置架内后，用夹板将输送带夹紧，抽掉接头穿条，将前后夹板夹住的两个接头接好。卷好的输送带用铁丝捆好，以防松开。将卷筒从架子中拉出，通过设于输送机侧轻便轨道上的平车，将输送带运走。

当用于前进式采煤法需要向储带仓内放入输送带时，装满卷筒的输送带进入架子后，牙嵌离合器不与减速器输出轴顶针上的牙嵌离合器啮合，这时，通过张紧绞车拉动游动小车后移，将卷筒的输送带放入储带仓中，以备机身延伸时使用。

由于国产输送带出厂长度一般为 100 m，因此使用该装置时必须在整机中串入两条 50 m 长的输送带交替更换。如果全部改制成 50 m 一段的输送带，则有可能由于接头增多而增大断带概率。如果将卷带装置改成能容纳长度 100 m 输送带的卷筒，则会受到体积和井下搬运条件限制。因此，目前各矿均采用在卸载臂下方或在上股承载段借助传动滚筒开反车的方法进行输送带的收放工作。

3. 移机尾装置的使用与操作

机尾移动借助于移机尾装置进行，该装置的组成如图 2-67 所示，一般用它来推动机尾部向后退缩（适用于后退式采煤）。移机尾时，按下列步骤操作：

（1）将滑轮架固定在机尾所需移动的前方（预打两根撑柱，用链条将滑轮架拴在撑柱下部）。

（2）按图 2-67 将装置安装好。

（3）在牵引链与滑轮架链轮啮合前，先使千斤顶活塞杆全部伸出。

（4）用手拉紧牵引链，将就近一环放到活塞杆端头特制的链条中定位，并将操纵阀手把扳到"张紧"位置，使千斤顶缩回，给链子以初张力。

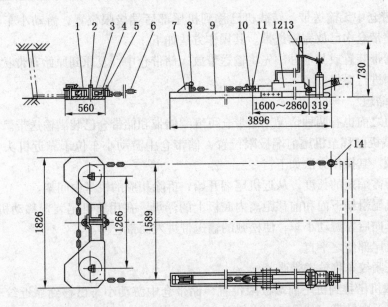

1—链轮；2—链轮轴；3—轴套；4—链轮架；5—销；6—牵引销；7—制动托架；8—定位架；
9—滑道；10—链卡头；11—销轴；12—推移千斤顶；13—操纵阀；14—半连接环

图 2-67 移机尾装置

（5）使定位板滑过链子，将其与停车制动器的顶部托架锁紧。

（6）松开张紧链，伸长千斤顶，使之达到最大行程。在滑轮架固定好后，松开制动板，收缩千斤顶，将操纵阀置于"张紧"位置，使带式输送机机尾装载部缩回，直到千斤顶最大行程为止。

（7）在行程终点，用定位板锁住牵引链，按（6）所述重复进行操作，直至机尾装载部移到所需位置为止。

（8）操作过程结束，松开链子，使千斤顶完全缩回。

4. 机身的伸长或缩短

可伸缩带式输送机主要通过机身的伸长或缩短来实现整机运输距离的延伸或收缩。当作为前进式采煤或巷道掘进的后配套时，带式输送机输送距离需不断伸长；当作为后退式采煤综机配套使用时，运输距离需不断收缩。现将机身伸长或缩短的操作程序分述如下：

1）机身伸长

机身需伸长之前可能有两种情况：一种是储带仓中有输送带，另一种是储带仓中无输送带。

（1）储带仓中有输送带。转载机已移至机尾后端极限位置，储带仓中游动小车位于靠近张紧绞车一端，储带仓中尚储有输送带。其操作方法如下：

①清除机尾前进方向底板上的浮煤，打开张紧绞车离合器使之处于松带状态，利用移机尾装置或其他牵引设备将机尾部延伸一段距离，使转载机与机尾重叠处于最长长度。

②根据延伸长度，接上相应数量的中间架（H 架、纵梁和托辊）。

③利用张紧绞车将输送带张紧。

④调整机尾部使之平直，以免输送带跑偏。

（2）储带仓中无输送带。转载机已移到机尾部后端极限位置，游动小车已移至靠近机头一端，储带仓中已放完输送带。其操作方法如下：

①利用卷带装置或其他办法先将输送带放入储带仓中，复原到原始有带状态。

②按程序进行操作。

2）机身缩短

机身缩短之前也有两种情况，储带仓可继续储带和储带仓已装满输送带。

（1）转载机已移至机尾前端极限位置，储带仓中游动小车位于靠近机头一端，储带仓可继续储带。其操作方法如下：

①根据所需缩短的长度，从近机尾端开始，拆除相应的机身中间架。

②清除机尾滑橇下面和前移距离内底板上的浮煤，在用移机尾装置移动机尾的同时，开动张紧绞车向后拉游动小车，使松弛的输送带进入储带仓中。

③调整机尾部使之平直。

④利用张紧绞车将输送带张紧。

（2）转载机已移到机尾前端极限位置，储带仓中游动小车已移到靠近绞车一端，储带仓已不足以一次储带。其操作方法如下：

①利用卷带装置或人工操作从储带仓中取出输送带，放空储带仓。

②再按前述程序操作。

（三）维护与润滑

为保证带式输送机的正常运行，对其进行定期的维护与保养是至关重要的。必须坚持每天沿带式输送机进行巡视，发现问题，及时处理。

1. 维护

1）对清扫器的检查维护

两传动滚筒直径产生差异将会使输送带在其中一滚筒上打滑，这不仅会导致输送带和滚筒的磨损，而且也对两传动轴功率的分配有很大影响。换向滚筒上黏上煤粉，能引起输送带跑偏和磨损，所以，在输送带进入滚筒以前，一般需由犁式清扫器清除黏于输送带上的煤粉，用清扫刮板清除滚筒表面上的黏附煤粉。

清扫器或清扫刮板不能对输送带或滚筒表面压得过紧，以免增大运行阻力和加剧磨损，但也不能存在间隙或间隙过大而使清扫器失去作用。对清扫器巡视的要点是检查接触情况和其零件的完整性，发现问题应及时调整。对损坏的零件应及时更换；对积聚在清扫器上的煤粉，在停车时应及时清除。

2）对输送带张紧情况的检查维护

滚筒打滑是输送带张力不足的表现，可以通过调整输送带的张紧力来消除；而张紧力过大则会引起下股带的振动，所以对张力的调整必须适当，以负荷传感器压力表数值控制或视输送带在传动滚筒上不产生打滑为宜。与此同时，应检查张紧绞车动作和钢丝绳磨损及滑轮润滑情况，发现问题及时处理。

3）对减速器、液力耦合器、电动机及滚筒轴承温度的检查维护

润滑不良、超负荷运行或零件磨损是引起轴承温度异常的主要原因。通过温度检查，能提前发现问题，及早分析处理。对于减速器和液力耦合器有渗漏油情况的设备，应定期检查充油量，并及时予以补充；漏油严重的，应及时更换或修理密封零件。

4）对游动小车活动情况的检查维护

游动小车应能在导轨上自由运动。落地式导轨往往由于游动小车止爬钩与导轨接头干涉而影响一侧运动，导致游动小车歪斜，造成输送带跑偏。因此，必须及时清理阻碍游动小车前后自由移动的障碍物。

5）对输送带跑偏、卡磨情况的检查维护

长时间的跑偏是造成输送带带边拉毛、开裂甚至纵向撕裂的主要原因。造成输送带跑偏的因素很多，发现跑偏，按前述方法分析调整，避免卡磨现象长时发生。

6）对输送带接头和磨损情况的检查维护

断带通常发生在接头或磨损严重处，为避免满载运行时产生断带而带来不必要的麻烦，对受损严重的输送带，特别是接头处必须及时割除重做。重做时应保证割口与输送带中心线垂直。

7）对托辊接触情况的检查维护

所有托辊在出厂时，轴承和密封圈中已注足量的钙基润滑脂，一般在运行过程中不再注油。巡视过程中主要观察托辊是否与输送带接触，并能自由地运转。如果发现因不接触或因异物卡住外壳而不转动，则应及时调整或排除异物；如果因托辊轴承进煤泥而不能转动，则应取下轴承加以清洗和检查，并重新装配注油。

8）对紧固件的检查维护

原则上应对整机每个螺栓进行经常检查，发现松动，立即拧紧。对运转过程中经常处于振动状态下的紧固螺栓，如驱动装置、机尾装载段、张紧绞车及各滚筒安装定位的螺栓应重点检查。

9）对装载情况的检查维护

偏载将会引起输送带跑偏。如果在机尾装载段发现偏载，必须及时调整。

10）对底板上浮煤和积水的日常清理

在机身、机尾部的下托辊位置较低，浮煤堆积和煤水浸泡将会影响下托辊或尾滚筒正常运转，增大整机运行阻力，必须经常清理。

11）对电控和安全装置的检查

每周必须至少检查一次所有控制和安全装置的运行情况。

12）对润滑点的检查与维护

按润滑周期表定期给润滑点补充或更换润滑剂，巡视过程中发现油脂污损情况，可以提前更换或补充。

2. 润滑

减速器出厂不带油，第一次换油在运转 150 h 后进行，其后的换油在运转 6 个月以后进行，具体时间应根据情况而定。

（四）典型故障分析与处理

1. 输送带打滑

1）打滑的原因

造成输送带打滑的根本原因是输送带与滚筒之间的摩擦力不够。具体原因如下：

（1）运行阻力增大。如输送机超载，输送带严重跑偏以至于将输送带挤卡在机架上，托辊损坏、杂物缠绕、煤泥埋压等原因造成大量托辊不转。

（2）摩擦系数降低。如驱动滚筒与输送带的接触面侵入泥水、煤泥，驱动滚筒表面铸胶损坏。

（3）输送带张紧力减小。如输送带因变形而伸长、拉紧装置拉紧力不够或损坏。

2）处理与预防方法

防止输送带打滑，应从两个方面着手：一是加强运行管理和维护，发现输送带打滑应及时停机，按上面各原因进行分析处理；二是使用打滑保护装置。

2. 输送带跑偏

1）输送带跑偏的原因

造成输送带跑偏的根本原因是输送带受力不均。主要原因如下：

（1）输送带的结构与制造质量。例如钢绳芯输送带中有数根钢丝绳芯，在制造时如果各钢丝绳受力不均或者整条输送带在纵向方向上呈 S 形，较严重时则在运行中会发生跑偏。

（2）安装质量。安装时应符合安装技术标准，否则，将导致输送带在运转中受到横向推力而发生跑偏现象。

（3）使用维护。拉紧力过大易造成空载运行时跑偏，拉紧力过小易使输送带忽左忽右；输送带接头不正，会造成受力不均；装载点落煤不正，偏于输送带一侧，使输送带两侧负载相差很大造成受力不均；另外，装载点处的槽形托辊损坏、缺少，会导致落煤不稳，冲击输送带跑偏；清扫输送带不干净，造成煤粉黏结在滚筒上，使滚筒的直径不等，造成输送带受力不均。

2）输送带跑偏的处理方法

输送带跑偏的调整应在空载运行时从机头开始，先调回空段，后调承载段。输送带在各滚筒上跑偏时，输送带往哪边跑，就利用滚筒轴承座上的调整螺栓调紧哪边。在中间部跑偏时，输送带往哪边跑，应将哪边托辊朝输送带运行方向移动一个角度（位置），调整的数量应根据输送带运行情况而定。一般驱动滚筒及机头、机尾滚筒因在出厂时已作调整，不宜作调偏用，改向滚筒可作调偏用。

3. 输送带撕裂与断带

造成输送带撕裂的主要原因是输送带跑偏严重，输送带接头在机架或滚筒轴承座上撕带，或机架和滚筒卷有矿石、杂物，或从装料点有金属异物落下并卡住等，致使输送带割裂。因而要加强维护工作，并使防撕裂保护装置处于良好的状态。发现输送带跑偏或撕带要及时停机查明原因，并及时修补或更换。

断带是输送机运行中发生的较严重事故，主要是接头强度不够，或输送带运行中阻力较大，压住机头、机尾滚筒不转、输送带长时间打滑等原因造成的。

主要预防措施是：严禁超载运行，及时更换不转动的托辊，清除输送带下面的泥煤；勤检查输送带接头状态，对不良的接头及时重接，并配置输送带接头检测装置等。

复习思考题

1. 刮板输送机按刮板链的布置方式分为哪几种？

2. 刮板输送机一般由哪几部分组成？

3. 刮板输送机的牵引部件和承载部件各是什么？

4. 刮板输送机巡回检查的方法及内容有哪些？

5. 液力耦合器具有哪几方面的保护功能？

6. 型号含义解释：SGW-150、SGZ-764/264、YL-500。

7. 液力耦合器工作时，能量传递转换的过程是什么？

8. 刮板输送机的安装程序如何？

9. 简述刮板输送机的操作步骤。

10. 刮板输送机常见故障有哪些？如何处理？

11. 保证刮板输送机安全运转的措施有哪些？

12. 刮板输送机伤人事故的预防措施有哪些？

13. 破碎机有哪几种类型？

14. 桥式转载机司机岗位责任制有哪些内容？

15. 操作桥式转载机时应注意哪些事项？

16. 桥式转载机维护内容有哪些？

17. 破碎机维护时应注意哪些安全事项？

18. 使用破碎机时应注意哪些安全事项？

19. 如何防止破碎机伤人事故的发生？

20. 带式输送机按牵引方式不同，可分为哪两大类？

21. 提高带式输送机牵引力的途径有哪些？

22. 简述带式输送机的适用范围。

23. 简述带式输送机的工作原理。

24. 带式输送机一般由哪几部分组成？

25. 输送带的连接方法有哪些？

26. 带式输送机采用的保护装置有哪些？

27. 简述带式输送机的操作程序。

28. 如何调整输送带的跑偏？

29. 如何进行带式输送机的安装及试运转？

模块三　液压支护设备

课题一　概　　述

在回采与掘进工作面中，为了正常生产并保护工作面内机器与人员的安全，要对顶板支撑和管理，以防止工作空间内的顶板垮落。

煤矿的顶板支护设备主要包括单体液压支柱、滑移顶梁支架和液压支架等三大类。单体液压支柱的结构比较简单，体积小，重量轻，搬移支护方便，承载力较大，广泛应用于高档普采工作面。

液压支架由金属构件和若干液压元件组成，它以高压液体作为动力，能实现支撑、切顶、自移和推移刮板输送机等工序，与大功率采煤机、大运量可弯曲刮板输送机配套组成回采工作面的综合机械化设备。采用液压支架装备的工作面具有产量大、效率高、安全性好等优点，并为工作面进一步实现自动化创造了条件。但是，液压支架也存在着一些缺点，如使用灵活性差、对煤层地质条件要求较高、生产技术条件要求也较严、初期投资大等。在缓倾斜煤层地质条件比较简单、煤层顶底板又比较稳定的煤层，液压支架得到了广泛应用。

一、液压支架的组成及工作原理

（一）液压支架的组成

液压支架由顶梁 1、前梁 7、掩护梁 2、立柱 3、底座 5、推移千斤顶 4、阀件、管路系统、连接部件及各种附属装置等组成，如图 3-1 所示。顶梁和底座通过数根立柱支撑在顶、底板之间，构成一个可移动的刚性架体，支撑顶板并形成一定的工作空间。

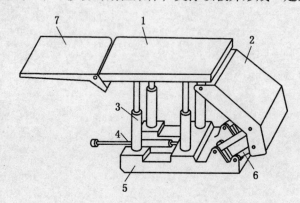

1—顶梁；2—掩护梁；3—立柱；4—推移千斤顶；5—底座；6—连杆；7—前梁

图 3-1　液压支架的组成

1. 顶梁

顶梁是直接与顶板相接触并承受顶板岩石载荷的部件，它也为立柱、掩护梁和挡矸装置等提供连接点。顶梁一般由若干段组成。按其对顶板支护的作用和位置，可分为主梁、前探梁和尾梁。

2. 掩护梁

掩护式和支撑掩护式支架均有一个掩护梁。掩护梁是阻挡采空区冒落矸石涌入工作面空间，并承受冒落矸石载荷以及顶梁水平推力的部件，其上部直接与顶梁铰接，下部直接或通过连杆机构与底座铰接。

3. 底座

底座是直接和底板接触、传递顶板压力到底板的支架部件。底座除为立柱、掩护梁提供连接点外，还要安设推移千斤顶等部件。

4. 立柱

立柱是支架的主要承载部件，支架的支撑力和支撑高度主要取决于立柱的结构和性能，主要由柱塞和油缸组成。

5. 千斤顶

千斤顶有推移千斤顶、前梁千斤顶、调架千斤顶，还有平衡、复位、侧推和护帮千斤顶等，主要作用是推移输送机、移动支架、前梁伸缩、护帮和调整支架等。

6. 控制操纵元件

控制操纵元件包括控制阀、操纵阀等各种阀件，这些元件能够保证支架获得足够的支撑力、良好的工作特性，以及实现预定设计动作。

7. 辅助装置

辅助装置有推移装置、复位装置、挡矸装置、护帮装置、防倒防滑装置、照明和其他附属装置等。

8. 工作液体

液压支架的工作液体是乳化液。

（二）液压支架的工作原理

液压支架的工作原理如图 3-2 所示。液压支架在工作过程中，不仅要能够可靠地支撑顶板，而且要能随着回采工作面的推进，沿工作面走向向前移动。这就要求液压支架必须具有升、降、推、移等基本动作。这些动作是利用泵站供给的高压液体，通过工作性质不同的几个液压缸来完成的。

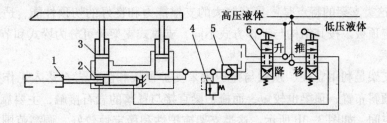

1—输送机；2—推移千斤顶；3—立柱；4—安全阀；5—液控单向阀；6—操纵阀

图 3-2 液压支架的工作原理

1. 支架的升降

支架的升降是以高压液体为动力，依靠立柱的伸缩来实现的。

1）初撑

若操纵阀 6 处于升柱位置，由泵站输送来的高压液体，经液控单向阀 5 进入立柱的下腔，同时立柱上腔排液，于是活塞立柱和顶梁升起，支撑顶板。当顶梁接触顶板，立柱下腔的压力达到泵站的工作压力后，把操纵阀置于中间位置，液控单向阀 5 关闭，立柱下腔的液体被封闭，这就是支架的初撑阶段。

2）承载

支架初撑后，进入承载阶段。随着顶板的缓慢下沉，顶板对支架的压力不断增加，但液体的压缩量极少，一般视为不可压缩。此时，立柱下腔被封闭的液体压力将随之迅速升高，立柱缸壁的弹性变形而使液压支架产生弹性扩张。

3）卸载

当操纵阀 6 处于降架位置时，高压液体进入立柱的活塞上腔，同时，打开液控单向阀 5，立柱活塞下腔排液，于是立柱或支架就卸载下降。

2. 液压支架的推移

推移动作包括推移支架和输送机。虽支架形式不同，移架与推溜方式各不相同，但都是通过液压千斤顶的推、拉来完成的。图 3-2 为支架与输送机互为支点的推移方式，其移架与推溜共用一个千斤顶 2，该千斤顶的两端分别与支架底座和输送机连接。当支架卸载，并向移架千斤顶的活塞杆腔输入高压液体，而活塞腔回液时，就以输送机为支点，拉架前移；当支架支撑顶板，并向千斤顶的活塞腔进液，活塞杆腔排液时，就以支架为支点，把输送机推移到新的位置。

二、液压支架的分类

液压支架按其对顶板的支护方式和结构特点的不同，有三种基本架型，分别为支撑式、掩护式和支撑掩护式，如图 3-3 所示。特种架型又分为放顶煤液压支架、铺底网液压支架、水力充填液压支架及端头液压支架等。

（一）液压支架基本架型

1. 支撑式

支撑式支架是利用立柱与顶梁直接支撑来控制工作面的顶板。其顶梁较长，立柱较多，立柱直立，靠支撑作用来维持一定的空间，而顶板岩石则在顶梁后部切断垮落，如图 3-3a 所示。这类支架的特点是：具有较大的支撑能力和良好的切顶性能，适用于支撑中硬以上的稳定顶板。按其结构与动作方式不同，支撑式支架又可分为垛式和节式。

2. 掩护式

掩护式支架是利用立柱、顶梁与掩护梁来支护顶板和防止岩石落入工作面。立柱较少，一般呈倾斜布置，顶梁也较短，而掩护梁直接与冒落的岩石接触，主要靠掩护作用来维持一定的空间，如图 3-3b 所示。这类支架掩护性和稳定性较好，调高范围大，对破碎顶板的适应性较强，但支撑能力较小，适用于支护松散破碎的不稳定顶板或中等稳定的顶板。

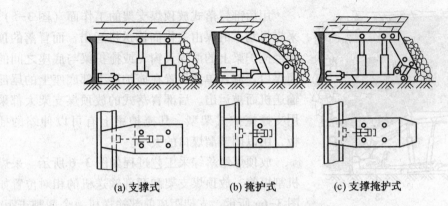

(a) 支撑式　　　　　　(b) 掩护式　　　　　　(c) 支撑掩护式

图 3-3　液压支架的类型

3. 支撑掩护式

支撑掩护式支架在结构和性能上综合了支撑式和掩护式的特点，它以支撑为主、掩护为辅，靠支撑和掩护作用来维持一定的工作空间，如图 3-3c 所示。这类支架的支护力、防护性和稳定性都较好，适用于压力较大，易于冒落或中等稳定的顶板，对缓斜、采高大的回采工作面具有一定的适应性。

（二）液压支架特种架型

1. 放顶煤液压支架

放顶煤液压支架用于特厚煤层采用冒落开采时支护顶板和放顶煤的综合机械化采煤工作面。利用与放顶煤支架配套的采煤机和工作面输送机开采煤层底部煤，上部煤依靠矿山压力的作用将其压碎而冒落，冒落的煤通过放顶煤支架的溜煤口流入工作面输送机（或后部输送机），然后运出。

放顶煤液压支架分上部冒落式和后部冒落式两种。后部冒落式又有两种型式，一种是在掩护梁上开设溜煤天窗，另一种是在掩护梁与底座之间设有溜煤口。采用上部冒落式放顶煤支架的工作面，冒落的顶煤从支架上方的放煤窗口流入工作面输送机，并与采煤机割下的煤一同运出。其采煤过程如图 3-4 所示。

(a) 支架初始工作位置　　　　　(b) 支架前移3步后的工作位置

(c) 支架放煤时的工作位置　　　　(d) 支架放煤后的工作位置

图 3-4　上部冒落式放顶煤综采

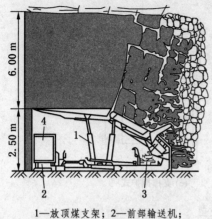

1—放顶煤支架；2—前部输送机；
3—后部输送机；4—采煤机

图 3-5　后部冒落式放顶煤综采

用后部冒落式放顶煤支架的工作面（图 3-5），采煤机割下的煤由工作面输送机运出，而冒落的顶煤经掩护梁上的溜煤天窗，或掩护梁与底座之间的溜煤口，流入单独设置在掩护梁下部底座上的尾部输送机而被运出。后部冒落式的放顶煤支架大都采用支撑掩护式架型，其掩护梁上有可以伸缩的插板，用以调节溜煤口的大小。

放顶煤垮落综采工艺过程如图 3-6 所示。采煤机割煤前，放顶煤支架和两部输送机的相对位置如图 3-6a 所示。支架距离前部输送机一个截割步距，后部输送机紧靠支架底座后端，放煤板处于伸出状态阻挡矸石进入后部输送机。图 3-6b 所示为放顶煤支架护帮板已收回，采煤机前滚筒截割煤壁上部，由前部输送机将煤运出工作面。图 3-6c 所示为放顶煤支架已经前移到新的位置支护新暴露出来的顶板。护帮板处于护壁状态，采煤机后滚筒继续截割煤壁下部，后部输送机仍在原位不动，等待架后顶煤垮落。图 3-6d 所示为放顶煤支架的放煤板已缩回，让垮落顶煤装入后部输送机运出，底部煤截割完毕，推移输送机，使前部输送机靠近煤壁，后部输送机靠近支架底座，后部输送机继续装运垮落顶煤，当顶煤装运完毕，将放煤板伸出挡住矸石，支架恢复到图 3-6a 所示的截割前的状态。

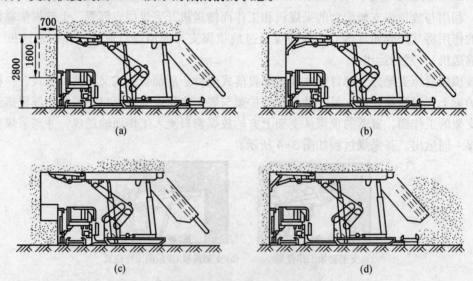

图 3-6　放顶煤垮落综采工艺过程

2. 放顶煤液压支架的类型、要求及结构特点

1）低位放顶煤液压支架

图 3-7 所示为 ZFS2800/14/28 型低位放顶煤液压支架，其两部输送机均放在底板上（前部输送机未画出），分别配合采煤机和放顶煤进行运煤工作。为了扩大放煤工作空间，连杆机构前移。尾梁千斤顶可使掩护梁摆动，放煤千斤顶可使尾梁伸缩，两者配合可调节

放煤窗口的大小。这种支架由于产生煤尘少，应用较多。

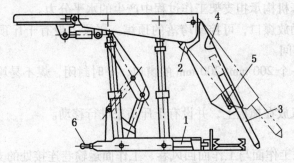

1—移后推溜千斤顶；2—尾梁千斤顶；3—尾梁；4—掩护梁；5—放煤千斤顶；6—推移千斤顶

图 3-7 ZFS2800/14/28 型低位放顶煤液压支架

2）开天窗放顶煤液压支架

图 3-8 所示为 ZFS4400/16/26 型开天窗放顶煤液压支架，其两部输送机中后部输送机放在支架的后底座上，前部输送机放在支架的前端底板上，分别配合采煤机和放顶煤完成运输工作。在掩护梁上开有一长方形的孔，孔中铰装有摆动梁，它在两个摆梁千斤顶的作用下可以松动和破碎窗口附近的顶煤，放煤窗口插板在插板千斤顶的作用下可以开启、调节和关闭放煤窗口。在插板的下端焊有破碎齿，可将卡在窗口的大块煤挤碎。

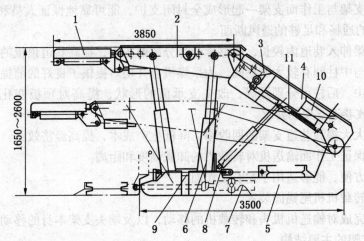

1—前梁；2—顶梁；3—掩护梁；4—摆动梁；5—底座；6—立柱；7、9—推移、推溜千斤顶；
8—摆梁千斤顶；10—放煤口插板；11—插板千斤顶

图 3-8 ZFS4400/16/26 型开天窗放顶煤液压支架

3）对放顶煤液压支架的要求

（1）便于安装后部输送机，并能拖移该输送机随工作面前进。

（2）能够控制垮落顶煤装入后部输送机。

（3）可以在支架上安装钻孔机械，必要时对不易垮落的顶煤进行局部爆破。

4）放顶煤液压支架的主要结构特点

（1）活动前梁为伸缩式，伸缩量为 600 mm。采煤机割煤后可及时支护暴露的顶板。

（2）带有铰接前梁。

（3）顶梁和尾梁都有侧护板。

（4）由单四连杆机构承担支架工作过程中产生的水平分力。

（5）尾梁有滑动放煤口，可控制垮落的顶煤。尾梁上设有千斤顶来调节尾梁溜煤角度，维持一个作业空间。

（6）尾梁上有一个 200 mm×200 mm 的窗口，平时封闭，煤不易垮落时可局部打眼爆破或处理火情等。

（7）尾部输送机放在拖板上，并设有千斤顶来进行移动。

3. 端头支架

端头支架是综采工作面与工作面回风巷、工作面运输巷连接处的支护设备。该处顶板悬露面积大，矿山压力大，机械设备多，又是人员的安全进出口和工作面运送材料的通道。位于该处的液压支架不仅要维护好顶板，而且要保证有足够的空间安装输送机的机头和机尾，放置转载机机尾；不仅要使支架本身能沿弯曲的工作面巷道前移，还要考虑推移可弯曲刮板输送机机头、机尾和转载机的移动和推进。端头支架应当能够可靠地保证人员和设备的安全，保证上、下出口的通畅和良好的通风断面；能够有效地保证工作面支架、输送机、转载机、采煤机之间的相互位置关系和运动关系，进一步改善和提高综采工作面设备的效能。所以端头支架是综采工作面不可缺少的设备。

1）端头支架的主要结构特点

（1）端头支架与工作面支架一起形成全封闭支护，能可靠地保证人员和设备的安全，保证上、下口的通畅和足够的通风断面。

（2）前探梁伸入巷道内较长，能够承受部分超前压力，提高巷道顶板的维护质量。

（3）前柱与中柱间有较大的空间，为采煤机自开切口提供了良好的前提条件。

（4）前、中、后柱可分别操纵，改变支承面的形状，提高对顶板变化的适应能力，以及满足对回收巷道支架的要求。

（5）可以大大提高巷道支架的回收率，降低生产成本，提高经济效益。

（6）能够保证工作面输送机对转载机的卸载高度和距离。

（7）换向方便，能够适用于左右工作面。

（8）装有转载机机尾锚固装置。

（9）能够完成对输送机机头和转载机的移动，以及端头支架本身的移动。

2）端头支架的主要结构

目前，我国使用效果较好的端头支架是支撑掩护式端头液压支架，如图 3-9 所示，每组端头支架由主架和副架组成，主架在下，副架在上。

ZT4410/18/34.5 型端头支架在主、副架前底座并列排放 4 个推移千斤顶，其一端与推移横梁铰接，另一端分别与主、副架前底座铰接。转载机设在主架底座上宽度为 940 mm 的凹槽中，并用销轴与推移横梁、连接板连为一体。工作面输送机的机头又与转载机相连。4 个推移千斤顶同时伸出时，通过推移横梁将转载机、输送机一起向前推移。移架时，副架支撑顶板，先移主架，随后主架升起支撑顶板再移副架。调架千斤顶铰接于两架顶梁的前端，用以实现端头支架转弯。

这种端头支架的主要特点是能与各种国产的输送机、转载机和工作面支架配套使用。图 3-10 所示为端头支架在工作面的配套布置图。

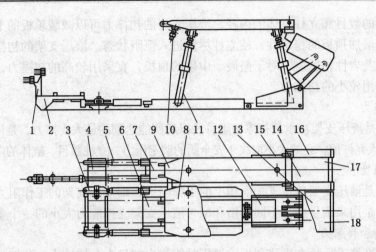

1—操纵台；2—加长腿；3—连接板；4—推移横梁；5—推移千斤顶；6—主架前底板；
7—副架前底板；8、9—副架顶梁；10—调架千斤顶；11—立柱；12—主架底座；13—主架掩护梁；
14—副架掩护梁；15—副架底座；16—侧护板；17—副架；18—主架

图3-9 ZT4410/18/34.5型端头液压支架

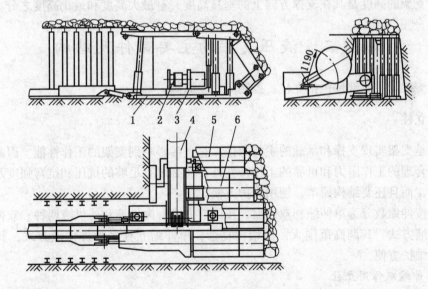

1—端头支架；2—工作面输送机；3—转载机；4—采煤机；5—工作面支架首架；6—过渡架

图3-10 端头支架在工作面的配套布置图

鉴于端头支架底座与转载机等配置位置的区别，除偏置式端头支架外，尚有中置式支架、后置式支架、放顶煤端头支架及过渡支架等。

三、液压支架的基本参数

液压支架的基本参数包括初撑力、工作阻力、支护强度、推溜力和移架力，以及支架高度等。

1. 初撑力

初撑力是液压支架在初撑增阻阶段末了时对顶板的支撑力，它的大小取决于泵站的额定压力、立柱的数目和立柱缸体的内径。液压支架的初撑力可以减缓顶板的下沉，避免顶板过早剥离，增加顶板的稳定性，使立柱尽快进入恒阻状态。液压支架的初撑力应与其支护的顶板类别及岩性相适应，对于坚硬、中硬的顶板，宜采用较高的初撑力，而对于较软的顶板，应采用较小的初撑力。

2. 工作阻力

工作阻力是液压支架在承载初撑增阻阶段以后所能达到的最大支撑力，是液压支架承受顶板压力的最大允许值，它的大小取决于安全阀的调定压力、立柱数目、缸体的内径等参数。

3. 支护强度

支护强度是液压支架单位支护面积上的工作阻力，即液压支架的工作阻力与其支护面积的比值。它是用来衡量各种不同规格和型号液压支架支撑能力大小的一个参数。

4. 推溜力和移架力

推溜力是推移千斤顶在推移刮板输送机时能产生的最大允许推力。移架力是推移千斤顶在拉动液压支架过程中能产生的最大允许拉力。它们的大小取决于乳化液泵站安全阀的整定压力、推移千斤顶的结构形式和相关参数。

5. 支架高度

液压支架的高度是其在支撑方向上的垂直高度，有最大高度和最小高度之分。

课题二　液压支架的主要部件及结构

液压支架的主要部件包括立柱、控制阀、操纵阀。

一、立柱

立柱是支架实现支撑和承载的主要部件，它直接影响到支架的工作性能。因此，立柱除应具有合理的工作阻力和可靠的工作特性外，还必须有足够的抗压和抗弯强度及良好的密封性能，而且还要结构简单，使用维护方便。

立柱按伸缩数分为单伸缩和双伸缩，按供液方式有内供液和外供液两种。双伸缩立柱采用内供液方式，其调高范围大，但结构复杂；单伸缩立柱多为外供液方式，其结构简单，加工维护方便。

1. 单伸缩双作用立柱

单伸缩双作用立柱如图3-11所示，主要由缸体1、活塞2和活塞杆组成。缸底与缸体焊接为整体，活塞杆采用空心结构，直径较大，以保证足够的刚度。缸体与缸盖之间用钢丝、螺纹或卡环连接。活塞一般采用Y形密封圈，铜环导向，在导向套上装密封圈和防尘圈。单伸缩立柱采用机械加长杆来扩大支架的支护高度范围。立柱底部和活塞杆的头部均采用球形结构，与支架的底座和顶梁的连接采用销轴或压块固定，使立柱在工作时有一定的适应性。

2. 双伸缩双作用立柱

双伸缩双作用立柱如图3-12所示，由缸体、上活柱、下活柱、导向套等主要零部件组成。下活柱既可作为外缸体的活柱，又可作为上活柱的缸体。下活柱活塞头通孔中装有单向阀，用来封锁上活柱下腔液体，使其不能回流到下活柱下腔。

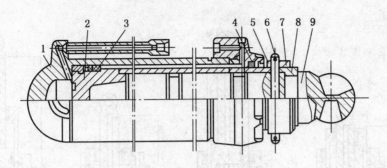

1—缸体；2—活塞；3—密封圈；4—防尘圈；5—销轴；6—开口销；7—卡套；8—卡环；9—加长杆

图 3-11 单伸缩双作用支柱

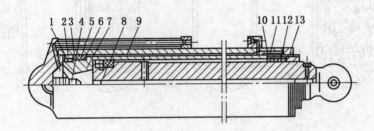

1—外卡键；2—卡箍；3—内卡键；4—单向阀；5—鼓形密封圈；6—导向环；7—下活柱；8—上活柱；
9—缸体；10—导向套；11—导向衬环；12—蕾形密封圈；13—防尘圈

图 3-12 双伸缩双作用立柱

为防止上活柱和下活柱上腔的液体向外泄漏，在导向套处装有蕾形密封圈，为防止上、下腔液体之间互相串通（内泄漏），活塞上装有鼓形密封圈。在上、下活柱的导向套出口处各有一个防尘圈，防止粉尘进入柱内污染液压系统。

柱内单向阀如图 3-13 所示。阀芯在弹簧的作用下，其锥面与阀座贴紧并相互密封，该阀 B 腔与上活柱下腔连通。当 A 腔压力超过 B 腔压力约 2.9 MPa 时，液压力克服弹簧力将阀芯抬起，允许 A 腔液体流入 B 腔。当 B 腔压力等于或超过 A 腔压力时，单向阀关闭，不允许液体从 B 腔向 A 腔回流。只有当下活柱完全缩回时，阀芯下部中空圆柱杆与缸体底部凸台相碰，抬起阀芯使单向阀开启，B 腔液体才可以回流到 A 腔。

（1）升柱。高压液从 A 口进入下活柱下腔（图 3-14a），B 口和 C 口连通回液管路。升柱过程分为两个阶段：首先是下活柱伸出，只有下活柱完全伸出后，柱内单向阀才能开启，使上活柱伸出，如图 3-14b 所示。

（2）降柱。高压液从 B 口和 C 口同时进入，液口 A 连通回液管路，如图 3-14c 所示。降柱过程也分为两个阶段完成：第一阶段是下活柱缩回缸体中，下活柱下腔油液从 A 口排出，此时上活柱由于柱内单向阀处于闭锁状态并不缩入下活柱形成的缸

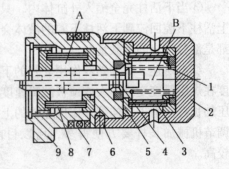

1—弹簧；2—上阀体；3—过滤器；
4—阀芯；5—阀座；6—防松销；7—O 形
密封圈；8—过滤器；9—下阀体

图 3-13 柱内单向阀

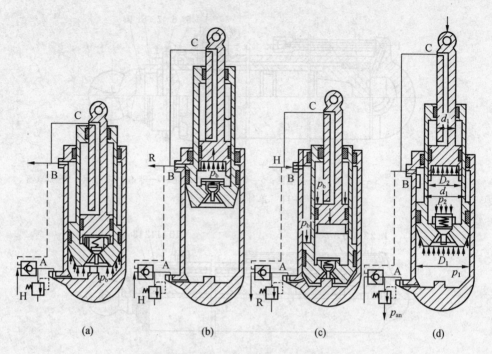

图 3-14　双伸缩双作用立柱工作原理

体中；第二阶段是当下活柱完全缩回后，柱内单向阀下部中空圆柱杆与缸底凸台相碰而使单向阀开启，此时上活柱下腔液体才可以回液，上活柱才开始缩回。

（3）承载。承载阶段可以分成 3 种情况来分析。

①上、下活柱都是部分伸出，如图 3-14d 所示，顶板对上活柱的作用力，将由上活柱下腔内被闭锁的液体承受并传递给下活柱，所以上、下活柱所承受的作用力是相同的，这种双伸缩立柱称为等负载立柱。应当注意，上、下活柱各自的下腔压力是不相同的，上活柱下腔的压力要比下活柱下腔的压力高。

②当上活柱未伸出而只有下活柱伸出时，由于上、下活柱的活塞直接接触，顶板对上活柱的作用力直接通过活塞传给下活柱，此时上活柱下腔无液体。

③当下活柱完全缩入外缸体内，只有上活柱承载时，顶板作用力使上活柱缩回，但从上活柱下腔回流到下活柱下腔的液体会使下活柱抬起，柱内单向阀关闭，成为上、下活柱都是部分伸出的承载情况。

综上所述，双伸缩双作用立柱的下活柱先伸先缩，上活柱后伸后缩。上活柱的伸出长度在煤层厚度变化不大或顶板沉降速度不快时是不变的。因此，上活柱相当于是立柱的液压加长杆。由于双伸缩双作用立柱的上活柱伸出长度可以自动调节，比单伸缩双作用立柱调节机械加长杆要方便得多，所以目前其应用得越来越多，其缺点是结构复杂，价格较高。

二、控制阀

控制阀是使支架正常工作，有效地控制顶板压力和围岩移动的关键液压元件，它由液控单向阀和安全阀组成。一般安装在每根立柱和前梁短柱的下腔进油路上，以保持立柱和前梁短柱的合理工作阻力和稳定的恒阻工作特性。

（一）液控单向阀

液控单向阀的主要作用是利用该阀的闭锁原理控制立柱下腔液体的工作状态。立柱初撑时，它可使工作液体进入立柱下腔产生初撑力；立柱承载时，它可封闭下腔的工作液体，产生与工作阻力相对应的压力；立柱卸载时，可使下腔液体排出。对液控单向阀的基本要求是：密封可靠、动作灵敏、流动阻力小、工作寿命长、结构简单等。

常用的液控单向阀有平面密封型、锥面密封型和球面密封型3种形式。

1. 平面密封型液控单向阀

平面密封型液控单向阀（图3-15）由密封垫和阀芯平面接触构成密封副，密封垫座的凸缘和阀芯的凹面相互接触。A口接操纵阀，B口接液压缸承载腔，K接液控口，右端螺孔接安全阀。该阀密封性能好，对污物不敏感，最大额定工作压力为42 MPa。当液口A进高压液时，乳化液的作用力作用在阀芯的左端，推动阀芯克服小弹簧开启，高压液从B口流出，进入液压缸工作腔。液口A一旦与回液管连通，阀芯在小弹簧的作用下立即与密封垫紧密接触，关闭通道，液口B的液体不能回流，且B腔压力大于A腔压力，阀芯关闭。这就是液控单向阀的闭锁作用。欲使液口A卸载回流，必须使液控口K接通高压。这样，高压液作用于顶杆的左端，推动顶杆右移，先克服大弹簧的作用力，再克服小弹簧的作用力和B口对阀芯的液压作用力，把阀芯顶开，工作液体从B口流回到A口。K口液压力一旦撤除，则顶杆在大弹簧的作用下复位，阀芯在小弹簧的作用下迅速关闭。

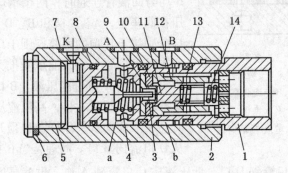

1—阀体；2—阀壳；3—顶杆；4—大弹簧；5—端盖；6~8—O形密封圈；9—密封阀座；
10—密封垫；11—阀芯；12—导流套；13—节流孔；14—小弹簧

图3-15　平面密封型液控单向阀

2. 锥面密封型液控单向阀

锥面密封型液控单向阀（图3-16）由锥形阀芯和阀座构成锥面接触密封副。阀芯用不锈钢做成，锥面中心角为90°，阀座用聚甲醛等尼龙塑料做成，寿命较长。液口A一旦与回液管连通，锥形阀芯在小弹簧的作用下立即与阀座紧密接触，液口B的液体不能回流，且B腔压力大于A腔压力，阀芯关闭。这就是液控单向阀的闭锁作用。欲使液口A卸载回流，必须使液控口K接通高压。这样，高压液作用于顶杆的左端，推动顶杆右移，先克服大弹簧的作用力，再克服小弹簧的作用力以及液口B对阀芯的液压作用力把阀芯顶开，工作液体从B口流回到A口。K口液压力一旦撤除，则顶杆在大弹簧的作用下复位，阀芯在小弹簧的作用下迅速关闭。

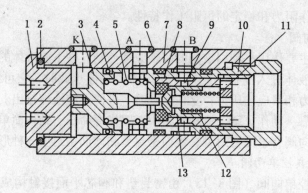

1—端盖；2、4、6—O 形密封圈；3—顶杆；5—大弹簧；7—阀壳；8—阀座；9—锥形阀芯；
10—阀体；11—小弹簧；12—导向套；13—节流孔

图 3-16 锥面密封型液控单向阀

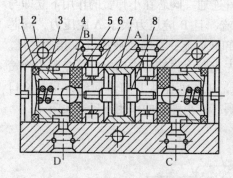

1—弹簧；2—阀体；3—端盖；
4—钢球；5—阀座；6—进液套；
7—导向套；8—双头顶杆

图 3-17 球面密封型液控单向阀

3. 球面密封型液控单向阀

球面密封型液控单向阀如图 3-17 所示，其由两个单向阀共用一个双头顶杆组装而成，单向阀密封副为球面接触，每个单向阀由端盖、弹簧、钢球、尼龙阀座和双头顶杆等组成。当液口 A 和液口 B 均与回液管连通时，两个钢球分别在弹簧作用下压在阀座上，A、C 口和 B、D 口都不通。若 C、D 口分别接千斤顶的两腔，则千斤顶的活塞杆就被固定在某一位置上，既能承受推力负荷，又能承受拉力负荷。当 A 口进高压液、B 口通回液时，高压液体推动右侧阀球右移，高压液从 A 口进入 C 口，同时高压液推动双头顶杆左移顶开左侧阀球，低压液从 D 口流向 B 口。同理，当 B 口进高压液、A 口通回液时，高压液从 B 口流到 D 口，低压液从 C 口流到 A 口。也就是说，液口 A 和液口 B 不仅是各自单向阀的进回液通道，而且分别是对方单向阀的液控口。

有的支架在降柱或卸载前移时，会发生立柱安全阀突然开启溢流的现象，且安全阀使用时间不长便失效，这一般是由于支架卸载时引起局部液压冲击造成的。产生卸载液压冲击的原因：被液控单向阀锁紧的高压腔（如立柱下腔）中的液体压力很高，储存了很大的压缩能。如果液控单向阀的阀芯在液控口卸载压力作用下突然全部开启，则原来储存的压缩能将被突然释放而产生液压冲击。液压冲击波传到安全阀，使得安全阀开启，甚至使安全阀损坏。液压冲击波传到立柱缸内，就可能导致密封元件（甚至缸体）的损坏。为了消除或尽量减小卸载时的液压冲击，支架中的闭锁高压回路特别是立柱下腔的液控单向阀中通常采用节流孔或阻尼缝隙及两级卸载两种结构。

1）节流孔或阻尼缝隙

平面密封型液控单向阀上的节流孔位于导向套上，锥面密封型液控单向阀的节流孔位于锥形阀芯上。

工作原理：在单向阀阀芯开启初期，液流必须通过阻力很大的节流孔或阻尼缝隙，因而卸载时高压回路内储存的压缩能释放速度受到限制，由于液体的压缩性非常小，泄出少量液体后，高压回路内的压力降低，此时再将节流孔或阻尼缝隙短路掉，阀芯全部开启，此时液体储存的压缩能不多，可以大大减小或消除液压冲击。简单来讲，具有节流孔或阻尼缝隙的液控单向阀的卸载过程分为两步，先由节流孔或阻尼缝隙控制能量释放而卸压，再开启大通道泄流，即先卸压后泄流。节流孔和阻尼缝隙的结构简单，不增加零件。但节流孔过小容易堵塞，对乳化液污染较敏感。

2）两级卸载

图 3-18 所示为两级卸载的液控单向阀，它在单向阀阀芯上装有一个过流面积很小的卸载阀芯。卸载时，顶杆在液控口 K 处压力作用下先打开卸载阀阀芯，使与液口 B 连通的高压腔的液体先卸压，然后顶开单向阀芯，让高压腔液体泄流。两级卸载不仅可以减轻液压冲击，而且可以减小顶杆打开单向阀的阻力，从而使顶杆小型化或使被控卸载压力降低。缺点是结构较为复杂，有两套密封副，成本高。

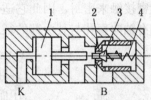

1—顶杆；2—单向阀阀芯；
3—卸载阀阀芯；4—弹簧
图 3-18　两级卸载液控单向阀

（二）安全阀

安全阀是使立柱或支架保持恒阻工作特性的重要元件。它与液控单向阀一样，长期处在高压状态下工作，若密封性能不好，就不能保证支架达到设计的工作阻力和稳定的工作状态。因此，要求安全阀动作灵敏、密封可靠和工作稳定，并有较长的使用寿命。

支架的安全阀均为直动式，结构简单、动作灵敏，过载时可迅速卸载溢流。安全阀的弹性元件为弹簧或压缩气体。安全阀的结构形式分为阀座式和滑阀式，阀座式的阀芯又分为平面密封式、球阀式和锥阀式。滑阀式的阀芯为圆柱滑阀式。

1. 弹簧式平面密封安全阀

弹簧式平面密封安全阀如图 3-19 所示，其左端接承载腔，阀体中部的径向孔为泄液孔。阀芯凹窝中装有橡胶垫，在弹簧的作用下压在阀座的凸台上，为硬接触软密封，橡胶的弹性补偿了密封副平面接触的不精确度，从而保证关闭阀芯时能完全密封。利用橡胶弹性密封垫加强密封，可防止泄漏。阀芯和阀座硬接触可以限制橡胶垫的最大变形量，延长使用寿命。阀针增大了密封垫的接触面积，并有节流作用。带有滚珠的导向套减小了阀芯的运动阻力。

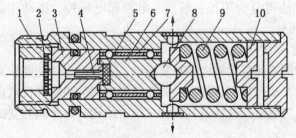

1—阀体；2—滤网；3—阀座；4—阀杆；5—密封垫；6—阀芯；
7—导向套；8—钢球；9—弹簧；10—调压螺堵
图 3-19　弹簧式平面密封安全阀

工作过程中，当左端口进高压液时，液压力作用在阀针的左端，通过橡胶垫、阀芯、调心钢球、弹簧座与弹簧力相平衡。当液压力超过由调整螺帽调定的压力时，液压力克服弹簧力把阀芯连同橡胶垫顶开，高压液经橡胶垫和阀座间的缝隙，再经导向套、泄液孔挤开胶套溢出阀外。

2. 弹簧式滑阀安全阀

弹簧式滑阀安全阀（图 3-20）也是利用阀前液压力直接与弹簧力相平衡而工作的溢流阀。它不是靠阀芯柱塞与其阀孔内壁的配合间隙密封，而是靠柱塞与 O 形密封圈 6 的紧密接触来密封，因此它适合在低黏度乳化液中工作，并保证满足完全密封要求。柱塞中心有轴向盲孔与其头部的径向孔相通，O 形密封圈 6 嵌在阀体中。

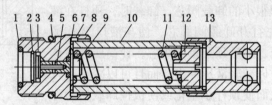

1、4、6、7—O 形密封圈；2—钢丝挡圈；3—过滤器；5—柱塞；8—阀体；
9—弹簧座；10—阀壳；11—弹簧；12—空心调整螺钉；13—管接头
图 3-20　弹簧式滑阀安全阀

工作时，左液口进高压液，液压力作用在柱塞的左端，通过柱塞、弹簧座与弹簧力相平衡，当液压力小于由空心调整螺钉所调定的弹簧的作用力时，弹簧通过弹簧座把柱塞压入阀体内，柱塞的径向孔位于 O 形密封圈 6 的左边，安全阀处于关闭状态。当液压力大于由空心调整螺钉所调定的弹簧的作用力时，柱塞右移使其径向孔越过 O 形密封圈 6，安全阀开始溢流限压。

三、操纵阀

操纵阀是控制液压缸各进出油路并使支柱完成各种动作的开关，因此要求密封性好，工作可靠，操作方便。操纵阀的机能、通路和位数必须满足支架的动作要求。操纵阀的机能，一般在停止位置时，各个通路应全部回液；在工作位置时，除工作通路进液外，其余全部回液，相当于"Y"形机能。因此，操纵阀上有一个高压进液口和一个低压回液口。

操纵阀按控制方法可分为手控、液控、电控和电液控，按动作原理可分为往复式、ZC 型片式和回转式两种。

1. 往复式操纵阀

往复式操纵阀的阀芯元件沿轴向做往复运动，开闭进出口油路，实现换向作用。由于支架上的液压缸较多，动作较多，相应地就要求操纵阀的通路和位数也较多，故采用几个结构基本相同的二位三通或三位四通阀，构成组合结构，每个阀独立操作，因而可实现复合操作。

图 3-21 为一种 BCF₁ 型往复式球形操纵阀。它利用单向阀的开闭原理来改变液流的方向，进而控制支架各部分的动作。它由四组相同的二位三通阀叠装在一阀壳内，可分别接至前立柱、后立柱。阀壳上的总进油口和回油口分别与工作面高压液和回液主管道相

接。这种往复式球形操纵阀采用操作凸轮手把插入孔内来操作，两个二位三通阀构成一组，通过凸轮形成闭锁动作，相当于一个 Y 形三位四通阀，用以控制一组液压缸的两腔。因一个二位阀动作（进液），另一个二位阀仍处于不动状态（回油），所以它属于操纵进液和复位回油的操纵阀。

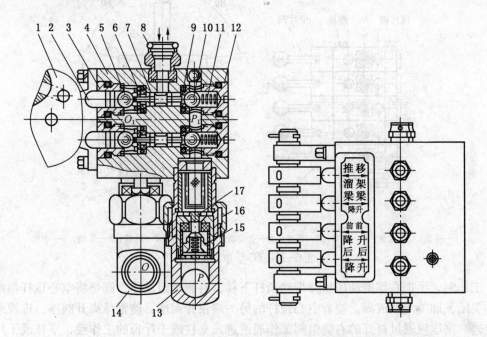

1—凸轮；2—顶杆；3—阀套；4—阀体；5—低压阀球；6—阀座；
7—中间顶杆；8—接头螺帽；9—阀座；10—高压阀球；11—弹簧；12—调节螺帽；
13—高压断路阀；14—低压断路阀；15—锥形阀；16—螺母；17—顶杆
图 3-21 BCF₁ 型往复式球形操纵阀

高低压断路阀 13 和 14，二者结构相同，它们的作用是在检修支架的液压元件时，如拧动高压断路阀 13 上的螺母 16，锥形阀 15 就在弹簧的作用下关闭通向操纵阀内部的进油路和回油路。检修后，只要再拧紧螺母，锥形阀被顶杆 17 顶开，断路阀又恢复到常开状态。这种球形阀门式操纵阀操作方便可靠，缺点是零件多，拆装不方便，同时在操作时高低压腔存在窜液现象。

2. ZC 型片式操纵阀

ZC 型片式操纵阀由一个首片阀、一个尾片阀和多个中片阀用螺栓固定在一起组合而成，如图 3-22 所示。首片阀、中片阀和尾片阀体稍有不同，首片阀体带有进、回液管接头，中片阀体上有进、回液通孔，尾片阀体上的进、回液孔为盲孔，每个阀片都相当于一个 Y 形机能的三位四通阀或两个二位三通阀。

ZC 型片式操纵阀的工作原理与 BCF₁ 型操纵阀相似。每片阀的阀体中并列放置两套完全相同的零部件，组成两个二位三通阀组，由一个手把操作。钢球和阀座构成进液阀密封副，钢球可以在弹簧和进液压力作用下压紧阀座。空心顶杆和带有阀垫的顶杆构成回液阀密封副，手把和压块形成两级杠杆增力机构，大大降低了操作阻力。手把可以在工作位置上自锁。

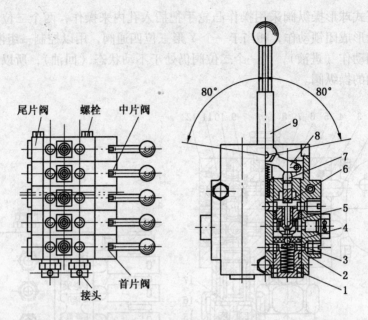

1—弹簧；2—阀体；3—钢球；4—阀座；5—空心顶杆；6—阀垫；7—顶杆；8—压块；9—手把

图 3-22　ZC 型片式操纵阀

工作时，手把右摆推动压块并带动顶杆下移，右侧阀组动作，阀垫将空心顶杆轴向中心孔关闭，即关闭回液阀。接着空心顶杆的另一端顶开钢球，使钢球离开阀座，进液通道被接通。高压液通过打开的右侧组阀工作通道进入立柱或千斤顶的工作腔，立柱或千斤顶另一腔的低压液通过左侧组阀的低压阀通道回乳化液箱。手把扳回图示原位置，弹簧把钢球弹回阀座，将进液阀关闭。被困在工作腔的高压液可以通过空心顶杆的轴向通孔冲开顶杆，即打开回液阀卸压回液。手把左扳，则左侧阀组动作，这个过程与上述过程完全相同。总之，当手把在中位时，进液阀处于关闭状态，回液阀处于开启状态，手把向哪边扳动，则哪边的回液阀被关闭，进液阀被开启，另一边的阀组保持手把在中位时的状态。

ZC 型片式操纵阀的结构设计较好，回液阀关闭后进液阀才开启，进液阀关闭后回液阀才打开，避免了操作时的短暂窜液现象。

3. 回转式操纵阀

回转式操纵阀优点是体积小，位数多，操作简单方便，但一般只具有单一动作，难以实现组合操作，如图 3-23 所示。CZF1 型回转式操纵阀的操作过程如下：

手把未动作时，单向阀芯 7 由于弹簧和液压力的作用，压在单向阀座上，关闭进液孔，从口孔 a 来的高压液不能进入密封环的中心孔内，此时不论手把处于何种位置，均属于不进液状态。

根据要求将手把 1 转到示位牌 4 上的某一位置，密封环 9 就与阀体 8 上的 8 个孔之一接通，将手把 1 抬起，这时手把前端下压，使单向阀芯 7 下移，离开阀座 6，高压液就通过单向阀中心孔、径向孔、单向阀与阀座 6 进入密封环 9 中心孔，再由阀体上该位置的通液孔进入支架的某组液压缸。此时，阀体上其余通液孔，均经转子与阀体之间的间隙 K 与总回液孔 6 相通。松开手把后，由于弹簧和液压力作用，单向阀芯 7 上移，又压在阀座 6 上，支架停止进液。

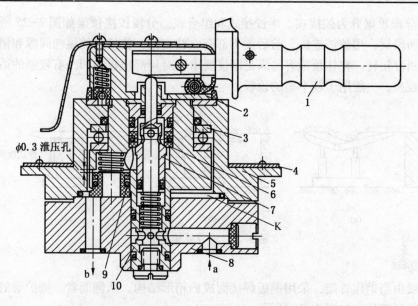

1—手把；2—转盖；3—推力轴承；4—示位牌；5—阀盖；
6—阀座；7—单向阀芯；8—阀体；9—密封环；10—转子

图 3-23 CZF1 型回转式操纵阀

此时原进液通道内的高压液，可经转子 10 上一个孔径为 0.3 mm 的泄压孔漏掉，以减轻手把再次转动时的操作力。而手把在示位牌上升柱（前后柱同升）、降柱（前后柱同降）和卸移（卸载和移架）这些位置时，密封环的中心孔搭接在相应的两个通液孔中间，使两组液压缸同时动作。该阀具有手把定位装置，要先转后抬才进液，操作省力，也可防止误动作。

四、顶梁及掩护梁

顶梁直接与顶板相接触，并承受顶板载荷，也为立柱、掩护梁、挡矸装置等提供必要的连接点。掩护梁是掩护式和支撑掩护式支架的特征部件之一，它将直接承受冒落矸石的载荷和顶板通过顶梁传递的水平载荷引起的弯矩。

1. 支撑式支架的顶梁

支撑式支架的顶梁大体上分为整体顶梁和分段式顶梁两大类。顶梁应满足强度和刚度的要求。因此，采用厚钢板焊接的箱式结构，在上、下钢板之间有加强筋板。

（1）整体顶梁如图 3-24 所示，这种顶梁为一个整体，刚性强，承载能力较好，能顺利地通过顶板局部冒落、凹坑，但对顶板台阶适应能力差，一般用于平整的顶板。

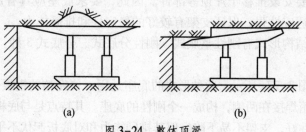

(a)　　　　　　　　　(b)

图 3-24 整体顶梁

（2）分段顶梁分为铰接式、半铰接式和组合式。分段铰接顶梁如图 3-25 所示，顶梁分为前后两段梁，用铰销连接，前后梁下部有立柱支撑，铰接处的纵向间隙和销轴允许各段之间有稍许扭转。整体顶梁容易满足刚度要求，对局部顶板的凹凸有较强的适应性，但整体刚性较差，一般用于较平整的顶板。

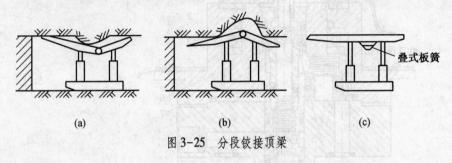

图 3-25　分段铰接顶梁

2. 掩护梁

掩护梁由型钢作骨架，采用钢板焊接而成的箱形结构，从侧面看，掩护梁的形状有折线形和直线形两种，如图 3-26 所示。

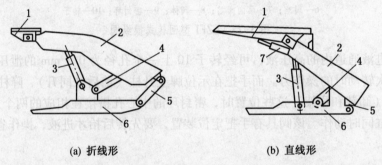

(a) 折线形　　　　　　　　　　　(b) 直线形

1—顶梁；2—掩护梁；3—支柱；4—前连杆；5—后连杆；6—底座；7—限位千斤顶

图 3-26　掩护梁的形状

折线形掩护梁的支架相对于直线形掩护梁的支架断面大，通常插腿型掩护式支架的掩护梁多采用此种形式，以增大通风面积。折线形掩护梁的工艺性差，当支架歪斜时，架间密封性较差；直线形掩护梁制造工艺简单，除插腿掩护式支架以外的其他掩护式支架和支撑掩护式支架多采用直线形掩护梁。

五、底座

底座是直接和底板相接触，传递顶板压力到底板的支架部件。底座除为立柱、掩护梁提供连接点外，还要安设推移千斤顶等部件。因此，要求底座应具有足够的强度和刚度，对底板起伏不平的适应性强，保证支架有较好的稳定性和排矸能力。

目前，底座的结构形式有刚性整底式、刚性分底式、分底式 3 种。

1. 刚性整底式

刚性整底式如图 3-27a 所示。此种形式的底座是用一块完整的钢板作为支架的底座板，将左、右两个底座箱焊接在两侧，构成一个刚性的底座。其特点是与底板接触面积大，平均接触比压小，稳定性好，支架不易下陷。但其排矸能力和对底板起伏不平的适应能力较差。

2. 刚性分底式

刚性分底式如图 3-27b 所示，此种形式的底座，左、右两底座箱不与底座板连接，而是在两箱体前端的上部加装刚性过桥，后端用钢板连接。其特点是排矸能力好，对底板的不平整适应性较强，但对底板的平均接触比压较大，稳定性稍差。

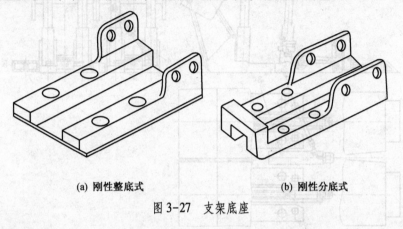

(a) 刚性整底式　　　　　　　　　(b) 刚性分底式

图 3-27　支架底座

3. 分底式底座

此形式的底座，左、右两底座箱不做刚性连接。其特点是各箱体之间可有一定程度的相对运动，以适应底板的凹凸不平，可减轻支架的重量，排矸性能好，但整架刚性差。

六、导向装置

常用的导向装置是导向梁，其作用是为支架前移进行导向。它布置在相邻两支架的底座之间，一端与工作面输送机铰接并随输送机一起前移。移架时，上架支架的底座下侧面以该导向梁为导轨移动，可避免由于工作面的倾角和支架的间距变化而发生支架下滑或偏移。有侧护装置的支架可以利用侧护千斤顶使侧护板伸出顶在下架支架的顶梁侧面，以侧面为导轨，对本架进行移架导向。

七、推移装置

支架形式不同则移架和输送机的推移方式也不相同，但都是通过液压千斤顶来实现的。

移架与输送机的推移共用一个千斤顶，千斤顶的两端分别与支架的底座和输送机连接，由操纵阀控制，以支架与输送机互为支点，完成移架和输送机的推移动作。

常用的推移装置分为无框架式和框架式，无框架式可采用差动式液压缸和浮动活塞式液压缸，它们的结构都可实现移架力大于输送机的推移力的性能要求。

八、防滑防倒装置

液压支架在倾斜工作面使用过程中，由于支架自重在工作面倾斜方向上的分力使支架下滑，尤其是当工作面倾角较大、顶底板不平整时，还会导致支架受更大的侧向力而倾倒。所以，液压支架必须备有防滑防倒装置，如图 3-28 所示。

防滑防倒装置都是利用设在相邻支架上的防滑、防倒千斤顶在调架时产生一定的推力，以防止支架下滑、倾倒，并进行架间调整。

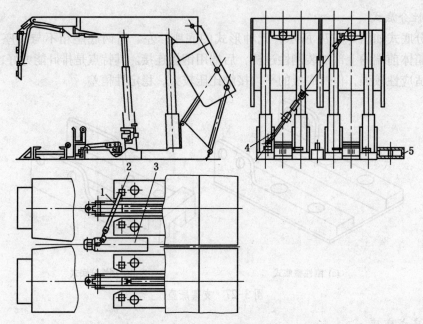

1—防滑千斤顶；2—转架；3—导向架；4—防倒千斤顶；5—排头导向梁

图3-28　液压支架的防滑防倒装置

九、护帮装置

护帮装置的作用是支护工作面的煤壁，以防止片帮伤人和引起冒顶，主要用于厚煤层或煤质松软的中厚煤层的支架。护帮装置的主要元件有护帮板和护帮千斤顶。

课题三　液压支架的典型结构

本节介绍我国煤矿常用的几种典型液压支架。

一、ZY2000/14/31 型掩护式液压支架

（一）适用范围

ZY2000/14/31 型掩护式支架是我国经济型综采设备中配套使用的液压支架，它适用于煤层厚度在 1.7~3 m，倾角小于 25°，顶板较稳定或松散破碎不稳定，底板较平整，且抗压强度在 6~10 MPa 的地质条件。

（二）基本组成和结构特点

1. 基本组成

ZY2000/14/31 型掩护式液压支架如图 3-29 所示，它主要由底座 4、掩护梁 11、立柱5、顶梁 2、推移千斤顶 8、侧护板 7 和 9、护帮装置 1 和操纵装置 6 等部件组成。

2. 结构特点

（1）顶梁为整体箱形结构，前端上翘以改善顶梁的接顶性能。顶梁前端装有护帮装置，防止煤壁片帮，提高安全性。

（2）掩护梁采用整体箱形变断面焊接结构，其上有安装侧推装置的套筒。掩护梁将

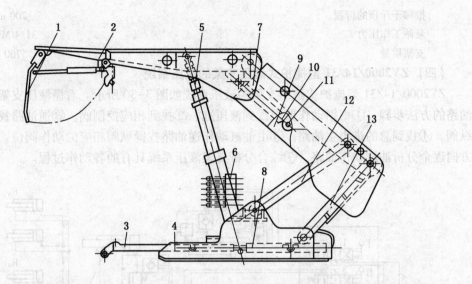

1—护帮装置；2—顶梁；3—推杆；4—底座；5—立柱；6—操纵装置；7—顶梁活动侧护板；8—推移千斤顶；
9—掩护梁活动侧护板；10—平衡千斤顶；11—掩护梁；12—前连杆；13—后连杆

图 3-29　ZY2000/14/31 型掩护式液压支架

工作面与采空区隔开。

（3）在顶梁和掩护梁的一侧装有活动侧护板，起挡矸和防倒作用，也可对支架进行微量调整。

（4）底座为整体式刚性底座，其上焊有连接推移千斤顶的托板。立筋板有安装前后连杆的铰接孔并与四连杆下端相连，四连杆上端与掩护梁铰接，从而使顶梁在升降过程中近似于做直线移动，这改善了立柱的受力状态，提高了支架的稳定性。

（5）立柱设有机械加长段，扩大了支架的调高范围。

（6）推移千斤顶采用浮动活塞式结构，结构简单，并增大了推力。

（7）操纵阀采用组合阀，能满足复合动作的要求。

该支架的优点是技术先进，结构简单合理，重量轻，顶梁受力均匀，支护性能和稳定性好，安全可靠，操作简单，在煤矿应用广泛；缺点是工作阻力较小，切顶性能较差，通风断面较小。

（三）主要技术特征

支架型式	双柱掩护式
支架高度	1400~3100 mm
支架宽度	1420~1590 mm
支架中心距	1500 mm
初撑力	1245 kN
工作阻力	1950 kN
支护强度	0.42~0.47 MPa
底板比压	1.73~2.37 MPa
推移输送机力	121 kN
拉架力	264 kN

推移千斤顶的行程	700 mm
泵站工作压力	31.4 MPa
支架质量	5760 kg

（四）ZY2000/14/31型掩护式液压支架的液压系统

ZY2000/14/31型掩护式液压支架的液压系统如图3-30所示。看懂液压支架液压系统油路的方法步骤：①根据动作要求找到液压缸。②找到相应控制阀。③逆油路找到相应操纵阀。④找到总的进出主油路。⑤由油缸动作逆油路找操纵阀相应的动作阀位。⑥沿油流方向逐个分析油缸动作油路。⑦综合分析支架液压系统具有的各动作过程。

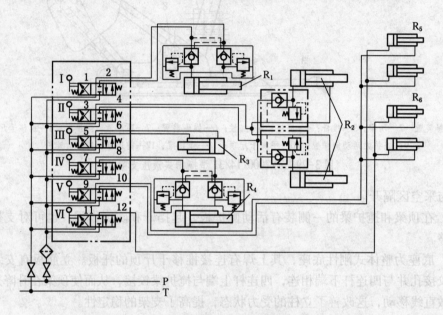

R_1—平衡千斤顶；R_2—立柱；R_3—推移千斤顶；R_4—护帮千斤顶；
R_5—掩护梁侧护千斤顶；R_6—顶梁侧护千斤顶；

图3-30　ZY2000/14/31型掩护式液压支架液压系统

操纵阀各阀片工作机能及液压缸动作过程见表3-1。

表3-1　操纵阀各阀片工作机能及液压缸动作过程

阀片号	阀位号	液压缸名称	液压缸动作
I	1-0-2	平衡千斤顶 R_1	伸—回液—缩
II	3-0-4	立柱 R_2	降—回液—升
III	5-0-6	推移千斤顶 R_3	推移输送机—回液—移架
IV	7-0-8	护帮千斤顶 R_4	缩—回液—升
V	9-0-10	四个侧护千斤顶 R_5、R_6	缩—回液—伸
VI	11-0-12	掩护梁侧护千斤顶 R_5 顶梁侧护千斤顶 R_6	空位—回液—伸

二、ZZ4000/17/35型支撑掩护式液压支架

（一）适用范围

ZZ4000/17/35型支撑掩护式液压支架适用于以下回采条件：走向长壁后退式回采，煤层赋存比较稳定，断层不影响支架通过，煤层厚度在1.8~3.5 m，倾角小于30°，顶板中等稳定或稳定，且压力小于0.7 MPa，底板较平整，无较大断层，且抗压强度大于2 MPa。

（二）基本组成和结构特点

1. 基本组成

ZZ4000/17/35型支撑掩护式液压支架结构如图3-31所示，它由立柱8、主顶梁5、前梁2、掩护梁6、推移千斤顶9、导向梁11、防片帮千斤顶1、侧推千斤顶4等部件组成。

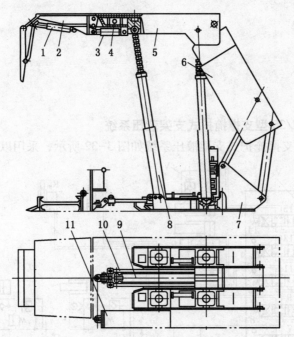

1—防片帮千斤顶；2—前梁；3—前梁千斤顶；4—侧护千斤顶；5—主顶梁；6—掩护梁；
7—底座；8—立柱；9—推移千斤顶；10—推移框架；11—导向梁

图3-31 ZZ4000/17/35型支撑掩护式液压支架结构

2. 结构特点

（1）工作阻力大，支护强度高，切顶性能好。立柱分前后两排布置，均向前倾斜且后排倾角较小，有利于切顶。

（2）调高范围大。立柱长度为1425~3175 mm，可利用机械加长段调节立柱长度。

（3）支护性能好，主顶梁、掩护梁两侧均有侧护板；前梁前端有护帮装置，可防煤壁片帮；掩护梁与底座之间采用前、后连杆铰接，形成四连杆机构，梁端距变化小，有利于顶板管理。

（4）底座采用钢板焊接成箱形整体结构。在底座前端焊有千斤顶耳座，在中间部位留有安装阀组的平台。

（5）导向梁安设在相邻两架之间，前端与工作面输送机相连。

（6）采用框架式推移装置，增大了拉架力。

（7）支架采用本架操作。

该支架的优点是支撑能力较大，具有良好的切顶性能、防护性能和稳定性，同时有较大的通风断面，对中等稳定和不太破碎的顶板均能适应，故应用范围较广。

（三）主要技术特征

支架型式	四柱支撑掩护式
支架高度	1700~3500 mm
支架宽度	1430~1600 mm
支架中心距	1500 mm
初撑力	1884 kN
工作阻力	4000 kN
推移千斤顶行程	700 mm
拉架力	226.6 kN
推移输送机力	143.2 kN
泵站工作压力	14.7 MPa
支架重量	108 kN

（四）ZZ4000/17/35 型支撑掩护式支架液压系统

ZZ4000/17/35 型支撑掩护式支架液压系统如图 3-32 所示，采用以下操作控制方式：

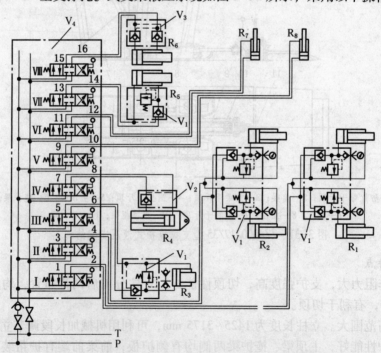

R_1—前立柱；R_2—后立柱；R_3—前梁千斤顶；R_4—推移千斤顶；

R_5—防滑千斤顶；R_6—护帮千斤顶；R_7—掩护梁侧护千斤顶；R_8—顶梁侧护千斤顶；

V_1—控制阀；V_2—液控单向阀；V_3—双向锁；V_4—操纵阀

图 3-32　ZZ4000/17/35 型支撑掩护式支架液压系统

（1）前后两排立柱的升降动作，各用1片操纵阀操作，所以根据需要可实现前后排立柱同时升降，也可以单独升降。

（2）为了使前梁能及时支护新暴露的顶板并迅速达到工作阻力，在前梁千斤顶（短柱）活塞腔的回路内装有大流量安全阀，升降时前梁千斤顶先推出，前梁端部先接触顶板。在支架继续升起直到顶梁撑紧顶板的过程中，前梁千斤顶被压，使活塞腔压力增大达到大流量安全阀的整定压力时溢流，以保证前梁千斤顶的工作阻力。

（3）为了防止煤壁片帮，支架上设有护帮机构，并用一只SSF型双向锁对护帮千斤顶中的活塞腔与活塞杆腔分别进行联锁。

（4）在推移千斤顶的活塞杆腔中接入闭锁回路，防止在移架时输送机往后退缩。

操纵阀各阀片工作机能及各液压缸动作过程见表3-2。

表3-2 操纵阀各阀片工作机能及各液压缸动作过程

阀片号	阀位号	液压缸名称	液压缸动作
I	1-0-2	前立柱 R_1	降—回液—升
II	3-0-4	后立柱 R_2	降—回液—升
III	5-0-6	前梁千斤顶 R_3	降—回液—升
IV	7-0-8	推移千斤顶 R_4	移架—回液—推移输送机
V	9-0-10	顶梁侧护千斤顶 R_8	缩—回液—伸
VI	11-0-12	掩护梁侧护千斤顶 R_7	缩—回液—伸
VII	13-0-14	防滑千斤顶 R_5	伸—回液—缩
VIII	15-0-16	护帮千斤顶 R_6	缩—回液—伸

三、ZF3200/16/26型放顶煤液压支架

（一）适用条件

ZF3200/16/26型放顶煤液压支架可用于走向长壁后退式回采放顶煤工作面，也可用于单一煤层开采工作面。作用于每架支架上的顶板压力不能超过3200 kN，煤层倾角不大于15°。

（二）基本组成和结构特点

1. 基本组成

ZF3200/16/26型液压支架主要由金属结构件、液压元件两大部分组成。金属结构件有护帮板、顶梁、掩护梁、尾梁、插板、前后连杆、底座、推移杆，以及侧护板等。液压元件主要有立柱、各种千斤顶、液压控制元件（操纵阀、单向阀、安全阀等）、液压辅助元件（胶管、弯头、三通等），以及随动喷雾降尘装置等。

2. 结构特点

（1）工作面三机配套，截深为600 mm，为了保证截深和有效的移架步距，支架的推移千斤顶的行程定为700 mm，拉溜千斤顶行程定为800 mm。

（2）支架工作阻力大，对顶煤的支撑、破碎能力加强，提高了坚硬煤层顶煤回收率。

（3）支架的前连杆采用双连杆，大大提高了支架的抗扭能力。

（4）放煤机构高效可靠。后部输送机过煤高度高，增加了大块煤的运输能力；尾梁向上向下回转角度大，增加了对煤的破碎能力和放煤效果。

（5）尾梁—插板机构采用小尾梁—插板机构，运动灵活自如。

（6）底座中部为推移机构，推移千斤顶采用正装形式，结构可靠。推移为短推杆机构，结构简单可靠，重量轻。

（7）支架前、后均配置喷雾降尘系统。

（三）主要技术特征

支架型式	放顶煤支架
高度（最低/最高）	1600/2600 mm
宽度（最小/最大）	1430/1600 mm
中心距	1500 mm
初撑力（$P=31.5$ MPa）	2532 kN
工作阻力（$P=39.8$ MPa）	3200 kN
底板平均比压	1.44 MPa
支护强度	0.6 MPa
泵站压力	31.5 MPa
操纵方式	本架操纵

（四）支架液压系统

ZF3200/16/26 型放顶煤液压支架的液压系统由乳化液泵站、主进液管、主回液管、各种液压元件、立柱及各种用途千斤顶组成，如图 3-33 所示。操纵方式采用本架操作，

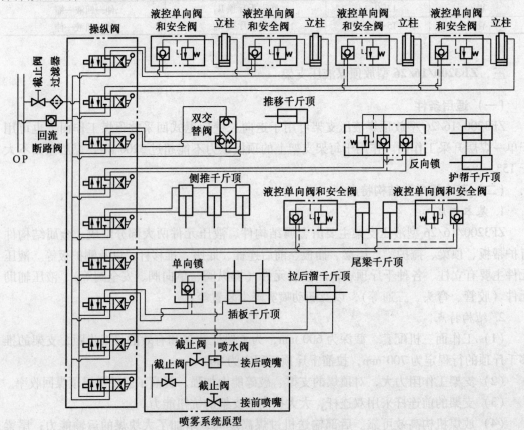

图 3-33　ZF3200/16/26 型放顶煤液压支架液压系统图

采用快速接头和 U 形卡及 O 形密封圈连接，拆装方便，性能可靠。

在主进、回液三通到操纵阀之间，装有平面截止阀、过滤器、回油断路阀。截止阀可根据需要接通或关闭某架液路，可以不停泵维修某架胶管及液压元件，过滤器能过滤主进液管来的高压液，防止脏物杂质进入架内管路系统。

液压系统所使用的乳化液，是由乳化油与水配制而成的，乳化油的配比浓度为 5%。使用乳化液应注意以下几点：

（1）定期检查浓度，浓度过高增加成本；浓度太低，可能造成液压元件腐蚀，影响液压元件的密封。

（2）防止污染，定期（两个月左右）清理乳化液箱一次。

（3）防冻：乳化液的凝固点为-3 ℃左右，与水一样也具有冻结膨胀性。乳化液受冻后，不但体积膨胀，稳定性也受影响。因此，乳化液在地面配制和运输时要注意防冻。

课题四　液压支架的控制

一、液压支架的控制方式

按操纵阀与所控支架的相对位置可分为本架控制和邻架控制两种。本架控制就是用每一支架上所装备的操纵阀来控制其自身各个动作，邻架控制则是用每一支架上的操纵阀去控制与其相邻支架的动作。前者的优点是系统的管路简单，安装方便；后者的优点是操作者位于固定支架下进行操作控制，比较安全。

按控制原理分为全流量控制和先导式控制两种。全流量控制是用全流量操纵阀，根据操作人员的要求，直接向液压缸工作腔输入压力液体，实现支架的各个动作；先导式控制是通过先导阀将操作人员要求变成压力指令，再由液控分流阀完成向液压缸工作腔供给压力液体的任务，实现各个动作。

按机械化程度分为手动控制和电液自动控制两种方式。手动控制是依靠操作人员直接操作操纵阀向相应的液压缸供液来完成支架的各动作；电液自动控制则是采用由计算机控制的电液先导阀对主阀进行先导控制，再经配液板向各液压缸配液来实现要求的支架动作。

二、液压支架的电液自动控制系统

1. 系统的组成

液压支架的电液自动控制系统如图 3-34 所示。

中央控制器 3（又称主机）是一台微型计算机，主要用来协调、控制全工作面支架（或分机控制器）的工作秩序及状况的监测、显示和记录，或者向地面传输某些数据以及支架、采煤机的工作状况等。支架控制器 4（又称分机控制器）也是一台微机，每架支架配备 1 台。它通过分线盒 5 直接与传感器 6、9 和电磁操纵阀 7 连接，操作人员通过分机控制器发出各种控制命令。压力传感器 6 的作用是将有关部位的压力信号转换为电信号，再通过对电信号的测量，便可得知压力信号的数值。位移传感器 9 的功能是将有关部件的位移量转换为电测量，它用于对前梁及护帮板的伸出、收回状态的测量。

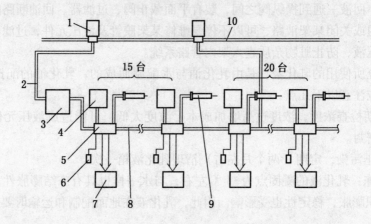

1—电源；2—控制器供电电缆；3—中央控制器；4—支架控制器；5—分线盒；
6—压力传感器；7—电磁操纵阀；8—过架电缆；9—位移传感器；10—输电线
图 3-34 液压支架电液自动控制系统构成示意图

2. 系统工作原理

电液自动控制系统的工作原理如图 3-35 所示。对单台支架而言，当中央控制器或支架控制器发出控制命令（给出电信号）时，相应的电磁操纵阀打开，向所连接的液压缸供液，使得油缸动作，其工作状况由压力传感器和位移传感器提供给控制器，控制器再根据传感器提供的信号来决定电液阀工作与否。

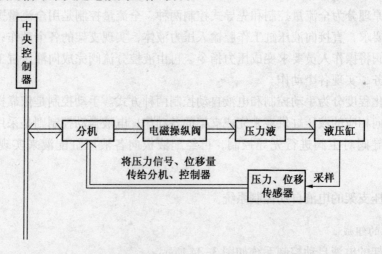

图 3-35 电液自动控制系统工作原理图

就整个系统而言，各台支架控制器与中央控制器连成一个计算机网，通过该网，每台支架控制器与中央控制器形成一个有机的整体，选定其中每一台控制器作为控制台，都可以向任何一架支架发出控制命令，并能够将被控支架的工作状况反馈到发出命令的控制器上。需指出的是，一个系统所装支架控制器的多少，在设计系统时已经确定，不能随意增加。

课题五　单体液压支柱与滑移顶梁支架

一、单体液压支柱

单体液压支柱得以广泛使用，是因为它具有体积小、支护可靠、使用与维修都很方便等优点。它既可与铰接顶梁配套用于普通机械化采煤工作面的顶板支护，又可用于综采工作面的端头支护以及工作面各易冒落处的临时支护。单体液压支柱适用于煤层倾角小于25°的倾斜煤层的工作面。单体液压支柱按供液方式可分为内注式和外注式两大类。内注式是利用其自身所备的手摇泵将柱内贮油腔里的液压油吸入泵中加压后，再输入到工作腔，使活柱伸出；外注式则是利用注液枪将来自泵站的高压乳化液注入支柱的工作腔，使活柱伸出。外注式结构简单，质量小，升柱速度快，从而得到广泛使用；内注式无外管路，灵活性强，油液消耗量少，但结构复杂，成本高，质量大，维修困难，升柱速度慢，实际使用较少。

（一）DZ 型外注式单体液压支柱的基本结构

DZ 型外注式单体液压支柱的结构如图 3-36 所示。它主要由顶盖 1、三用阀 2、活柱 3、缸体 4、复位弹簧 5、活塞 6、底座 7 等组成。顶盖 1 用销与活柱 3 相连接，活柱装于缸体内。活柱上部装有一个三用阀，下端利用弹簧钢丝连接着活塞 6，在活柱筒内顶端同底座 7 之间挂着一根复位弹簧 5，依靠外注压力乳化液和复位弹簧完成伸、缩动作，在缸体上缸口处连接一个缸口盖，下缸口处由底座 7 封闭。

（二）支柱的工作过程

支柱的工作过程可分为升柱与初撑、承载、卸载与降柱。

1. 升柱与初撑

支柱时先将管路系统中的注液枪插入三用阀的进液阀筒内并锁紧，然后扳动注液枪手把，使泵站的高压乳化液经注液枪打开单向阀，进入支柱下腔，使活柱升起。当支柱顶盖使铰接顶梁顶紧顶板，支柱腔内压力达到泵站压力时，支柱对顶板的支撑力为初撑力。这时松开注液枪手把并卸下注液枪，升柱与初撑过程结束。

2. 承载

初撑后，随着顶板下沉，支柱下腔压力随之增高，支撑力也不断增大，呈现增阻性。当顶板作用到支柱的载荷超过支柱的工作阻力时，安全阀短时开启溢流，保证支柱的恒阻性，即使支柱始终保持在额定的工作阻力。

3. 卸载与降柱

降柱时，将卸载手把插入三用阀卸载孔中，并转动手把，强行打开卸载阀，使支柱内腔的液体大量喷出，活柱在自重和复位弹簧的作用下回缩，完成卸载降柱过程。

（三）使用支柱的基本要求

（1）要根据工作面的采高选择合适的支柱规格，并按工作面顶板压力的大小确定合理的支护高度。

（2）同一工作面选择的支柱应为同型号、同规格。支柱在下井使用前，必须经过试验并达到出厂试验要求方能使用。

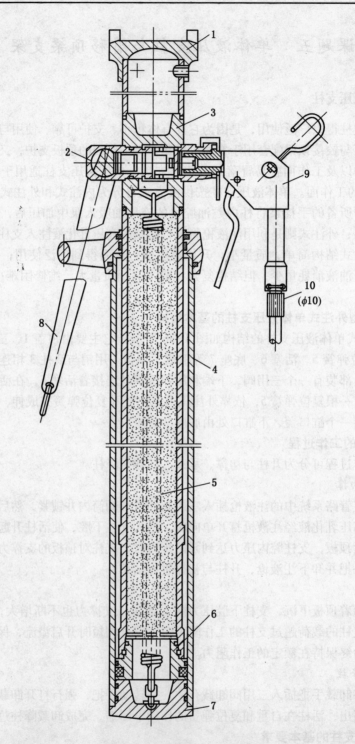

1—顶盖；2—三用阀；3—活柱；4—缸体；5—复位弹簧；6—活塞；7—底座；
8—卸载手把；9—注液枪；10—泵站供液管

图 3-36　外注式单体液压支柱

（3）严格按支柱支护规程操作，确保架设质量。做到横成排、竖成行，且排距、行

距均匀，支柱应垂直顶、底板支设。　、

（4）支柱使用时，应排出缸体内的空气，注意检查乳化液泵站的工作情况，并保证每根柱子都达到其初撑力，这是管好工作面顶板的关键。

（5）给支柱注液时，要注意三用阀注液口处是否清洁，一般先冲洗再插枪注液。

（6）工作面的支柱和铰接顶梁要编号管理、对号入座。支柱工应分段承包架设和管理支柱，禁止用锤、镐等金属物体敲砸支柱，运输过程不准随意摔砸，以免损坏支柱。

二、分体式滑移顶梁支架

滑移顶梁支架是一种介于液压支架和单体液压支柱之间的一种液压支护设备。它适用于煤层倾角小于25°的倾斜中厚煤层一次采全高或厚煤层放顶煤的回采工作面。

滑移顶梁支架的整体性较好，支护面较大，支护强度高，质量轻，结构简单，使用方便，成本低，是一种较为可靠和理想的支护设备。

（一）分体式滑移顶梁支架的基本结构

分体式滑移顶梁支架的架体结构如图3-37所示，它主要由前顶梁1、后顶梁6、前梁立柱3、后梁立柱4、后掩护柱5、弹簧钢板7、水平推移千斤顶8和防护板2等组成。

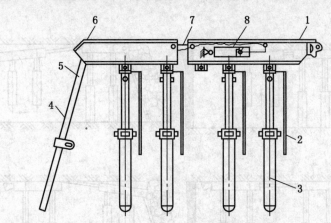

1—前顶梁；2—防护板；3—前梁立柱；4—后梁立柱；5—后掩护柱；6—后顶梁；

7—弹簧钢板；8—水平推移千斤顶

图3-37　滑移顶梁支架

前、后顶梁均为矩形空腹件，前顶梁1前端为可与金属顶梁铰接结构。在前、后顶梁下面分别铰接了两个立柱3和4。前后立柱结构相同，为双作用单伸缩液压缸，由DZ型外注式单体液压支柱改装而成。在活柱的上端装有三用阀，在缸口盖上安装有缸口阀。

水平推移千斤顶8为双作用液压缸结构，安装在前顶梁腹腔内，活塞杆朝前，缸体后端与前顶梁铰接，并安装有双向阀。弹簧钢板是连接前、后顶梁的部件，也是支架实现自移的主要部件之一，其两端分别插在两顶梁的腹内，前端与水平推移千斤顶活塞杆铰接，后端则与后顶梁铰接。

（二）分体式滑移顶梁支架的工作过程

分体式滑移顶梁支架的整个工作过程可分为以下6个动作，如图3-38所示。

（1）后柱支撑，提前柱如图3-38a所示。开启泵站，用注液枪向前柱缸口阀注液嘴注液，同时用卸载手把打开同一柱上三用阀的卸载阀，前柱即可提起。在操作时，前柱要逐根提起。

（2）后柱支撑，移前梁如图 3-38b 所示。前柱提起后，将注液枪插进双向阀上连通推移千斤顶活塞杆腔的注液嘴，并向活塞杆腔内注液。因活塞杆通过弹簧钢板连接而不能动，所以千斤顶缸体带动前梁一同前移。

（3）后柱支撑，支撑前柱如图 3-38c 所示。前梁移到位后，将注液枪拔出，再插入前柱三用阀注液嘴注液，同时活塞杆腔的液体从缸口阀喷出，立柱活塞杆伸出，重新将前梁支撑好并达到初撑力。

（4）前柱支撑，提后柱如图 3-38d 所示。用注液枪在后柱缸口阀注液嘴注液，同时用卸载手把打开同一柱上的三用阀的卸载阀，后柱即可提起。在操作时，后柱也要逐根提起。

（5）前柱支撑，移后梁如图 3-38e 所示。将注液枪插入双向阀的另一注液嘴向活塞腔内注液，水平推移千斤顶活塞杆伸出，通过弹簧钢板带动后梁前移。

（6）前柱支撑，支撑后柱如图 3-38f 所示。将注液枪依次插入两个后立柱三用阀的注液嘴，同时活塞杆腔的液体从缸口阀注液处喷出，活塞杆伸出，后梁即被支撑好，并达到初撑力。

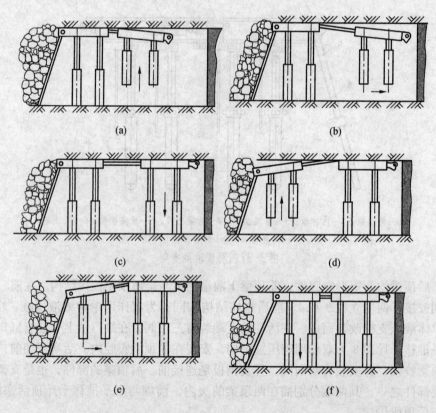

图 3-38 分体式滑移顶梁支架工作过程示意图

（三）对分体式滑移顶梁支架使用的基本要求

（1）滑移顶梁支架在入井使用前应进行试验并达到出厂性能要求，保证足够的支护强度。

（2）支架能适应工作面顶底板条件。在底板松软时，立柱底座面积应加大，以防支柱扎底。支柱应具有足够的初撑力，并能及时支护，防止顶板早期离层。

（3）严格按支架的操作规程操作，确保移架和架设质量，使支柱与顶底板垂直。

（4）给支柱注液时，应注意各阀注液口处是否清洁，做到先冲洗后注液。

（5）支架在使用中应保证工作面或工作面上、下出口有足够的行人、运料和通风空间。

（6）长壁工作面使用滑移顶梁支架时，后部应设有挡矸装置，以防窜矸。

（7）放顶煤工作面使用滑移顶梁支架时，后部应有掩护梁，它与后柱之间应有足够的空间，以便布置放顶煤输送机。

三、整体顶梁组合式

（一）概述

1. 组合支架的特点

（1）整体性好，稳定性高。

（2）适应各类底板、煤层裂隙发育或煤层发育紊乱等情况。

（3）分件下井，井下安装。

（4）操作容易，维护简单。

（5）工作面支架通过托梁系统全部连为一个整体。

（6）移架时，所移支架的立柱可以全部同时提起。

2. 组合支架的适用范围

组合支架除可用于地质条件较好的工作面外，还可用于破碎顶板、松软底板、压力变化较大的工作面，以及 2.8~3 m 厚煤层的一次采全高工作面。

组合支架可用于机采、炮采一次采全高或机采、炮采放顶煤工作面。机采支架可配双滚筒采煤机，可达到综采工作面的机械化程度。液压系统采用集中控制，提高了自动化水平，降低了工人的劳动强度，使采煤可接近于连续进行。炮采支架在设计上已对软管供液系统进行了有效保护，易损件较少，降低了维护成本。

组合支架抗冲击载荷、水平力和侧向力的能力较强，支架的稳定性很好。支架的导向精确，使用中不需调架。虽然支架重心集中在顶梁与托梁部分，但结构设计合理，承受偏载和倾斜方向推力的能力很强，特别适合放顶煤工作面的开采。

组合支架适应我国现阶段煤炭工业技术水平和资源政策，具有广泛的适应性，是一种使用地域较广的产品，是采煤设备与工艺技术一次新的突破。

3. 组合支架的分类

组合支架可分为炮采放顶煤支架（外注式、集中控制式两种）、机采放顶煤支架（集中控制）、炮采一次采全高支架（集中控制）、机采一次采全高支架（集中控制）等4类。

4. 炮采放顶煤支架特点

（1）该支架的顶梁为整体结构。

（2）适用于长壁式开采。

（3）一部输送机实现开帮煤、放顶煤。

（4）开帮煤、放顶煤可平行作业。

（5）支架高度可根据用户的实际地质条件调整、定制。

5. 炮采放顶煤支架的分类

（1）外注式炮采放顶煤支架。支架的立柱为外注式双作用液压缸，由注液枪注液，回液外排，外排液体不回收。两后柱位置固定，两前柱为滑动式。

（2）集中控制式炮采放顶煤支架。支架的立柱为双作用式液压缸，对支架的全部操作可通过液压集中控制实现，工作液可循环使用。四柱位置全部固定。

（二）工作原理

来自泵站的高压乳化液，经主进液管路送到工作面，并与每架支架相连，然后导入支架，通过操纵阀组分配到液压缸，以完成支架所需要的动作。从支架流回的低压乳化液，可通过操纵阀组和回液断路阀，由主回液管路流回泵站乳化液箱，供循环使用。外注式炮采放顶煤支架立柱的工作液不回收，直接排在工作面；移架千斤顶的工作液可以回收，只需增加一条主回液管路。

在移架时，顶梁与托梁机构是互为支撑的。所移支架的立柱首先卸载并提起，使顶梁落在托梁上，这时向移架千斤顶的活塞腔注液，活塞杆伸出，以后托梁为支点，顶梁前移，然后升起立柱，支撑顶板，完成支架前移。整个工作面的顶梁移完后，所有立柱处于支撑状态，托梁无载荷地吊挂在顶梁上。这时，向工作面所有支架的移架千斤顶的活塞杆腔供液，所有移架千斤顶的活塞杆全部缩回，托梁前移，完成一个动作循环。当顶梁与顶板紧贴后便产生初撑力以支撑顶板。由于顶板的逐渐下沉，支架所承受压力便逐渐由初撑力变为工作阻力。当顶板压力超过安全阀的开启压力时，立柱的安全阀便自行开启，释放压力，直至立柱的活塞腔工作压力恢复到安全阀的开启压力时为止。

（三）结构

1. 顶梁

顶梁是一整体结构焊接件，用于支撑顶板。整体顶梁宽 0.96 m、长 3.2 m（架型不同而异），其作用是支撑顶板。此外，两顶梁之间一般留有 40 mm（可根据用户要求调整）的间隙，可以有效避免相互咬煤。移架千斤顶安装在顶梁内。外注式炮采放顶煤支架有滑动梁，集中控制式炮采放顶煤支架有护帮翻转梁。

2. 托梁

托梁是一个方形的箱体结构，有前、后两个托梁，由托梁连接杆或连接框将前、后两个托梁相连。

用安全吊挂装置将托梁安装在顶梁下方的轨道槽内，使其能沿着顶梁底面向前滑动。全工作面的支架，通过托梁套连接为一个整体，实现支架的整体稳定性。当任意一架支架准备向前移动时，该支架的立柱被卸载并提起，这时顶梁落在托梁上，由托梁承载前移中的顶梁。

支架托梁体内装有预压装置，即使支架不接顶，立柱也有一定的支撑力，使其不会晃动。

3. 滑动梁

外注式炮采放顶煤支架有滑动梁，它吊挂在顶梁底面的轨道槽内。滑动梁的作用是带着两根前柱吊挂在顶梁底面的轨道槽内，使其能沿着轨道槽在顶梁下方向前滑动或固定。

4. 挡矸板

挡矸板分上、下挡矸板两种，其作用一是防止支架后方上部的矸石等垮落物涌入工作面，二是保护后柱。

5. 护帮翻转梁或伸缩梁

集中控制式炮采放顶煤支架有护帮翻转梁，它是一个半箱体结构，铰接在顶梁的前方，通过翻转千斤顶来带动其翻转。

伸缩梁的作用是在支架前方落煤以后，能够及时伸出前伸梁以及时护顶，为采煤工人提供安全保障。

6. 立柱

立柱分为外注式和集中控制式两种，其与顶梁铰接，是支架的支撑部件，它通过顶梁承载顶板的压力，同时通过挡矸板承受来自冒落区的压力，防止冒落的矸石从支架后方窜入架间和工作面。

7. 移架千斤顶

移架千斤顶为双作用式液压缸结构，其缸底与顶梁前端铰接，活塞杆与后托梁铰接。活塞杆伸出时推动顶梁前移，活塞杆收缩时拉动托梁前移。

8. 翻转千斤顶

集中控制式炮采放顶煤支架有翻转千斤顶，千斤顶为双作用式液压缸结构，其缸底与顶梁铰接，活塞杆与护帮翻转梁铰接，由其活塞杆的伸缩来带动护帮翻转梁旋转。

9. 液压管路系统

液压系统由流量大于 80 L/min、工作压力为 31.5 MPa 以上的乳化液泵站和主管路、支管路、各种液压阀、三通、直通、过滤器、注液枪等液压元件组成。

(四) 使用与操作

1. 人员

液压支架操作人员必须经过专门培训，考试合格后方可在工作面操作。除了掌握各部件的性能和操作外，还应学会简单的维护和保养。

2. 移架顺序

1) 移架形式

(1) 分步前移式：适用于外注式炮采放顶煤支架在工作面煤壁有塌冒或有塌冒危险时。其特点是爆破后清理煤帮前支架能及时支护前方顶板，工人在安全环境下作业。

(2) 整体前移式：适用于集中控制式炮采放顶煤支架，或外注式炮采放顶煤支架在顶煤和煤壁条件较好的情况下。其特点是动作少、前移速度快。

2) 分步前移式移架顺序

分步前移式移架顺序如图 3-39 所示。

3) 整体前移式移架顺序

整体前移式移架顺序如图 3-40 所示。

3. 使用注意事项

(1) 严禁在支架前方放顶煤。

(2) 严禁进入支架后方。

(3) 严禁支架前端距煤壁超过 1 m。

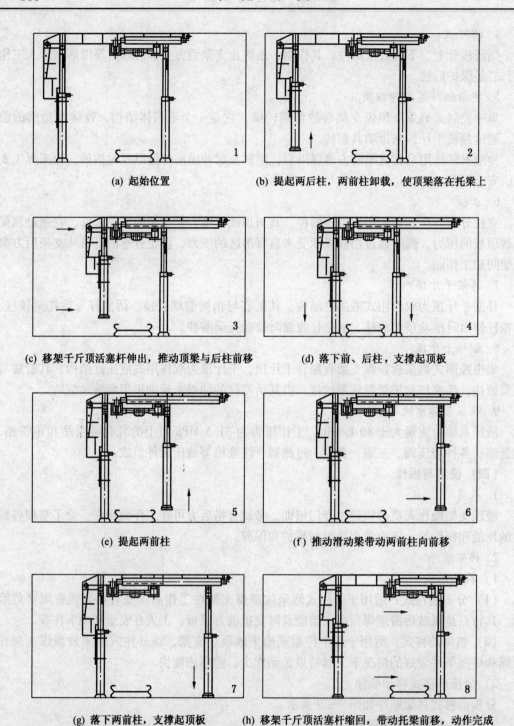

(a) 起始位置　　　　　　　(b) 提起两后柱，两前柱卸载，使顶梁落在托梁上

(c) 移架千斤顶活塞杆伸出，推动顶梁与后柱前移　　　(d) 落下前、后柱，支撑起顶板

(e) 提起两前柱　　　　　　　(f) 推动滑动梁带动两前柱向前移

(g) 落下两前柱，支撑起顶板　　　(h) 移架千斤顶活塞杆缩回，带动托梁前移，动作完成

图 3-39　分步前移式移架顺序示意图

（4）煤壁落煤后，必须及时移架，对空顶进行有效支护。

（5）工作面要做到"四直""两通"，即煤壁直、柱腿直、托梁直、煤溜直，上、下端头安全出口保持畅通。

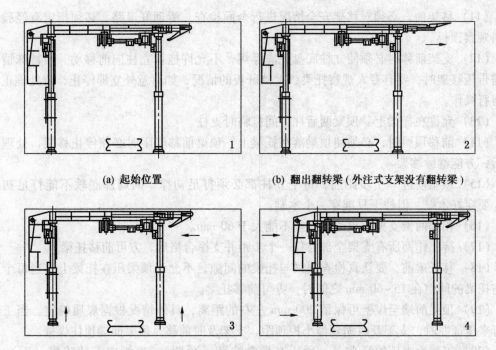

(a) 起始位置　　　　　　　　　(b) 翻出翻转梁（外注式支架没有翻转梁）

(c) 收回翻转梁，同时提起四根立柱　　(d) 移架千斤顶活塞杆伸出，推动顶梁带着立柱前移

(e) 落下四根立柱，支撑起顶梁使顶梁落在托梁上　　(f) 移架千斤顶活塞杆缩回，托梁前移，动作完成

图 3-40　整体前移式移架顺序示意图

（6）支架自开切眼位置向前推进时，支架的前柱必须与顶梁垂直，后柱的柱顶要前倾 3°~5°。

（7）在支架后部的顶煤或顶板垮落物未达 1.5 倍支架高度时，工作面爆破时要在支架下进行临时斜撑支护，防止爆破冲击支架，向后产生位移。

（8）支架向前推进两个步距后，若老空垮落物仍未达到 1.5 倍支架高度时，必须对顶煤或顶板进行强制放顶。在采空区垮落物高度未达到规定要求前，严禁出支架后部煤。

（9）工作面一次爆破距离不能超过 5 m，可以采用集中打眼，分段装药、爆破的方法进行。

（10）打眼爆破。要在作业规程中制定适合煤质条件的爆破说明书，并在实际工作中逐步完善。

（11）移架前，必须对移架安全情况进行全面检查，清理好退路。必须指定有经验的人员观察顶板。

（12）支架前移时必须使立柱底盘脱离浮煤，不允许拖着立柱向前移动。因特殊情况确需带压移架时，要有专人观察托梁、上挡矸板的情况，如有意外立即停止，待处理正常后再行操作。

（13）允许在托梁上、顶梁两后柱中间打临时支柱。

（14）前移顶梁时，必须使顶梁落在托梁上。顶梁前移受阻时必须停止移架，处理完毕后，方能继续移架。

（15）顶梁前进一个步距后，每个立柱都必须打足初撑。因局部底软不能打足初撑时，要穿好木鞋，但柱下只准穿一个木鞋。

（16）相邻两架支架的顶梁高度差不能大于 60 mm。

（17）待工作面所有支架全部前移一个步距并支撑合格后，方可前移托梁。

（18）移托梁前，要认真检查顶梁与托梁的间隙，不允许顶梁压在托梁上，当每个顶梁与托梁的间隙在 15~60 mm 之间时，方可前移托梁。

（19）顶梁前端至煤壁可保留 200 mm 左右的距离，具体情况根据煤质确定。当工作面有来压征兆时，支架及时缩到最小控顶距，支架及时前移，顶梁前端顶住煤壁。

（20）工作面来压的征兆是：顶板有异常响动（顶叫）、顶板向下掉碎煤（石）屑（顶板甩渣）、煤壁片帮、安全阀向外滴液（安全阀"流泪"）。

（21）当工作面出现来压征兆时，适当提高泵站压力，保证工作面支架处于良好工作状态，支架接顶后保持 2~3 s 再停止供液。在每一架支架下面打好斜撑支柱，以防支架向后产生位移，并禁止放顶煤。上下顺槽超前支护、端头支护及临时支护的所有支柱都必须打足初撑，保证其数量及质量。

（22）当工作面来压征兆剧烈时，必须立即撤出工作面所有人员。

（23）支架出现故障时，必须安排时间及时维修，不得"带病"作业。

（24）注液枪注液时，必须将注液口的脏物冲净，避免将脏物带到阀内。

（25）用牌号 M-10 的乳化油按浓度 2%~5% 配制乳化液，当需在工作面放置一段时间时，乳化液浓度不得低于 5%。

（26）对坚硬顶板的管理，必须有强制放顶设计，在作业规程中制定好安全技术措施，并在实际工作中严格执行。

（五）维护与故障排除

1. 运输

（1）液压件及液压管路在搬运前应用塑料盖封好注液口、包扎好注液接头，以免脏物、杂物进入。

（2）搬运千斤顶及立柱时，应把活塞杆收回拴牢。

（3）液压件在搬运中严禁摔碰，尤其是活柱体、活塞杆、注液接头等关键件及各类阀体结合面，以防损坏密封件和镀层。

（4）结构件搬运时，严禁从高处摔落，防止变形。

2. 储藏

（1）长期存放的液压件应用乳化油冲洗一次，防止锈蚀，并需放于空气干燥处。

（2）冬季存放应注意防冻，夏季存放注意不能曝晒。

（3）长期放置的液压件、立柱、千斤顶，使用前必须进行密封试验，必要时更换密封件及锈蚀的零部件。

3. 检修

（1）液压件的维修、保养必须由经过专门培训的人员负责。

（2）液压阀、千斤顶、立柱等发生动作不灵、无动作或泄漏等现象时，应及时修理或更换，不得"带病"使用。

（3）升井检修的千斤顶、立柱、液压阀等液压件，检修完毕后，均应倒净乳化液，长期存放的应用乳化油冲洗一次，使各零件的工作表面附着一层乳化油，防止锈蚀。

4. 故障排除

故障的现象、原因及排除方法见表3-3。

表3-3 故障的现象、原因及排除方法

部位	故障现象	故障原因	排除方法
乳化液泵站	泵不能运转	电气系统故障	检查维修电源、电机、开关、保险等
	泵不输液，无流量	1. 乳化液箱中乳化液不足 2. 吸液阀损坏或堵塞 3. 柱塞密封漏液	1. 及时补足乳化液 2. 更换吸液阀或清洗吸液管 3. 拧紧密封
	达不到所需的压力	1. 活塞填料损坏 2. 接头或管路漏液 3. 安全阀调节值低	1. 拧紧活塞填料 2. 拧紧接头，更换胶管 3. 重调安全阀
立柱	乳化液外漏	密封件失效	更换导向套或底座处密封件
	立柱不升或升得慢	1. 管路截止阀未打开或打开不够 2. 泵站压力低、流量小 3. 管路漏液 4. 立柱变形或外漏	1. 打开截止阀 2. 检查泵站与管路 3. 修复或更换管路 4. 更换立柱
	立柱不降或降柱慢	1. 管路截止阀未打开或打开不够 2. 导向套处密封漏液 3. 注液枪上密封圈脱落 4. 立柱变形，活柱弯曲	1. 打开截止阀 2. 更换密封件 3. 加密封圈 4. 更换立柱
	立柱自降	1. 三用阀漏液 2. 导向套处漏液 3. 底座处渗液	1. 更换密封件 2. 更换密封件 3. 更换立柱
千斤顶	不动作	1. 管路堵塞或截止阀未打开 2. 活塞杆弯曲变形 3. 连接处憋卡	1. 排除堵塞，打开截止阀 2. 更换上井检修 3. 排除憋卡
	漏液	1. 缸套密封圈损坏 2. 缸底或接头焊缝裂纹	1. 更换密封件 2. 升井补焊

表 3-3（续）

部位	故 障 现 象	故 障 原 因	排 除 方 法
阀件	安全阀达不到额定压力即开启	阀垫损坏或调定不合格	更换阀垫或重新调定开启压力
	安全阀不能及时关闭使立柱或油缸继续下降	安全阀的内部有憋劲现象	检修或更换安全阀
	操作阀在工作位置时支架不动作	1. 操纵阀液路或阀门被脏物堵死 2. 高压软管打折或压死	清除污物或更换软管
胶管	软管接头脱落及漏液	1. 接头与胶管扣压不紧 2. O形密封圈损坏	重新压紧或更换密封圈
	软管破裂	1. 移架时挤擦胶管破坏 2. 矸石砸坏胶管	更换胶管

课题六　乳化液泵站

乳化液泵站是向液压支架和外注式单体液压支柱供给工作液体，即将常压乳化液转化为高压乳化液，并通过管路供支柱或液压支架使用。乳化液泵站由两台乳化液泵和一台乳化液箱及其他附属设备组成。我国煤矿使用较为普遍的是 XRB2B 型乳化液泵和 XRXTA 型乳化液箱。

一、乳化液泵的工作原理

乳化液泵一般采用的是往复式三柱塞泵，以乳化液作为工作介质，工作原理如图 3-41 所示。

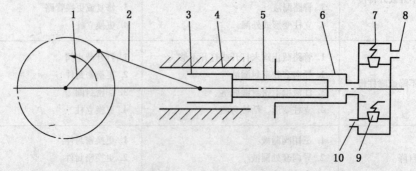

1—曲轴；2—连杆；3—滑块；4—滑槽；5—柱塞；6—缸体；7—排液阀；
8—排液口；9—吸液阀；10—吸液口
图 3-41　乳化液泵工作原理

当电动机带动曲轴 1 旋转时（图中箭头方向），曲轴带动连杆 2 运动，连杆带动滑块，沿滑槽 4 做左右往复运动，滑块又带动柱塞 5 同时做往复运动。当柱塞往左运动时，缸体 6 右端的容积由小变大而形成真空。此时，乳化液箱中的油液在大气压力作用下通过吸液口 10 打开吸液阀 9，这时排液阀 7 在排液管道内油液压力作用下是关闭的，因此乳化液充满缸体的空间，完成吸液过程。当柱塞往右运动时，缸体内的容积是由大变小，该容积里面的油液受到压缩而打开排液阀 7，同时关闭吸液阀 9，将吸入的乳化液通过排液口 8 经主油管路输送到工作面，完成排液过程。这样，柱塞往复一次，就排液一次。柱塞不断地运动，乳化液泵就不断地进行吸排液。由此可知，1 个柱塞在吸液过程中就不能排液，所以单柱塞的排液量是很不均匀的。为了使排液比较稳定和均匀，一般采用三柱塞式的，以减小流量波动。

二、XRB2B 型乳化液泵

XRB2B 型乳化液泵为卧式定量三柱塞泵，该泵额定压力为 34.3 MPa，流量为 80 L/min。泵的结构如图 3-42 所示。它分为箱体和泵头两部分，主要由曲轴 1、连杆 2、滑块 3、柱塞 4、导向铜套 8、吸液阀 5、排液阀 6、减速齿轮 12 等零部件组成。

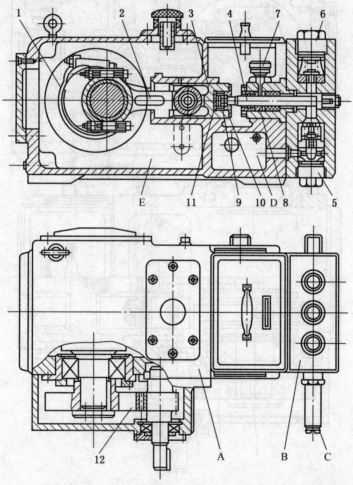

1—曲轴；2—连杆；3—滑块；4—柱塞；5—吸液阀；6—排液阀；
7—注油杯；8—导向铜套；9—半圆环；10—螺套；11—承压环；12—减速齿轮；
A—传动装置；B—泵头；C—安全阀；D—进液阀；E—传动腔
图 3-42　XRB2B 型乳化液泵结构图

泵体为整体分腔式结构，其中 E 腔为传动装置腔，兼作油池，D 腔为泵头的进液腔，与吸液阀相通。E 腔内安装一根三曲拐的曲轴，各曲拐相间 120°，以改善流量的不均匀性。三个连杆的一端分别抱装在曲轴三个曲拐处，另一端分别销装于三个滑块内，三个滑块带动泵头体内三个并排安装的三个柱塞，上部装有三个排液阀，下部装有三个吸液阀，分别与三个柱塞相通。其工作原理同普通柱塞式液压泵。

1. 箱体传动部分

箱体传动部分主要包括箱体、一级减速齿轮、曲轴、连杆、滑块及滤油器等，如图3-43 所示。

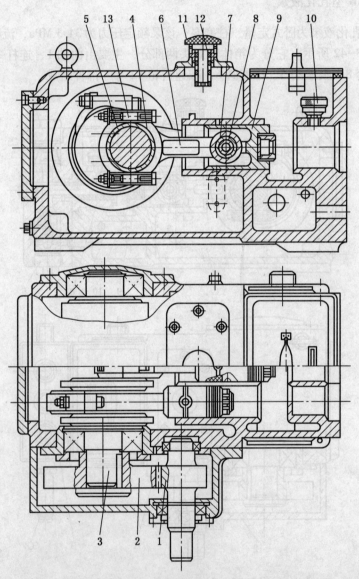

1—主动轴齿轮；2—大齿轮；3—曲轴；4—前轴瓦；5—后轴瓦；6—连杆；7—连杆衬套；
8—滑块销；9—滑块；10—油杯；11—放气帽；12—滤油器；13—连杆螺栓

图 3-43　XRB2B 型乳化液泵箱体传动部分

箱体是安装齿轮、曲轴、连杆和滑块的基架。箱体为整体式结构，用高强度铸铁制成。箱体里有2个腔：一是曲轴腔，在其内装设有曲轴、连杆和滑块等件；另一个是进液腔。在箱体侧面装置齿轮箱，由电动机经轮胎联轴器驱动主动轴齿轮1（19个齿）、传动大齿轮2（54个齿）带动曲轴3旋转。主动齿轮轴由1对单列向心短圆柱滚子轴承支承，曲轴由1对双列向心球面滚子轴承支承。曲轴上有3个曲拐，呈120°均匀分布。每个曲拐上通过前轴瓦4和后轴瓦5装有连杆6。连杆的另一端用连杆衬套7和滑块销8与滑块9相连接。

　　为了在井下更换柱塞方便，滑块与柱塞的连接采用半圆环结构，如图3-44所示。在柱塞端部装有1个承压块1承受柱塞压力，用一组半圆环2卡在柱塞的颈部，并用螺套3将柱塞压在承压块上。为了防止螺套松动，用锁紧螺母4锁紧。

　　传动部的各相对运动件之间均采用飞溅方式润滑。为确保曲轴与连杆大端轴承之间的润滑，在连杆瓦盖上下各钻1个小孔，如图3-45所示。当曲轴旋转时，下部小孔没入油池，曲拐按正转方向将润滑油捞入轴瓦与曲轴之间的摩擦面，再经上面小孔泄出，实现可靠的润滑。这也就是该泵不能反转的原因所在。在运转过程中，曲轴箱润滑油同时飞溅到油池，通过油池底部的3个孔经导向铜套注入连杆小端衬套与滑块销间，以及滑块与滑道孔间，以保持良好的润滑。同时为了加强柱塞与缸体间的润滑，在箱里装有油杯10（图3-43），向柱塞与缸体之间注油。为向箱体里注油和放掉内部的空气，在箱体的上部还装置有放气帽11和滤油器12（图3-43）。

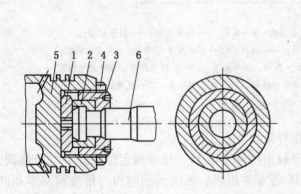

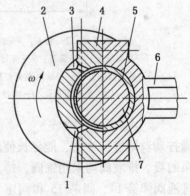

1—承压块；2—半圆环；3—螺套；4—锁紧螺母；
5—滑块；6—柱塞

图3-44　柱塞与滑块的连接

1—进油口；2—曲轴；3—回油孔；4—连杆；
5—轴瓦；6—连杆；7—曲拐

图3-45　曲拐处的润滑

2. 泵头部分

　　泵头主要由泵头体、吸液阀、排液阀、缸体和柱塞等部分组成，如图3-46所示。泵头体1为45号锻钢制成的整体结构。为了放出缸体内的空气，在泵头体前端的柱塞腔丝堵17上装有放气螺钉18。

　　柱塞2用合金结构钢制成，表面经氮化热处理，以提高柱塞的硬度和耐磨性。柱塞在缸体内的密封采用V形夹布橡胶密封圈。密封圈由压环8、密封环9和衬环10组成。密封圈的外侧装有导向铜套7，并用钢套丝堵3压紧。为防止丝堵松动，用螺母4锁紧。V形夹布橡胶密封圈是自紧密封结构，压力愈高则密封性能就愈可靠。V形密封圈磨损后，

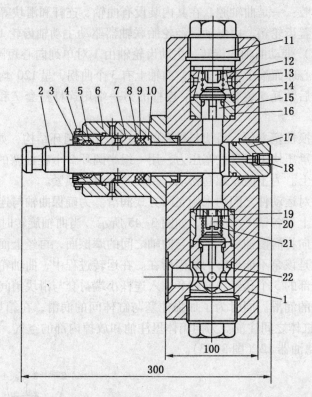

1—泵头体；2—柱塞；3—钢套丝堵；4—螺母；5—毡封油圈；6—高压钢套；
7—导向铜套；8—压环；9—密封环；10—衬环；11—排液丝堵；12—排液阀定位螺钉；
13—排液阀套；14—排液阀弹簧；15—阀芯；16—阀座；17—柱塞腔丝堵；18—放气螺钉；
19—吸液阀套；20—吸液阀定位螺钉；21—吸液阀弹簧；22—吸液丝堵

图 3-46　泵头

可稍微拧动丝堵进行补偿，能延长使用寿命。

泵的吸、排液阀均采用锥阀。排液阀由排液丝堵 11、排液阀定位螺钉 12、排液阀套 13、排液阀弹簧 14、阀芯 15 和阀座 16 等零件组成。吸液阀的结构与排液阀基本相同。吸液时，由于柱塞泵体内产生负压，乳化液箱里的油液在大气压力的作用下压缩吸液阀的弹簧，于是油液通过阀芯与阀座的间隙进入缸体内。排液时，高压乳化液将吸液阀关闭，打开排液阀，进入液压系统中。

3. 安全阀

乳化液泵的安全阀安装在泵头的一侧，它由阀壳、阀芯、阀套、顶杆、阀垫和弹簧等零件组成，如图 3-47 所示。安全阀与排液阀相通，作用是防止乳化液泵过载运行。该阀为直接作用滑阀式的安全阀。阀的 P 口与泵的高压排液口相通，高压乳化液作用在阀垫 10 上。当乳化液压力小于弹簧力时，安全阀处于关闭位置。若工作压力超过弹簧力时，高压乳化液通过阀垫 10、阀芯 4 和顶杆压缩弹簧，使阀座和阀芯右移，高压乳化液便从 P 口流到 O 口释放。安全阀释放出的乳化液不回乳化液箱，直接喷出泵体外。调整安全阀的压力是靠调定螺钉 8 来实现的，其调定压力为额定工作压力的 1.1 倍。

乳化液泵与普通液压泵相比结构上的特点：一是传动部分与泵头工作部分隔开，并采

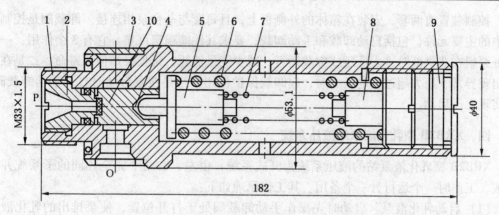

1—阀壳；2—阀套；3—套；4—阀芯；5—顶杆；6—大弹簧；7—小弹簧；

8—调定螺钉；9—保护塞；10—阀垫

图 3-47 安全阀

用润滑油润滑，保证良好的润滑性能；二是柱塞与缸筒之间不能采用间隙密封，而是采用密封圈密封，以减少泄漏。

三、XRXTA 型乳化液箱

XRXTA 型乳化液箱与 XRB2B 型乳化液泵配套使用，其作用是储存、回收和过滤乳化液。

XRXTA 型乳化液箱的工作容积为 640 L，卸载阀调定压力范围在 9.8~34.3 MPa，卸载阀恢复压力为调定压力的 70%。

XRXTA 乳化液箱的结构如图 3-48 所示，它包括箱体和控制装置两部分。主要由箱体1、回液接口 2、隔板 3、磁性过滤器 4、蓄能器 7、交替进液阀 8、吸液断路器 9 和卸载阀13 等部件组成。箱体采用钢板焊接而成，分为 3 个腔室，即沉淀室 I、磁性过滤室 II 和工作室 III。液压支架或卸载阀的回液先进入沉淀室，后流入磁性过滤室过滤液体中的磁性物质，再经过过滤网槽滤掉液体中的非磁性悬浮物等，然后进入工作室供乳化液泵使用。

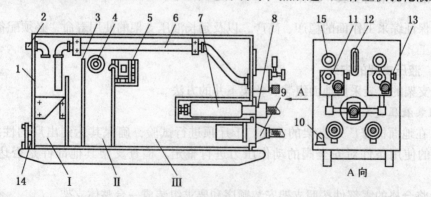

1—箱体；2—回液接口；3—隔板；4—磁性过滤器；5—过滤网槽；6—卸载管；7—蓄能器；8—交替进液阀；

9—吸液断路器；10—溢流管；11—压力表开关；12—液位观察窗；13—卸载阀；14—清渣盖；15—压力表；

I—沉淀室；II—磁性过滤室；III—工作室

图 3-48 XRXTA 型乳化液箱的结构

控制装置有两套，安装在箱体的外侧板上，且每套与一台泵相连接。卸载阀是控制装置中的主要元件，包括自动卸载和手动卸载，要求其性能稳定可靠。它有 3 个作用：一是保证泵组在非供液时进入低压或空载运行，减少能量消耗，延长泵站使用寿命；二是在系统出现异常、压力超过整定压力时，起卸载保护作用；三是在泵启动时打开手动卸载阀，可实现无压启动。

四、XRB2B 型乳化液泵站液压系统

XRB2B 型乳化液泵站的液压系统为开式系统，由左、右两个完全相同的子系统并联而成，工作时一个运行另一个备用。其工作原理如下：

（1）启动乳化液泵。启动时先操作手动卸载阀处于打开位置，使泵排出的乳化液经卸载阀直接通入乳化液箱，实现无压启动。

（2）正常供液。运行泵启动后，乳化液箱体内的乳化液经吸液过滤器及断路器进入泵内被加压，再经过单向阀、交替进液阀进入工作面用液系统。此时，泵的压力低于卸载阀的开启压力。在此工况中，利用蓄能器可消除因往复式泵的流量不均匀而引起的压力波动。

（3）卸载运行。当工作面液压支护设备不需要供液时，泵的排液压力上升，当升至先导阀的调定压力时，先导阀和主阀相继开启，泵所排乳化液经主阀回乳化液箱，泵在自动卸载状态下运行。在此工况中，利用蓄能器所储压力液可补偿支护系统因泄漏而造成的压力降，起保压作用。当工作面液压支架重新用液，高压液路压力下降到约为整定压力的70% 时，卸载阀关闭，泵站恢复正常供液。

（4）安全保护。当液压系统出现压力过载而卸载阀又失灵时，安全阀将被打开，泵排出的液体将经安全阀直接喷出，限制压力进一步升高，达到保护泵的目的。

课题七　液压支架的安装、使用与维护

一、液压支架的安装、操作

为了保证综采工作面的稳产、高产，以及延长液压支架的使用寿命，必须配备专职的支架操作工。

（一）液压支架的安装

液压支架的安装采用地面组装、整架下井的方法。

1. 组装液压支架

（1）在地面机修厂对支架的立柱、千斤顶进行试验，确保其达到出厂的性能要求。按工作面的使用条件对安全阀的动作压力进行整定。检查支架其他部件是否达到质量要求。

（2）将合格的零部件按照支架安装顺序和要求组装成一台整体支架。

（3）对整台支架进行通液试验，保证操纵阀和各液压缸的动作协调一致，支架整体的动作灵活，无漏油现象，符合支架的试验和质量标准。

（4）用橡胶塞封堵所有管路对外的通口，以防异物进入。

2. 工作面液压支架的布置安装

（1）在顶板较好的情况下，常采用后退式安装，即在准备好的工作面铺轨后由下出口向上出口方向逐架进行安装。在顶板破碎和工作面压力较大时，也可采用前进式安装，即由工作面上出口向下出口逐架进行安装。

（2）利用平板车将支架通过回风平巷运输到工作面上出口，再运到安装地点，为了降低运输高度还可把支架放在专门制作的导向滑板上，利用绞车在铺设的轨道上将其从工作面上出口运到安装地点。当煤层底板坚硬平滑时，也可将支架直接放在底板上用绞车拖到安装地点。

（3）支架运送到安装地点后，要旋转90°调向，对准支架的安装位置卸下。放到安装位置后，对支架要进行调正，保持两支架的中心距为1.5 m，并与已安放的刮板输送机溜槽垂直，将推移千斤顶与溜槽连接。

（4）将安装到位支架的管路与乳化液泵站的管路连接并调试，使支架达到应具有的初撑力。

（5）以上述工作方式安装全部支架。

（二）液压支架的操作

1. 支架操作前的工作

液压支架操作工必须经过严格培训，取得合格证后方可上岗，应熟悉支架的结构性能和各液压元件的工作原理、性能及作用，并熟练准确地按操作规程进行各种操作。为了操作方便和便于记忆，操纵阀组中每片阀都带有动作标记，要严格按标记操作，不得误操作。归纳起来，支架操作要做到：快、够、正、匀、平、紧、严、净。"快"即移架速度快，"够"即推移步距够，"正"即操作正确无误，"匀"即平稳操作，"平"即推溜移架要确保"三直两平"，"紧"即及时支护紧跟采煤机，"严"即接顶挡矸严实，"净"即架前架内浮煤碎矸要及时清除。

2. 操作顺序

液压支架的操作顺序常采用先移架后推移输送机的方式。

1）移架

移架的方式与步骤，主要是根据支架结构来确定，其次是工作面的顶板状况与生产条件。

在顶板比较破碎的情况下，移架过程分为降柱、移架、升柱3个动作。先接通操纵阀的卸载液路，打开支柱控制阀的单向阀，使支柱活塞卸载，活柱下降，顶梁逐渐下降脱离顶板。为尽量做到擦顶移架，方便控制顶板，手把在降柱位置尽可能停留时间短些。当顶梁与顶板稍有松动后，随即将手把放至移架位置，开启液路，支柱的活塞腔停止卸载，顶梁也不再下降，而移架动作开始，直到支架移到新的位置时为止。这时应憋压一下，以保证支架移足步距，并使支架与输送机垂直。如果使用组合式片阀，卸载降柱与移架可同时动作，使支架能擦顶移动。

2）推移输送机

当采煤机移过8~9个架身后，即滞后采煤机后滚筒10~15 m时，即可进行推移输送机。推移输送机时，可根据工作面具体情况，采用逐架推移、间隔推移或几架同时推移的方式。为使输送机保持平直状态，支架工推移输送机时，应注意随时调整步距，使输送机除推移段有弯曲外，其他部分保证平直，以利于采煤机工作。

放顶煤液压支架的基本操作程序一般为割煤—拉架—移前输送机—放顶煤—移后部输送机，要求跟机及时支护顶板，移架距离滞后采煤机滚筒 3～5 m，推溜要滞后 10～15 m。移过后部输送机后，达到了规定的放煤步距，就开始放顶煤。放顶煤时，放煤工要多次反复操作，操作插板千斤顶，收回插板，顶煤流入后部输送机被运走。适当摆动尾梁，可促使顶煤破碎下滑，如有大块煤，可用插板插碎。

二、液压支架的使用与维护

综采设备投资较大，特别是液压支架的投资约占整个综采工作面全套设备投资的一半。为了延长其服务期限，保证支架正常工作，除了严格遵守操作规程之外，还必须对液压支架加强维护保养和及时检查维修，使支架处于完好状态。

1. 对维修工的基本要求

掌握液压支架有关知识，了解各零部件结构、规格、材质、性能和作用，熟练地进行维护和检修，遵守维护规程，及时排除故障，保持设备完好，保证正常安全生产。

2. 维修内容

包括日常维护保养和拆检维修，维护的重点是液压系统。日常维护保养要做到：一经常、二齐全、三无漏堵。"一经常"即维护保养坚持经常；"二齐全"即连接件齐全、液压元部件齐全；"三无漏堵"即阀类无漏堵、立柱千斤顶无漏堵、管路无漏堵。液压件维修的原则是：井下更换、井上拆检。

3. 维修前工作

维修前要做到一清楚、二准备。"一清楚"即维护项目和重点要清楚；"二准备"即准备好工具尤其是专用工具，准备好备用配件。维修时做到：了解核实无误、分析准确、处理果断、不留后患。"了解核实"即了解出故障的前因后果并加以核实无误；"分析准确"即分析故障部位及原因要准确；"处理果断"即判明故障后要果断处理，该更换的即更换，需拆检的即上井检修；"不留后患"即树立高度责任感和事业心，排除故障不马虎、不留后患，设备不"带病"运转。

4. 坚持维护检修制度

液压支架的维护与检查制度采用五检制度，即班检、日小检、周中检、月大检、总检。

1）班检

生产班维修工跟班随检，着重维修保养支架和处理一般故障。维护和检修支架上可能发生的故障部位和零部件，以能保证 3 个班正常生产。

2）日小检

日小检的内容和要求：

（1）液压支架系统有无漏液、窜液现象，发现立柱和前梁有自动下降现象时，应寻找原因并及时处理。

（2）检查所有千斤顶和立柱用的连接销，看其有无松脱，如有要及时紧固。

（3）检查所有软管，如有堵塞、卡扭、压埋和损坏，要及时整理更换。

（4）检查立柱和千斤顶，如有弯曲变形和伤痕，要及时处理；影响伸缩时要修理或更换。

（5）推移输送机的千斤顶要垂直于工作面输送机，其连接部分要完好无缺，如有损坏要及时处理。

（6）当支架动作缓慢时，应检查其原因，及时更换堵塞的过滤器。

3）周中检

对设备进行全面维护和检修，对损坏、变形较大的零部件和漏、堵的液压件进行"强制"更换。

4）月大检

在周中检的基础上每月对设备进行一次全面检修，统计出其完好率，找出故障规律，采取预防措施。

5）总检

总检一般在设备换岗时进行，主要是统计设备完好率，验证故障规律，找出经验教训，特别要处理好在井下不便处理的事故，使设备处于正常状态。

三、液压支架的常见故障及排除方法

支架经过样机的各种受力状态下的性能试验、强度试验和累计 7000 次以上的耐久性试验，整套工作面支架出厂，又经过严格的验收，因此，在正常情况下，一般不会发生大的故障。但是，支架在井下使用过程中，由于煤层地质条件复杂，影响因素也较多，如果在维护方面存在隐患，则支架出故障也是难免的。因此，必须加强对综采设备的维护管理工作，使支架不出现或少出现故障。然而，一旦出现故障，不管故障的大小，都要及时查明原因迅速排除，以使支架保持完好，保证综采工作面的设备正常运转。液压支架的常见故障及排除方法详见表 3-4。

表 3-4 液压支架的常见故障及排除方法

部位	故障现象	可能原因	处理方法
立柱	乳化液外漏	1. 密封件损坏或尺寸不合适 2. 沟槽有缺陷 3. 接头焊缝有裂纹	1. 更换密封件 2. 处理缺陷 3. 补焊
	不升或升速慢	1. 截止阀未打开或打开不够 2. 泵压低、流量小 3. 立柱外漏或内窜液 4. 系统堵塞 5. 立柱变形	1. 打开截止阀并开足 2. 查泵压、液源和管路 3. 更换 4. 清洗和排堵 5. 更换
	不降或降速慢	1. 截止阀未打开或打开不够 2. 液控单向阀打不开 3. 操纵阀动作不灵 4. 顶梁或其他部位有憋卡 5. 管路有泄漏、堵塞	1. 打开截止阀并开足 2. 检查压力是否过低，管路有无堵塞 3. 清理手把处堵塞的矸尘或更换 4. 排除障碍物并调架 5. 排除漏、堵或更换管路

表 3-4（续）

部位	故障现象	可能原因	处理方法
立柱	自降	1. 安全阀泄液或调定压力值低 2. 液控单向阀不能闭锁 3. 立柱到连接板一段管路有泄漏 4. 立柱内泄漏	1. 更换 2. 查清，更换或检修 3. 更换 4. 其他原因排除后仍自降，则更换立柱
立柱	支撑力达不到要求	1. 泵压低 2. 操作时间短，未达到泵压即停止供液 3. 安全阀调压低，达不到工作阻力 4. 安全阀失灵	1. 调泵压，排除管路堵塞 2. 操作时充液足够 3. 更换安全阀，并按要求调定安全阀 4. 更换安全阀
千斤顶	不动作	1. 截止阀未打开或管路过滤器堵塞 2. 千斤顶变形，不能伸缩 3. 与千斤顶连接件憋卡	1. 打开截止阀，清除堵塞物 2. 更换 3. 排除憋卡
千斤顶	动作慢	1. 泵压低 2. 管路堵塞 3. 几个动作同时操作，造成短时流量不足	1. 检修泵并进行调压 2. 排除堵塞物 3. 协调操作，尽量避免过多的动作同时操作
千斤顶	出现个别联动现象	1. 操纵阀窜液 2. 回液阻力影响	1. 检修或更换操纵阀 2. 发生于空载时，不影响支撑
千斤顶	作用力达不到要求	1. 泵压低 2. 操作时间过短，未达到泵站压力 3. 闭锁液路漏液，达不到额定工作压力 4. 安全阀开启压力低 5. 阀、管路漏液 6. 单向阀、安全阀失灵，造成闭锁超阻	1. 调整泵压 2. 延长操作时间 3. 更换漏液元件 4. 调定安全阀的工作压力 5. 检修或更换阀和管路 6. 检修或更换单向阀和安全阀
千斤顶	漏液	1. 密封件损坏或规格不对 2. 沟槽有缺陷 3. 焊缝有裂纹	1. 更换密封件 2. 处理缺陷 3. 补焊
千斤顶	不操作时有液体流动声或有活塞杆缓动现象	1. 钢球与阀座密封不好，内部窜液 2. 阀座上密封件损坏 3. 阀座密封面有污物	1. 更换 2. 更换 3. 多动作几次，如果无效则更换
液控单向阀和双向阀	闭锁腔不能回液，立柱、千斤顶不能回缩	1. 顶杆变形、折断，顶不开钢球 2. 控制液路堵塞，不能回液 3. 顶杆处密封件损坏，向回路窜液 4. 顶杆与套或中间阀卡塞，使顶杆不能移动	1. 更换 2. 拆检控制液管，保证畅通 3. 更换，检修 4. 拆检

复习思考题

1. 液压支架由哪几部分组成？
2. 试述液压支架的工作原理。
3. 我国煤矿采用的液压支架有哪几种类型？
4. 液压支架的基本参数有哪些？
5. 常用液压缸有哪几种类型？各类型的组成如何？
6. 液控单向阀的作用是什么？
7. 操纵阀有何作用？
8. 试述液压支架顶梁类型及其用途。
9. 简述掩护梁的作用。
10. 液压支架是怎样进行导向和防滑的？
11. 试述液压支架推移装置的工作原理。
12. 试分析支撑掩护式支架的液压系统。
13. 简述单体液压支柱的类型及用途。
14. 试述滑移顶梁支架的用途及支护过程。

模块四　掘 进 机 械

目前，煤矿巷道掘进工艺有钻（眼）爆（破）法和掘进机法两种。

钻爆法首先在工作面钻凿有规律的炮眼，在炮眼内装上炸药进行爆破，然后用装载机械把爆破下来的煤岩装入矿车运出工作面。这是我国巷道掘进的传统技术，在我国煤矿巷道掘进中仍占相当大的比重。钻凿炮眼常用凿岩机和凿岩台车，装载煤岩常用耙斗式装载机和铲斗式装载机。

掘进机法没有钻眼爆破工序，直接利用掘进机上的刀具破落工作面上的煤和岩石，形成所需断面形状的巷道，同时将破落下来的煤岩装入矿车或输送机运走，实现落、装、运一体化。掘进机法大大加快了巷道的掘进速度，生产率高，劳动强度低，是一种先进的掘进工艺。

课题一　凿 岩 机

凿岩机是以冲击回转方式驱动钎杆、钎头在岩体中钻眼的机具，适宜在中等坚硬和坚硬的岩石上钻凿炮眼。凿岩机的应用十分广泛，除应用于煤矿的巷道掘进外，也应用于金属矿、铁路和公路建设、水利等工程中。

凿岩机按驱动力，可分为气（风）动式、电动式、液压式和内燃式 4 类。矿山大量使用气（风）动凿岩机，它是以压缩空气为动力，将压气能转变为机械冲击能，通过钻具对岩石进行冲击破碎以形成炮眼的钻孔机械，可用于掘进岩巷时钻凿水平或倾斜炮眼。电动凿岩机动力单一，效率高，可省去复杂的压气供应系统，与气（风）动凿岩机相比，具有省电、节油、减少投资和降低凿岩成本的明显效果，但工作可靠性差，目前在煤矿中用得不多。液压凿岩机比气（风）动凿岩机的效率高，但对零件的制造精度和维护保养技术要求较高。内燃凿岩机多用于野外作业，若在矿井中应用，其废气的净化和防爆问题较难解决。

按支承和推进方式，气动凿岩机又分为手持式、气腿式和导轨式 3 种。手持式气动凿岩机用于钻凿水平、倾斜及垂直向下的炮眼；气腿式气动凿岩机带有起支承和推进作用的气腿，用手握持工作，可打水平、向上倾斜及向下倾斜的浅炮眼；导轨式气动凿岩机的质量较重，它安装在推进器的导轨上，靠推进器支承和推进，可打各种方向的中深炮眼。

一、凿岩机的工作原理

凿岩机主要由冲击机构、转钎机构、除粉机构和钎子等组成，如图 4-1 所示。

凿岩机工作时，做高频往复运动的活塞（冲击锤）不断冲击钎子尾端，在冲击力的作用下，钎子的钎刃凿入一定深度，形成一道凹痕 I—I。活塞带动钎子返回行程时，在转

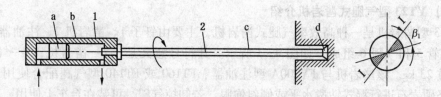

1—凿岩机；2—钎子；a—活塞（冲击锤）；b—缸体；c—钎杆；d—钎头
图 4-1 凿岩机的工作原理

钎机构的作用下钎子回转一定角度，然后再次冲击钎尾，又使钎刃在岩石上形成第二道凹痕。两道凹痕之间形成的扇形岩块，被钎刃上所能产生的水平分力剪切。活塞不断冲击钎尾，并从钎子的中心孔连续注入压缩空气或压力水将岩粉排出，就可形成一定深度的圆形炮眼。

二、凿岩工具

钎子是凿岩机破碎岩石和形成岩孔的刀具，由钎头、钎杆、钎肩和钎尾组成。目前普遍使用活头钎子，如图 4-2 所示，这类钎子的钎头磨损后，更换钎头可继续使用。

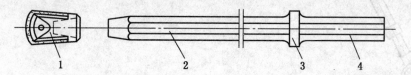

1—钎头；2—钎杆；3—钎肩；4—钎尾
图 4-2 活头钎子

钎头按刃口形状不同，分为一字形、十字形和 X 形等。现场最常用的是镶嵌硬质合金片的一字形和十字形钎头，在致密的岩石中钻眼一般使用一字形钎头，在多裂隙的岩石中钻眼多使用十字形钎头。钎头直接破碎岩石，要求其锋利、耐磨、排粉顺利、制造和修磨简便、成本低。

钎杆是传递冲击和扭矩的部分，要求具有较高的强度。常用硅锰钢和硅锰钼钢制成。钎杆断面呈有中心孔的六角形，中心孔通水或通压气以清理钻孔内的岩粉。

钎尾直接承受凿岩机活塞的频繁冲击和扭转，要求其既有足够表面硬度，又具有良好韧性，对钎尾应进行热处理。钎尾部的长度比凿岩机内转动套的长度稍长，以便活塞始终冲击钎尾。这个尺寸一般在凿岩机技术性能中注明，以便配用所需钎尾。

钎肩用来限制钎尾插入机体的长度，并使钎卡能卡住钎杆，使其不致从钎尾套中脱落。

三、气腿式凿岩机

气腿式凿岩机广泛用于煤矿岩巷掘进。气腿式凿岩机主要由凿岩机、钎子、注油器、水管、风管和气腿组成。气腿支承着凿岩机并给以推进力。钎子的尾部装入凿岩机的机头钎尾套内。注油器连接在风管上，使润滑油混合在压缩空气中而进入凿岩机内润滑各运动副。压力水经水管供至钎子中心孔冲洗炮眼内的粉尘。

（一）YT23 型气腿式凿岩机介绍

YT23 型凿岩机是一种高效率气腿式凿岩机，主要由钎子 1、凿岩机 2、注油器 3、水管 4、气管 5 和气腿 6 组成，如图 4-3 所示。其符号意义是：Y—凿岩机；T—气腿式；23—机重 23 kg。该凿岩机与 FY200A 型注油器、FT160 或 FT140 型气腿配合使用，可对中硬或坚硬岩石进行湿式钻凿水平或倾斜炮眼。若卸掉气腿，可装在台车上使用，其凿岩效果更好。这种凿岩机采用了气水联动、气腿快速退回和气压调节机构，控制手柄集中在柄体上，操作方便，并配有消声装置。

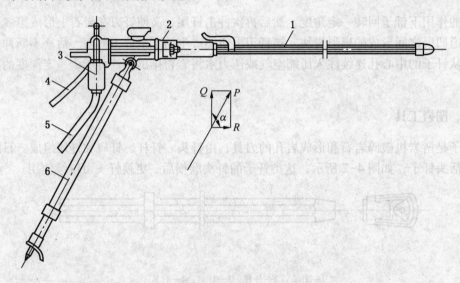

1—钎子；2—凿岩机；3—注油器；4—水管；5—气管；6—气腿

图 4-3　YT23 型气腿式凿岩机

YT23 型气腿式凿岩机的结构如图 4-4 所示，它主要由柄体 1、棘轮 2、配气机构 3、螺旋棒 4、气缸 5、活塞 6、消声罩 7、机头 10 和操纵阀手柄 14 等部分所组成。柄体 1、气缸 5 和机头 10 通过 2 根长螺栓 12 连接成为一个整体。六方钎子的尾端插入机头钎套内，并用钎卡 11 夹住。在柄体上装有凿岩机的操纵阀手柄 14、气腿换向阀扳机 15 和气腿调压阀手把 16（在手柄下端，在图中看不见）。在缸体上装有排气消声罩 7。水管拧接在柄体 1 的水管弯头上，气管拧接在自动注油器上，而注油器又拧接在气管弯头上。气腿 6（图 4-3）的上端横臂与气缸下部的连接套 13 相连接，以便能相对转动。在凿岩机内部装有冲击配气机构、转钎机构和吹洗机构等。在凿岩机柄体与气腿上都装有手把，以便操作。

1. 配气机构

气动凿岩机的配气机构如图 4-5 所示。凿岩机在工作时，压气经柄体上的操纵阀进入气缸的前腔或后腔，推动活塞做往复运动，冲击钎子使之凿岩。冲击配气机构由气缸、导向套、活塞和配气阀组成。配气阀装在气缸 11 里，位于棘轮 3 和活塞 8 之间。

1）活塞的冲程运动

活塞的冲程运动如图 4-5a 所示，活塞位于后腔（图中左侧），滑阀 20 位于左极端位置上，阀盖 6 的冲程进气孔 7 打开。此时，压气经操纵阀 1→柄体气室 2→棘轮 3 的周边气道→阀柜 4 的周边气道→阀柜气室 5→冲程进气孔 7 而进入气缸后腔，推动活塞 8 向前

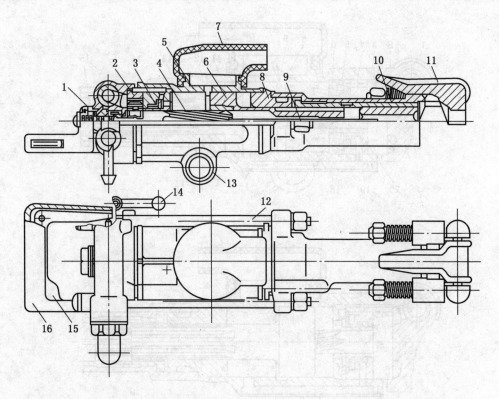

1—柄体；2—棘轮；3—配气机构；4—螺旋棒；5—气缸；6—活塞；7—消声罩；8—导向套；9—水针；
10—机头；11—钎卡；12—连接螺栓；13—连接套；14—操纵阀手柄；15—扳机；16—手把

图 4-4　YT23 型气腿式凿岩机结构图

运动；同时，前腔中的空气经排气孔 9→消声罩 10 排出，冲程运动开始。当活塞右侧边缘关闭排气孔 9 后，气缸前腔的空气被压缩。当活塞左侧边缘打开排气孔 9 的瞬间，则活塞以高速冲击钎子 15，从而完成冲击运动。这时，气缸后腔与大气相通，压力急剧降低，而气缸前腔中的气体被压缩，其压力升高，经气缸上的气道 16→回程进气孔 19 进入配气阀内，推压滑阀 20 的左面；而滑阀 20 的右面因与大气相通，压力很低，即滑阀 20 左面所受的压力大于右面所受的压力，在压力差的作用下，滑阀 20 向右滑动，关闭冲程进气孔 7，使回程进气孔 19 与阀柜气室 5 连通，为活塞的回程运动准备了条件。

　　2）活塞的回程运动

　　活塞的回程运动如图 4-5b 所示，活塞位于前腔，滑阀 20 在右极端位置上打开回程进气孔 19。此时，压气经操纵阀 1→柄体气室 2→棘轮 3 的周边气道→阀柜 4 的周边气道→阀柜气室 5→回程进气孔 19→缸体气道 16 而进入气缸前腔，推动活塞 8 向后运动；同时，后腔中的空气经排气孔 9→消声罩 10 排出，回程运动开始。当活塞左侧边缘关闭排气孔 9 后，气缸后腔的空气被压缩。当活塞右侧边缘打开排气孔 9 后，气缸前腔与大气相通，压力急剧降低，而气缸后腔中的空气被压缩，压力升高，经冲程进气孔 7 推压滑阀 20 的右面；而滑阀 20 的左面因与大气相通，压力很低，即滑阀 20 的右面所受的压力大于左面所受的压力，在压力差的作用下，滑阀 20 向左滑动，关闭回程进气孔 19，使冲程进气孔 7 与阀柜气室 5 连通，又为活塞的冲程运动准备了条件。

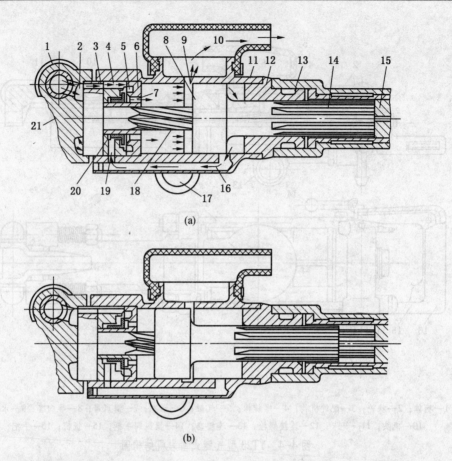

1—操纵阀；2—柄体气室；3—棘轮；4—阀柜；5—阀柜气室；6—阀盖；7—冲程进气孔；
8—活塞；9—排气孔；10—消声罩；11—气缸；12—导向套；13—机头；14—转动因套；
15—钎子；16—气道；17—连接套；18—螺丝棒；19—回程进气孔；20—滑阀；21—柄体

图 4-5   YT23 型凿岩机的配气机构图

如上所述，活塞不断往复运动，连续冲击钎子而完成凿岩作业。

2. 转钎机构

转钎机构由棘轮 1、棘爪 2、弹簧 3 和螺旋棒 4 等部分组成，如图 4-6 所示。螺旋棒 4 旋入活塞 5 的内螺旋孔中，其头部装有 4 个棘爪 2，棘爪在弹簧的作用下顶住棘轮 1 的内齿。棘轮 1 用定位销固定在气缸和柄体之间不能转动。转动套 6 的右端有花键槽，与活塞上的花键相配合。转动套 6 的左端中心孔内装有钎尾套 7。钎尾套内孔为六方形，钎子 8 的尾部插入其中。

3. 吹洗机构

YT233 型凿岩机的除粉方式有两种：一种是在正常凿岩时，注水加气冲洗炮眼；另一种是当岩粉过多影响正常工作时，可采用强力吹洗炮眼。

1）气水联动冲洗装置

气水联动冲洗装置主要由进水阀和注水阀组成，如图 4-7 所示。进水阀装在水管弯头 19 内。当水管弯头拧入柄体 3 的右下侧连接孔内时，进水阀芯 20 被柄体顶出，这时冲

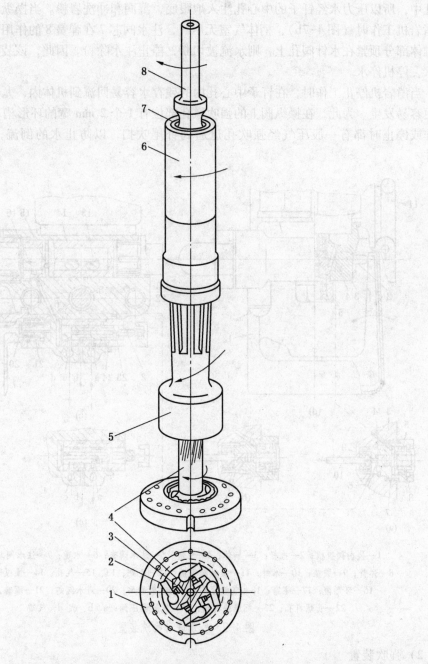

1—棘轮；2—棘爪；3—弹簧；4—螺旋棒；5—活塞；6—转动套；7—钎尾套；8—钎子

图 4-6　YT23 型凿岩机的转钎机构图

洗水经阀芯的中心孔进入柄体水道 6 内。若水管弯头向外拧松时，则进水阀芯在水的压力作用下向左移动，紧靠在螺套 21 右侧的胶垫上，水流被切断。

当扳动操纵阀手柄 11 使凿岩机工作时（图 4-7a），压气在进入冲击配气机构的同时，部分压气经柄体气室的气道 4 进入注水阀套 5，推动注水阀芯 7 克服弹簧 8 的弹性力向左移动，打开进入水针 10 的阀孔，压力水便从水道 6 进入水针。因水针前端插入钎子的中心孔中，所以压力水经钎子的中心孔注入炮眼底，湿润和冲洗岩粉。当操纵阀处于0位停止凿岩机工作时（图4-7b），柄体气室无压气，注水阀芯7在弹簧8的作用下右移，其前端锥体部分顶紧在水针阀孔上，则水流被切断，停止注水除粉。因此，该装置可做到开机注水，停机停水。

当凿岩机停止工作时，在钎子中心孔内的残存水容易回流到机体内，尤其是向上打眼时更容易发生。为此，在操纵阀上的强吹风孔部位有1个2 mm宽的环形槽，保证凿岩机工作或停止时都有一股压气经强吹孔道通到钎尾吹扫，以防止水的倒流，可避免锈蚀零件。

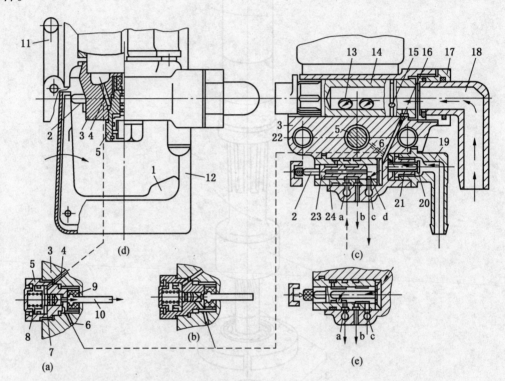

1—换向阀扳机；2—推杆；3—柄体；4—气道；5—注水阀套；6—水道；7—注水阀芯；

8—弹簧；9—胶垫；10—水针；11—操纵阀手柄；12—手把；13、15—气孔；14—操纵阀芯；

16—环形槽；17—螺塞；18—气管弯头；19—水管弯头；20—进水阀芯；21—螺套；

22—长螺杆孔；23—气腿换向阀；24—气腿调压阀；a、b、c、d—气道

图4-7　气水联动吹洗装置

2）强吹装置

强吹装置如图4-8所示，当炮眼内污物多或结束钻眼前以及钎头出水孔被岩浆、岩粉堵塞时，都需要进行强力吹洗炮眼，以疏通水路。进行强吹时，可将操纵阀扳到强吹位置，此时既停水又停机，其压气经操纵阀1和强吹气道2~5进入机头内腔6，再经钎子中心孔7吹入炮眼底，将岩粉从孔内强力吹出。为了减少钎子的运动阻力和预防"卡钎""堵钎"，在正常工作时，也应经常实施强力吹风。如强吹无效，可将钎子从炮眼内拔出，检查风路，待排除故障后再次复吹。

进行强吹时，为了避免强力吹洗炮眼的压气推动活塞后移，使压气自排气孔漏掉，在

气缸后腔的缸体上设有1个平衡孔8与强吹气道连通，压气经此孔作用在活塞上，使活塞在两侧压气的作用下处于排气孔中间位置，以保证在强吹时，其排气孔被活塞封闭。

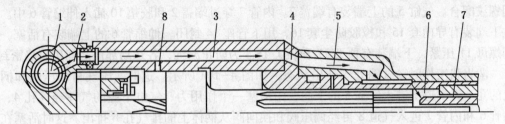

1—操纵阀；2—柄体气道；3—缸体气道；4—导向套气道；5—机头气道；

6—机头内腔；7—钎子中心孔；8—平衡孔

图4-8 强吹装置

4. FY200A 注油器

YT23型凿岩机所配用的FY200A型注油器可实现自动注油，以保持各零部件始终处于良好的润滑状态。注油器装在进气胶管与进气弯头之间，主要由调油阀1、中心管3、壳体6、端盖5（9）和油阀10等部分组成，如图4-9所示。

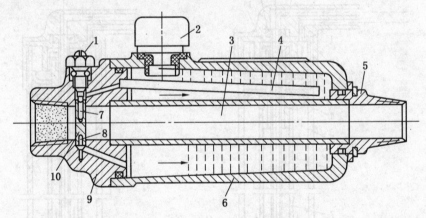

1—调油阀；2—加油盖；3—中心管；4—小管；5、9—端盖；6—壳体；7、8—孔；10—油阀

图4-9 FY200A型注油器

壳体6内装有中心管3和小管4，两侧用端盖5和9封闭。在端盖9内装有油阀10，该阀上有2个小孔，孔8平行于中心管3，孔7与中心管相垂直。当凿岩机工作时，压气沿箭头方向从中心管3通过，部分压气经孔8进入壳体6内，对润滑油面施加压力，迫使润滑油经小管4流向孔7。孔7与气流方向垂直，其压气以高速流过时，在孔7口处形成负压，使润滑油向外喷出并被压气吹成雾状，随压气进入凿岩机和气腿内，以润滑各运动部位。

润滑油量的大小可由调油阀来控制，一般以每分钟耗油量2.5~3 mL为宜。润滑油可根据环境温度选择，温度低于10 ℃时可选用20号或30号机械油；温度在10~30°C时，可选用40号或50号机械油。

5. FT160 型气腿

FT160型气腿主要由气缸5、活塞12、伸缩管6、内管7、横臂9、导向套15和顶叉

17 等部分组成，如图 4-10 所示。横臂 9 插入凿岩机下端的连接套内，并用螺母固定。横臂上的气道 1 和 8 分别与凿岩机上的气孔 c 和 a（图 4-7）连通。横臂 9 的架体与气缸 5 用螺纹配合。气缸 5 的上端装有端盖 2。内管 7 穿过端盖 2 和胶垫 10 插入伸缩管 6 中。气缸下端装有导向套 15 和橡胶防尘套 16，用下管座 14 封闭。伸缩管 6 的上端装有活塞，并用螺母 11 压紧，下端装有顶叉 17 和顶尖 18。为防止漏气，各运动部件之间用胶垫密封。

　　凿岩机工作时，气腿处于伸出状态，如图 4-10a 所示。这时，压气自调压阀和柄体上的孔 c 经气道 1 进入气缸 5 的上腔，给活塞一个作用力；气缸下腔的气体经气孔 4、伸缩管 6 和内管 7 进入气道 8 再经调压阀和换向阀从柄体上的排气孔 b 排出。这时活塞在压力差的作用下推动伸缩管 6 向下移动，但由于伸缩管 6 的底部通过顶叉 17 和顶尖 18 支撑在底板上，故迫使气缸 5 向上升起，给凿岩机以推进力。

　　当凿岩机停止工作后，扳动凿岩机后部扶手中的换向阀扳机，通过换向阀改变气路使气腿快速缩回，如图 4-10b 所示。此时，压气自换向阀和调压阀经柄体上的气孔 a 通过气道 8、内管 7 和气孔 4 进入气缸下腔；气缸上腔的气体则经气道 1、柄体上的孔 c、调压阀和换向阀从柄体上的排气孔 b 排出。这时，活塞在压力差的作用下推动伸缩管快速缩回。

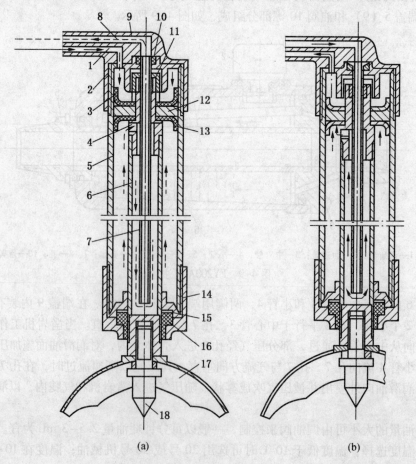

1、8—气道；2—端盖；3、13—胶碗；4—气孔；5—气缸；6—伸缩管；7—内管；9—横臂；10—胶垫；11—螺母；12—活塞；14—下管座；15—导向套；16—防尘套；17—顶叉；18—顶尖

图 4-10　FT160 型气腿的结构及工作原理

6. 操纵装置

操纵装置包括凿岩机的操纵阀、气腿的调压阀和换向阀。

1）凿岩机的操纵阀

该操纵阀位于柄体的上端。在图4-7中，阀芯14的中心孔与气管弯头18连通。阀芯14上有2个相同的大径向气孔13和1个小径向气孔15，还有1个环形槽16。2个大径向气孔13与柄体气室相通，供冲击配气机构使用；小径向气孔15与强吹气道相通，供强力吹风使用；操纵阀手柄11的功用是控制凿岩机开动与停止。该阀共有5个操纵位置，如图4-11所示。

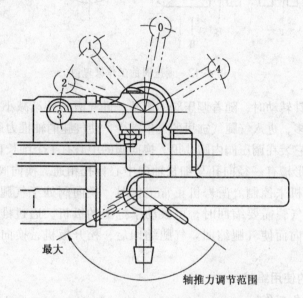

0的位置：停止工作，停气停水；1的位置：轻运转，注水吹洗；2的位置：中运转，注水吹洗；3的位置：全运转，注水吹洗；4的位置：停止工作，停水，强力吹洗

图4-11 操纵阀的使用部位图

2）气腿的调压阀和换向阀

这2个阀位于柄体的下端。调压阀用来控制压气量的大小而改变气腿的轴推力，换向阀用来控制压气的进排方向而实现气腿的伸缩。

调压阀的工作原理如图4-12所示，它实际上是一个可调的节流阀，手把控制在不同的位置，进入气腿的压气量就不同，从而达到改变气腿轴推力的目的。调压阀的中心是1个圆孔，阀体圆周上有3个环形槽A、B、F，在每个槽上有1个径向孔与中心圆孔相通。环形槽A、B分别与柄体上的a、b孔相连。环形槽F内套入环形胶质胀圈。胀圈在压力作用下胀开，紧贴在柄体上，使调压阀可固定于任一位置。调压阀上还有2个相反的半月牙形沟槽m和n。m是进气槽，其左侧有径向孔d与中心圆孔相通；n是排气槽，其左侧有沟槽e与环形排气槽B连通；m和n与柄体上的气孔c相连。

气腿调压过程是：当调压阀顺时针转动时，压气经径向孔d、半月牙形沟槽m进入柄体上的c孔到气缸上腔，同时有一部分压气经半月牙形排气槽n从排气孔b排出。随着调压阀的旋转，进气槽m逐渐增大，排气槽n逐渐减小，即进入气缸的气量增多，被排出的气量减少，从而使气腿的轴推力不断增大。当调压阀转到进气孔 d 和 c 孔完全相通，排气槽 n 脱离 c 孔时，压气全部进入气腿气缸里，这时气腿的轴推力达到最大值。

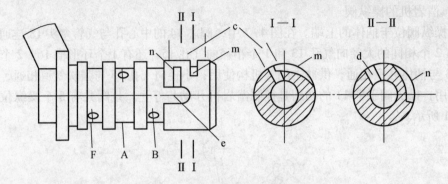

图 4-12　调压阀的工作原理图

若调压阀逆时针转动时，随着调压阀的旋转，进气槽 m 逐渐减小，n 逐渐增大，即从气孔 b 排出的气量多，进入气腿气缸里的气量减少，使气腿的轴推力逐渐降低。换向阀是一个二位四通阀，它装在调压阀内圆孔里。换向阀的中心有 1 个细长盲孔，圆周上有 2 个环形槽，左侧的环形槽有一径向孔与细长轴向中心盲孔相通。换向阀的左端装有 1 个推杆，由手把上的扳机来控制。凿岩机正常工作时，换向阀处于气腿伸出的状态，扳机处于自由状态；当气腿需要缩回时，可扳动手把上的扳机，通过推杆推动换向阀向右移动，改变压气方向而使气腿缩回。气腿缩回后，松开扳机，换向阀在弹簧作用下向左复位。

（二）凿岩机的使用维护

1. 使用前的准备工作

（1）新购入的凿岩机在使用前需拆卸清洗内部零件，除掉机器在出厂时所涂的防锈油脂。在重新组装时，应在零件的配合表面上涂润滑油。使用前还应在低压下（0.3 MPa）试运转 10 min，检查运转是否正常。

（2）凿岩机接气管和水管之前，需放气放水，将各自管内与接头处的污物吹洗净，以免污物进入机体内损坏机件。

（3）凿岩机在开动前应向自动注油器里装满润滑油，调好油阀。注油后应将油盖封好，以防岩粉或污物进入。

（4）检查各操纵手柄是否动作灵活可靠，检查各连接件是否牢靠，要避免机件脱落伤人，且保证其正常运转。

（5）检查工作地点的气压和水压。气压应为 0.5~0.6 MPa。气压过高会加快零件的损耗；过低则会降低凿岩效率，甚至不能工作。水压应符合凿岩机的要求。水压过高会使水灌入机内破坏润滑，降低凿岩效率及锈蚀零件；过低则会降低冲洗效果。

（6）检查钎子质量。钎尾要符合凿岩机的要求，不合格的钎子禁止使用。钎尾插入凿岩机机头后，用手能转动钎子，否则应更换。

2. 使用注意事项

（1）严格遵守钻眼安全技术操作规程，谨防断钎。一旦出现断钎时，应眼明手快，用手握住手把上的扳机，减小机器向前的冲力，以防发生损伤事故。钻眼时，凿岩机正前方严禁站人。

（2）润滑油可根据现场温度来选择，温度较高时选用黏度大一些的润滑油，反之则选用黏度小一些的润滑油。应特别注意的是，在高瓦斯矿井使用时，不能选用燃点低、易发火的润滑油，以防引起爆炸事故。

（3）开钻时应先由轻运转开始，在气腿轴推力逐渐增大的同时，再逐渐开全运转凿岩。不得在气腿轴推力最大时使凿岩机骤然开全运转，更不能长时间开全运转空行，以免擦伤和损坏零件。在拔钎时，以中运转状态拔钎为宜。

（4）湿式凿岩机严禁无水作业，更不能拆掉水针作业，否则会损坏阀套等零件，使凿岩机运转不正常。

（5）凿岩过程中一旦钎子被卡住，绝不能用力强行扭动凿岩机，若扭动方向与正常旋转方向相反时会导致棘爪被挤碎。也不能用敲打钎杆的方法去处理，应先使用扳手慢慢转动钎子，再开轻运转逐渐拔出钎子，然后重新工作。

（6）注意检查钎子的运转情况，若钎头损坏或磨钝、钎尾变形或打裂，都要及时更换。当钎头上的硬质合金片碎裂或掉角时，必须将碎片从孔中掏出来才能继续凿岩。

（7）经常观察凿岩机的运转情况，如发现声音不正常，应立即停车检查处理。

（8）操作时要注意气腿的供气量。若气量过大，钎子会顶紧眼底，使机器在超负荷下运转，加速零件的磨损；若气量过小，会减少轴推力，机器产生回跳，振动增大。

（9）操作时气腿与地面的夹角不宜过大或过小，以保证适当的轴推力和必要的支撑力。气腿的支点要可靠，以防气腿滑动伤人。

（10）操作时应注意工作面的岩石情况，随时观察有无冒顶、片帮危险，禁止打残眼。

3. 日常维护

（1）凿岩完毕后，应卸掉水管进行轻运转，吹净机内残存水，以防零件锈蚀；然后，将凿岩机放在安全清洁的地方，不能随意乱放。

（2）凿岩机通常每周清洗一次，以保持设备完好状态。

（3）经常检查，按期进行修理，及时更换磨损零件，以保证机器的正常运转。

（4）禁止在工作面拆装凿岩机，以防污物进入和零件丢失。

（5）长期不用的凿岩机要拆开清洗干净，涂上防锈油再行装配，并放在干燥清洁的地方保存。

四、液压凿岩机

液压凿岩机是以高压液体为动力的一种新型高效凿岩设备。它具有凿岩速度快、动力消耗少、效率高、噪声小、润滑条件好、操作方便、适应性强、钻具寿命长等优点。该机由于对零件的加工精度和维护使用技术要求较高，因此还不能完全代替气动凿岩机。

（一）液压凿岩机的基本组成及工作原理

现以国产 YYG-80 型液压凿岩机为例，说明其基本组成和工作原理。

YYG-80 液压凿岩机主要由冲击机构、转钎机构、供水排粉机构、液压马达、配油阀和蓄能器等组成，如图 4-13 所示。

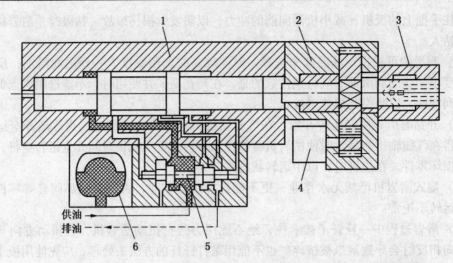

1—冲击机构；2—转钎机构；3—供水排粉机构；4—液压马达；5—配油阀；6—蓄能器

图4-13　液压凿岩机的组成

冲击机构主要由缸体、活塞和配油滑阀组成。在配油机构的作用下，压力油交替地进入活塞前腔、后腔，推动活塞在缸体内做往复运动，冲击钎子破碎岩石。

液压凿岩机采用独立外回转式转钎机构，由液压马达、齿轮、钎尾套和供水套等组成。液压马达经齿轮减速后驱动钎尾套使钎子转动。

供水排粉机构采用高压大流量的冲洗水进行排粉，供水采用旁侧进水方式。

液压凿岩机多为高频重型导轨式凿岩设备，一般要和凿岩台车配套使用，有专用的推进装置。

液压凿岩机设有主油路蓄能器和回程蓄能器。主油路蓄能器可稳定油路压力，避免产生过大的液压冲击力；回程蓄能器可提高冲击力。由于液压凿岩机的运动零件都在油液中工作，因此不需要另外润滑。

（二）凿岩机液压系统工作原理

液压凿岩机的液压系统工作原理如图4-14所示。

当钎头在接触岩石之前，使手动换向阀21处于左位，回转定量液压泵来油经换向阀21至回转马达1，马达先旋转；使电磁换向阀8处于右位，推进定量液压泵9来油，经电磁换向阀8和可调单向节流阀6进入推进液压缸右腔，推进液压缸推动凿岩机沿着推进器的滑架空载前行，这时只需3.5 MPa以下的工作油压，其轴推力只是克服凿岩机与滑架间的摩擦力；当钎头接触到岩石之后，轴推力加大，工作油压上升，当油压上升到4 MPa时，液动换向阀11切换至右位工作，推进压力油经液动换向阀11、手动换向阀13进入液动换向阀18控制腔室，使液动换向阀18切换至左位工作，于是冲击定量液压泵17来油经液动换向阀18、过滤器2通到冲击机构4，开始冲击。此时冲击泵油压由溢流阀16控制，冲击机构在8 MPa的供油压力下工作，其冲击能为正常凿岩时的一半，适应于开眼的需要。

开眼完成后，将推进压力控制溢流阀7操纵杆缓慢地推到位，于是推进油压逐步增加至8 MPa。这时，液动换向阀14切换至上位工作，断开溢流阀16的回路，冲击回路的压力由溢流阀19所控制，压力保持为16 MPa，凿岩机进入正常凿岩状态。

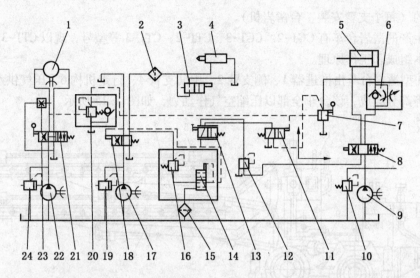

1—回转马达；2、15—过滤器；3—顶杆换向阀；4—冲击机构；5—推进液压缸；6—可调单向节流阀；
7—推进压力控制溢流阀；8—电磁换向阀；9—推进定量液泵；10、16、19、24—溢流阀；
11、14、18—液动换向阀；12—减压阀；13—手动换向阀；17—冲击定量液压泵；
20—推进单向压力调节阀；21—手动换向阀；22—回转定量液压泵；23—调速阀

图4-14 凿岩机液压系统工作原理图

在凿岩时如发生卡钎现象，回转油压随着回转阻力的增加而升高，当回转油压超过调定值后，推进单向压力调节阀20起作用使推进压力降低，推进力相应减少，使钻具凿入岩石的深度减少或停止钻进；当推进压力降到 5.5 MPa 以下时，液动换向阀14 在弹簧力的作用下复位，使凿岩机的冲击能降低一半，当推进压力继续下降到 3.5 MPa 以下时，液动换向阀18 回至右位工作，冲击机构停止冲击，只有回转机构继续回转以使钎杆脱离卡钎状态。当钎杆脱离卡钎后，回转压力降到推进单向压力调节阀20 调节值以下时，推进油压机恢复。液动换向阀14 重又切换至上位工作，液动换向阀18 切换至左位工作，冲击机构恢复冲击，转入正常工作。

在推进器的前端装设了一个卸荷用顶杆换向阀3，作为终端保险装置。当凿岩机完成一个钻孔时，凿岩机将该阀顶开，使该阀处于右位工作，冲击回路卸荷，凿岩机停止冲击，以防止空打。由于凿岩机的冲击动作是由推进回路的工作压力所控制，因此，只有当钎头顶上岩石后冲击器才能冲击，这样可防止工作过程中冲击机构的空打。

课题二 凿 岩 台 车

一、概述

凿岩台车是用于煤矿平巷掘进的一种机械化凿岩设备，它将数台中、重型高频冲击式凿岩机，连同推进装置一起安装在钻臂导轨上，配以行走机构，与装载、转载和运输设备配套使用，实现机械化作业，提高凿岩速度，减轻工人劳动强度，提高劳动生产率。

凿岩台车按行走机构分为轨轮式、履带式和轮胎式，按安装的钻臂数目分为双臂、三臂和多臂的（每个支臂安装一台凿岩机）。

我国生产的凿岩台车有 CGJ-2、CGJ-3、CTJ-2、CTJ-3 等型号，现以 CTJ-3 型为例，说明其基本组成和工作原理。

CTJ-3 型凿岩台车由推进器 1、侧支臂 2、中间支臂 4、行走机构 6、压气供水系统和液压系统等部分组成，该台车全部以压缩空气作动力，如图 4-15 所示。

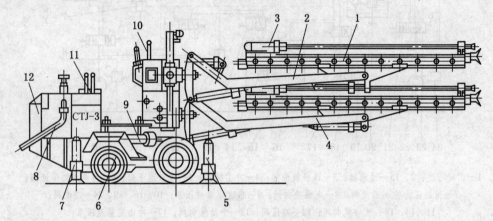

1—推进器；2—侧支臂；3—YGZ-70 型外回转凿岩机；4—中间支臂；5—前支撑液压缸；6—行走机构；
7—后支撑液压缸；8—进风管；9—摆动机构；10—操纵台；11—司机座；12—配重

图 4-15　CTJ-3 型凿岩台车结构图

CTJ-3 型凿岩台车有两个相同的侧支臂和一个中间支臂。每个支臂前端安装相同的推进器，3 台 YGZ-70 型外回转凿岩机位于相应的推进器上工作。支臂按极坐标的运动方式调节推进器方位。摆动机构能使 3 个支臂同时水平回转。机器进行凿岩工作时，前、后支撑液压缸撑紧在底板上将车轮抬起脱离底板，增加机器工作时的稳定性。轮胎行走机构可使台车行走。压缩空气从进风管进入后，分别输给有关风动马达，供各部分使用。操纵手把都集中安装在操纵台上和司机座旁边，操纵方便。

二、推进器

推进器是导轨式凿岩机的轨道，并给凿岩机以工作所需的轴向力推力。CTJ-3 型凿岩台车采用风动马达-丝杠推进器，如图 4-16 所示。

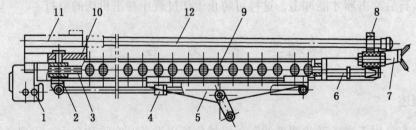

1—风动马达；2—螺母；3—丝杠；4—补偿液压缸；5—托盘；6—扶钎液压缸；7—顶尖；
8—扶钎器；9—导轨；10—凿岩机底座；11—YGZ-70 型凿岩机；12—钎子

图 4-16　CTJ-3 型掘进凿岩台车的推进器

YGZ-70型导轨式凿岩机固定在凿岩机底座上，底座下部装有螺母并与推进器丝杠相结合。当风动马达驱动丝杠转动后，迫使螺母及底座和凿岩机一起沿导轨向前或向后移动。调节风动马达进气量，可使凿岩机获得不同的推进速度。

补偿油缸的缸体与导轨托盘前端铰接，活塞杆与导轨后端铰接。给补偿油缸供液，活塞杆伸缩可以调节推进器导轨在导轨托盘上的位置，前伸时导轨前端顶尖顶紧岩壁，减少凿岩机工作时支臂的振动，保证推进器工作时的稳定性。

导轨的前端还装有剪式扶钎器。凿岩机刚开始钻眼时，操纵扶钎油缸的活塞杆向前伸出，其前端圆锥面顶入扶钎器下端缺口，使两卡爪上端收拢夹住钎子，防止钎子发生跳动。钎子钻入一定深度，操纵油缸的活塞杆缩回，使两卡爪上端在弹簧作用下向外张开，松开扶钎器以减少阻力。

三、钻臂

钻臂又称支臂，既能支承推进器和凿岩机，又可调整凿岩机位置高低，以钻凿不同高度的炮眼。CTJ-3型凿岩台车共有3个支臂，结构基本相同，其原理如图4-17所示。

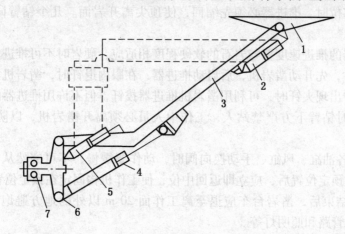

1—推进器托；2—俯仰角液压缸；3—钻臂架；4—钻臂液压缸；5—引导液压缸；6—钻臂座；7—回转机构

图4-17 CTJ-3型凿岩台车钻臂

钻臂架的前端与推进器导轨的托盘铰接，利用俯仰角液压缸调整导轨的倾角，凿岩机可钻出不同倾角的炮眼。利用钻臂液压缸可以调整钻臂架的位置，即可调整凿岩机位置的高低，钻凿不同高度的炮眼。钻臂架的后端与钻臂座铰接，钻臂座安装在回转机构上，在回转机构带动下，可使钻臂座连同钻臂架一起在360°范围内回转。

另外，利用摆动机构还可以使各钻臂水平摆动，使凿岩机可以在巷道的转弯处进行凿岩作业。为了适应直线掏槽法掘进的需要，CTJ-3型凿岩台车设有液压平行机构。利用液压平行机构，可以使钻臂在不同位置时导轨的倾角基本保持不变，凿岩机可以钻出基本平行的掏槽炮眼。液压平行机构由引导液压缸和俯仰角液压缸组成，两液压缸缸径相同，它们的两腔对应相通。当钻臂向上摆动一个角度时，推进器托盘在俯仰角液压缸的作用下向下摆动一个相同角度，从而使推进器实现平行运动。

整个凿岩台车用一台活塞式风动马达带动一台单级叶片泵为所有液压缸提供压力油。

四、使用与维护

1. 开车前的检查

每天开车前要对机器各部件进行检查，包括：检查各零部件是否齐全、完整、紧固；油箱中油量、油质是否符合要求；各部分是否润滑良好；各油、风、水管路是否有泄漏、损坏；给电动机送电，检查各操作手把是否灵活准确、各部动作是否正常。

2. 凿岩台车在工作中的注意事项

（1）凿岩台车行走前，应将钻臂收拢，防止钻臂碰撞岩壁或支架，并防止其压住风管、油管和电缆等。

（2）台车送电，必须先合巷道中的总电源开关，后合台车上的开关；断电时，顺序相反。

（3）开钻前先试液压系统油压，使其达到规定值。

（4）台车到达预定位置时，工作前应将机身固定。

（5）钻眼前及钻眼过程中，要将钻臂顶尖始终顶紧岩壁，不准推进器悬臂打眼。

（6）钻臂移位时，推进器必须先缩回，使顶尖离开岩面。几个钻臂同时钻眼时，要避免相互干扰。

（7）推进器的推进速度要与岩石的软硬程度相适应，硬岩时不可推进过快。

（8）钻眼时，先开动凿岩机，后启动推进器；在眼内退钎时，凿岩机不得停钻。

（9）钻眼中出现夹钎时，可利用凿岩机推进器拔钎，但不许用推进器的补偿缸拔钎。

（10）钻眼时钻臂下方严禁站人，工作中人员必须离开凿岩机，以防发生人身伤害事故。

（11）操作各油缸、风缸、手动换向阀时，动作要缓慢，不可突然从中位推向终位。手柄从中位扳到预定位置后，应立即返回中位，使工作机构固定在预定位置上。

（12）钻眼结束后，凿岩台车应退至离工作面 20 m 以外的地方避炮，并加以遮盖，防止崩坏、砸坏管路和照明灯等。

（13）凿岩结束后操作人员离开台车前，必须断开台车的开关和巷道中的总开关。

课题三　掘　进　机

一、掘进机概述

掘进机是一种能够同时完成破落煤岩、装转载、运输、喷雾除尘和调动行走的联合机组，具有掘进速度快、掘进巷道稳定、减少岩石冒落与瓦斯突出、减少巷道的超挖量、改善劳动条件、减轻劳动强度等优点。

目前国内外研究和使用的掘进机类型很多，主要按使用范围和结构特征分类：

（1）按掘进机所能截割煤岩的普氏坚硬系数值分：煤巷掘进机，适用于 $f \leqslant 4$ 的煤巷；半煤岩巷掘进机，适用于 $f \leqslant 6$ 的煤或软岩巷道；岩巷掘进机，适用于 $f > 6$ 或研磨性较高的岩石巷道。

（2）按掘进机可掘巷道的断面大小分：小断面掘进机，可掘进断面小于 8 m² 的巷道；

大断面掘进机，可掘进断面大于 8 m² 的巷道。

（3）按工作机构切割工作面的方式分：部分断面掘进机，工作机构前端的截割头在截割断面时，经过上下左右多次连续地移动，逐步完成全断面煤岩的破碎；全断面掘进机，工作机构沿整个工作面同时进行破碎煤岩和连续推进。

（一）部分断面巷道掘进机

煤巷掘进机有多种型号，ELMB 型掘进机是煤矿掘进综合机械化的主要设备之一，以此机型为例，说明部分断面巷道掘进机的结构和工作方式。

1. ELMB 型掘进机组成及工作过程

ELMB 型掘进机是一种悬臂纵轴式径向截割的巷道掘进机。适用于巷道最大倾角±12°的煤或半煤岩巷，可任意掘出巷道的断面形状。主要由工作机构、装运机构、行走机构、转载机构、液压系统、喷雾降尘系统和电气系统等部分组成，如图 4-18 所示。

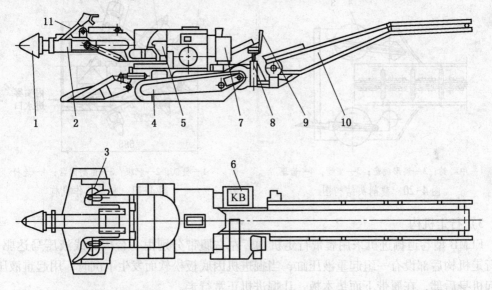

1—截割头；2—工作机构；3—装运机构；4—行走机构；5—液压系统；6—电气设备箱；
7—操作箱；8—起重液压缸；9—司机座；10—转载机构；11—托梁器

图 4-18　ELMB 型掘进机

机器工作时首先开动履带行走机构，使机器移近工作面，截割头接触煤壁时停止前进。开动截割头并摆动到工作面左下角，在伸缩油缸的作用下钻入煤壁，当截割头轴向推进 0.5 m（伸缩油缸最大行程）时，操纵水平回转油缸，使截割头摆动到巷道右端，这时在底部开出一条深为 0.5 m 的底槽，然后再操纵升降油缸使截割头向上摆动一截割头直径的距离后向左水平摆动。如此循环工作，最后形成所需的断面，如图 4-19 所示。

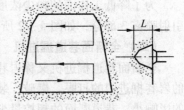

图 4-19　截割方式

2. 主要结构原理

1）工作机构

工作结构由截割头、工作臂、电动机、减速器组成。这种悬臂式工作机构可使截割头沿工作面做前后伸缩、上下摆动或水平回转，在工作面内掘出各种形状的断面。

截割头为一圆锥形钻削式截割头，如图4-20所示，它主要由中心钻、截齿、齿座和锥体等组成。中心钻用以超前钻孔，为截齿开出自由面，以利截割。

截割头采用纵轴式布置，即沿悬臂的中心轴纵向安装截割头。这种布置方式能截割出平整的断面，而且可以用截割头挖支架的柱窝和水沟。但在摆动截割时，机器所受的侧向力较大，为提高机器的稳定性，机器重量比较大。

2）装载与转运机构

ELMB巷道掘进机的装运机构由蟹爪式装载机构与双链刮板输送机组成。截割头破碎下来的煤岩由装载机铲板上的两个蟹爪（图4-21）交替耙入中间刮板输送机，再经后部的带式转载机卸入矿车或其他输送机。

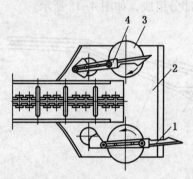

1—中心钻；2—镐形截齿；3—喷嘴；4—齿座

图4-20　截割头结构图

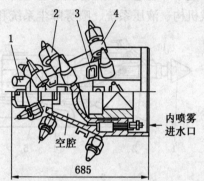

1—蟹爪；2—铲板；3—曲柄圆盘；4—连杆

图4-21　蟹爪工作机构

3）行走机构

ELMB型巷道掘进机采用履带行走机构，左右履带分别由一台内曲线液压马达驱动。在行走机构后部设有一组起重液压缸，当掘进机因底板松软而发生下沉时，用起重液压缸抬起机身后部，在履带下面垫木板，让掘进机正常行走。

4）液压系统

ELMB型掘进机除截割头为电动机驱动外，其余部分均为液压传动。整个液压系统由一台45 kW双出轴电动机分别驱动两台双联齿轮泵，为各液压马达和液压缸提供压力油。

5）喷雾系统

为了降低工作面的粉尘浓度，ELMB型掘进机的喷雾系统有内喷雾、外喷雾和冷却-引射喷雾3部分，如图4-22所示。

（二）全断面巷道掘进机

全断面巷道掘进机又称岩巷掘进机，可以一次完成整个断面的掘进工作，代替了传统的岩巷掘进中的打眼、爆破、装岩等几个独立的工序。该机具有掘进速度快、对巷道围岩的影响小、巷道断面的超挖量少、掘出的巷道壁面光滑、巷道易维护等优点。

我国定型生产EJ-30型、EJ-50型等多种岩巷掘进机。现以EJ型为例介绍其组成及工作原理。

EJ型岩巷掘进机主要由刀盘、机头架、传动装置、推进油缸、支撑机构、液压泵站、胶带转载机、除尘抽风机和大梁等组成，如图4-23所示。

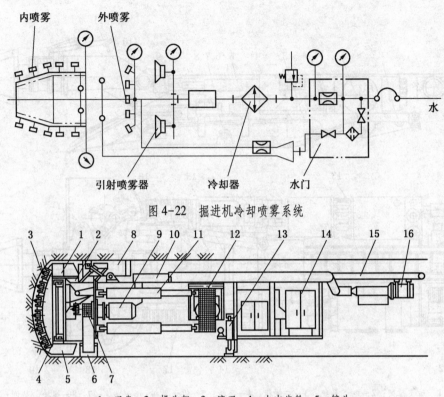

图 4-22 掘进机冷却喷雾系统

1—刀盘；2—机头架；3—滚刀；4—大内齿轮；5—铲斗；
6—下支撑；7—支撑油缸；8—上支撑；9—电动机；10—大梁；11—推进油缸；
12—水平支撑板；13—反支撑油缸；14—机房；15—带式输送机；16—抽风机

图 4-23 EJ-30 型岩巷掘进机

工作时，电动机通过传动装置驱动支撑在机头架上的刀盘低速转动，并借助推进油缸的推力将刀盘压紧在工作面上，使盘形滚刀在绕心轴自转的同时，随着刀盘做圆周运动，滚刀在工作面上滚动，实现滚压破岩。破落在底板上的岩碴，由均布在刀盘周围的 6 个铲斗转至最低位置时装入铲斗内，在铲斗转至最高位置时，利用岩碴的自重将其卸入受料槽内，落到带式输送机上，转运至机器尾部再装入矿车或其他运输设备。推进油缸和水平支撑油缸的配合使用可使机器实现迈步行走。安装在机头架上的导向装置可使刀盘稳定工作。利用激光指向器可及时发现机器推进方向的偏差，并用浮动支撑机构及时调向，以保证机器按预定方向向前推进。除尘风机可消除破碎岩石时所产生的粉尘，还可通过供水系统从安装在刀盘表面上的喷嘴向工作面喷雾来降低粉尘浓度。

二、纵轴式部分断面掘进机

EBJ-160 型是纵轴式部分断面掘进机的代表，本节主要以其为例予以介绍。该掘进机是当前国内生产的截割功率及总功率最大的纵轴式掘进机，能截割单向抗压强度 80 MPa 的岩石，可掘最大高度 4.35 m、最大宽度 5.87 m、任意断面形状的巷道。

（一）EBJ-160 型掘进机结构

EBJ-160 型掘进机主要由截割、装运、行走三大机构和液压、电气、水路三大系统组成，总体布置如图 4-24 所示，其中截割机构和装运机构是电动机通过减速器驱动，而行

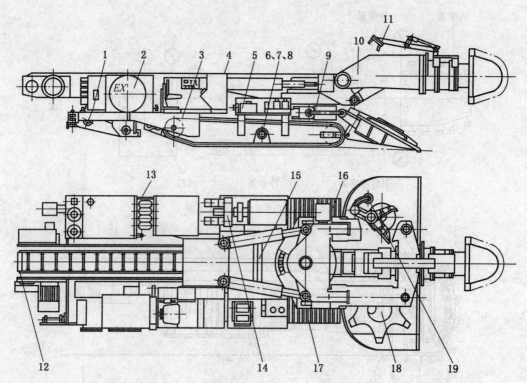

1—后支撑架；2—电气系统；3—右侧板；4—盖板；5—供水系统；6—支架；7、8—螺栓、垫圈；
9—防碰撞装置；10—截割机构；11—托梁器；12—中间输送机；13—左侧板；14—液压系统；
15—机架部；16—左行走机构；17—右行走机构；18、19—装载机构

图 4-24 EBJ-160 型掘进机

走机构为液压驱动。

1. 截割机构

截割机构主要由截割电动机、减速器、齿轮联轴器、水封、变速器、行星减速器、主轴、配水管、截割头等组成，如图 4-25 所示。

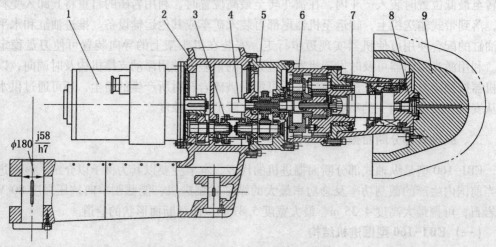

1—电动机；2—减速器；3—齿轮联轴器；4—水封；5—变速器；6—行星减速器；7—主轴；8—配水管；9—截割头

图 4-25 截割机构

截割头传动系统由减速器、变速器、行星减速器三部分组成。减速器2及变速器5为二级圆柱齿轮传动，行星减速器为二级行星传动。电动机1经减速器2一级减速后，将动力传入变速器5。变速器中仅有1对齿轮，其安装位置可以对换。当小齿轮为主动轮时，截割头转速33 r/min（慢速），一般用于截割硬度大的煤岩；反之，截割头转速66 r/min（快速），用于截割硬度较小的煤岩。从变速器中输出的动力经二级行星齿轮减速后，驱动主轴7及截割头9破碎煤岩。该机配置了大小2种截割头，大截割头装有36把镐形强力截齿，小截割头装有26把截齿，具体选用可根据巷道煤岩硬度来决定。

截割机构的内喷雾配水装置由水封4、配水管8及安装在截割头上的喷嘴等组成，大、小截割头各装24个喷嘴，内喷雾压力为12~20 MPa。

截割机构通过1个U形框架、2个支承轴铰接在回转台上。截割头的升降由2个液压缸来完成，它们一端铰接在截割机构上，另一端铰接在回转台上。通过液压缸的伸缩，可使截割头上摆最大角度47°、下摆最大角度25.5°。截割头的左、右摆动由2个回转液压缸来完成，它们一端铰接在回转台上，另一端铰接在机架上，可使截割头左、右最大摆动37.5°。截割头不能前后伸缩，截割头切入煤壁掏槽是靠履带行走向前推进来完成的。

截割机构的悬臂上装有托梁器，用于架设巷道顶梁。

2. 装运机构

装运机构由装载机构和刮板输送机两部分组成，装载机构装在机器的前部，通过一对销轴铰接在主机架上。装载机构前端的铲板在铲板液压缸作用下可绕销轴上下摆动。当机器截割煤岩时，应使铲板下摆，使其前端紧贴在巷道底板上，以增加机器截割时的稳定性。

刮板输送机位于机器中部，前端用法兰盘作为销轴铰接在铲板上，后部用销轴托在主机架上。装载机构利用不断运动的装载执行件（扒爪或星轮），将落在铲板上的煤岩装到刮板输送机内，输送到后配套运输设备中去。

1）装载机构

装载机构由副铲板1、主铲板2、执行件（扒爪或星轮）3、链轮组件4、减速器5等组成，如图4-26所示。为了使掘进机有较好的适应性能，铲板有2种规格、执行件有3种形式可供选用。在巷道断面较大时，可用宽3.5 m的宽铲板，执行件可用星轮或带副扒爪的扒爪组件；当巷道断面较小时，可选用宽2.9 m窄铲板，执行件可用不带副扒爪的扒爪组件。窄铲板是去掉宽铲板两侧副铲板后形成的。一般来讲，当使用宽铲板装载时，采用星轮执行件较好，故障也少；如果装载的煤岩比较湿，黏性较大，则应采用扒爪装载执行件。

装载机构的执行件由其减速器驱动。该减速器由箱体1、大圆锥齿轮2、偏心转盘3、小圆锥齿轮轴4、轴承5、浮动密封6等组成，如图4-27所示。小圆锥齿轮轴4由中间刮板输送机从动链轮驱动旋转，带动大圆锥齿轮及偏心转盘旋转，使装载执行件运动，进行煤岩装载。

2）刮板输送机

刮板输送机为边双链刮板式，主要由机前部1、中部槽2、电动机3、链轮装置4、减速器5、张紧液压缸6、刮板7等组成，如图4-28所示。输送机后部配置有转载机。为了满足不同转载的要求，机尾卸载高度可以调整，具体方法是：在机尾与后部槽之间设置了一个调整板，板上有一楔形凸台，当沿槽帮向上安装时为标准型，卸载高度为1.274 m；反之，为增高型，卸载高度为1.536 m。

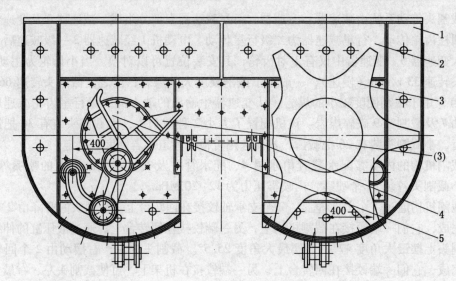

1—副铲板（分左右）；2—主铲板；3—执行件（扒爪或星轮）；4—链轮组件；5—减速器

图 4-26　装载机构

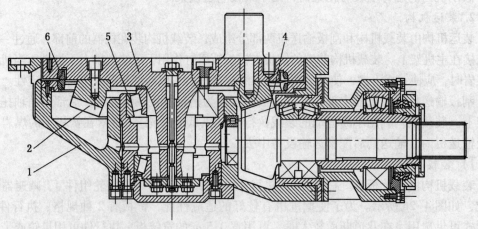

1—箱体；2—大圆锥齿轮；3—偏心转盘；4—小圆锥齿轮；5—轴承；6—浮动密封

图 4-27　装载减速器

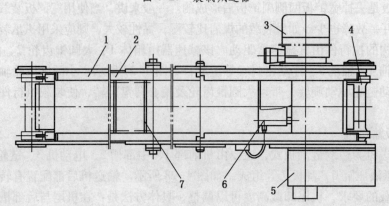

1—机前部；2—中部槽；3—电动机；4—链轮装置；5—减速器；6—张紧液压缸；7—刮板

图 4-28　中间输送机结构

输送机机头减速器为三级直齿圆柱齿轮减速，主要由齿轮1、摩擦离合器2、轴3、轴承4、箱体5等组成，如图4-29所示。电动机通过单键驱动减速器第一轴旋转，第一轴经离合器将动力传给齿轮，经三级减速后驱动输出轴旋转。输出轴采用渐开线花键与输送机主动链轮相连，带动刮板链及装载执行件运动。摩擦离合器的作用是超载时保护电动机及整个传动系统。

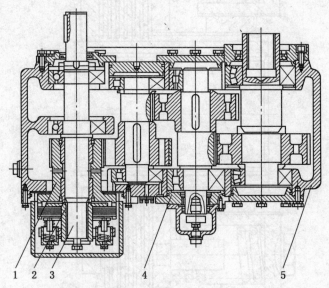

1—齿轮；2—摩擦离合器；3—轴；4—轴承；5—箱体

图4-29 输送机减速器结构

摩擦离合器的工作原理是：当输送机出现卡死或超载时，摩擦离合器内外摩擦片之间打滑，打滑扭矩为电动机额定扭矩的1.5倍。允许打滑时间为15 s。打滑扭矩可通过摩擦离合器周边的6个螺栓进行调整。调整时要均匀地拧动6个螺栓，使各螺栓扳手扭矩相等，以保证离合器在油中打滑扭矩为600~650 N·m。摩擦离合器结构如图4-30所示。

3. 行走机构

EBJ-160型掘进机采用履带式行走机构，左右履带对称布置，分别由2台斜轴式柱塞马达经五级减速后驱动主动链轮旋转，使履带行走。左右履带各由2个定位销、10个螺栓与主机架相连。行走机构主要由导向轮1、履带架2、履带链3、行走减速器4、主动链轮5、支重轮6等组成，如图4-31所示。

行走机构减速器由三级直齿圆柱齿轮和二级行星齿轮组成，结构如图4-32所示。行走速度有2挡，工作时速度为2.57 m/min，调动时速度为5.83 m/min。机器的前进、后退、转弯等由液压系统相应的操纵阀来控制。行走减速器中还设置有液压制动器，它是靠弹簧制动，液压松闸。机器行走时，液压系统中的压力油压缩弹簧，使制动器的内外摩擦片脱离接触，机器解除制动；机器不移动时，内外摩擦片在弹簧作用下紧密接触，使机器处于制动状态。

4. 其他机构

1) 主机架

主机架是机器的骨架与基础，各主要机构均通过螺栓等与主机架相连，使机器各部分

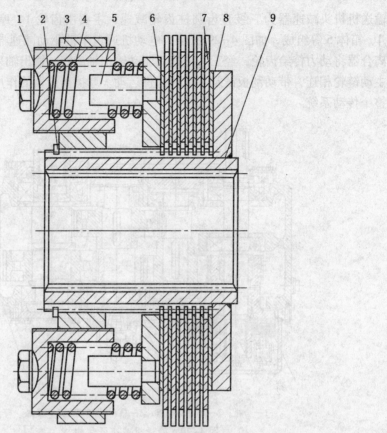

1—调整螺栓；2—柱圈；3—弹簧座；4—弹簧；5—导向柱；6—压板；
7—外摩擦片组件；8—内摩擦片组件；9—花键套组件

图4-30 摩擦离合器结构

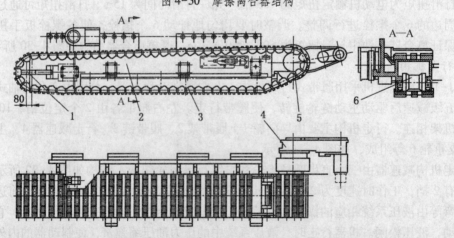

1—导向轮；2—履带架；3—履带链；4—行走减速器；5—主动链轮；6—支重轮

图4-31 履带行走机构

成为一个整体。在机器工作时，主机架承受截割头传来的各种负载及作用力；履带行走
时，通过主机架带动整个机器前进或后退。因此，主机架在机器组成中起着很重要的
作用。

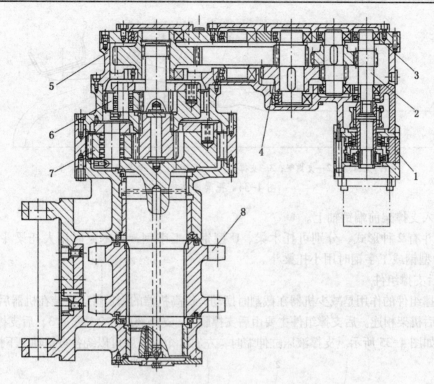

1—液压制动装置；2—第一轴；3—轴承；4—齿轮；5—箱体；
6—第一级行星组件；7—第二级行星组件；8—主动链轮
图 4-32 行走减速器机构

主机架由后机架 1、前机架 2、回转台 3、回转支承 4、螺栓 5 等组成，如图 4-33 所示。其中，前机架与后机架通过 3 个专用键及 25 个高强度螺栓连接，回转台与前机架用止口及 54 个高强度螺栓连接。

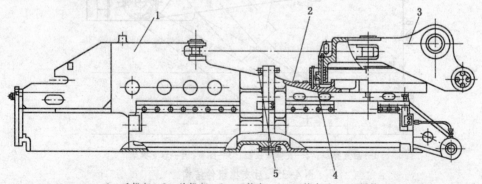

1—后机架；2—前机架；3—回转台；4—回转支承；5—螺栓
图 4-33 主机架结构

2）托梁器

托梁器可代替人工将支护顶梁举起，它主要由支撑座 1、支撑架 2、支撑壳 3、托梁架 4、连接板 5、托梁斗 6 等组成，如图 4-34 所示。支撑座及支撑架安装在截割头悬臂上，托梁架与连接板通过销轴固定在支撑架上。掘进机截割时，托梁架要翻在后方用销轴固定在支撑座 1 上，以免影响截割头工作；架梁时，将托梁架翻到前方，将连接板下端的

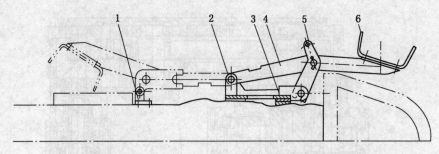

1—支撑座；2—支撑架；3—支撑壳；4—托梁架；5—连接板；6—托梁斗

图 4-34　托梁器结构

U 形槽插入支撑架前端销轴上。

托梁斗有 2 种形式，分别可托木梁、U 型钢或工字钢，托木梁时用大托梁斗和连接板，托 U 型钢或工字钢时用小托梁斗。

3）后支撑组件

后支撑组件的作用是减少机器在截割时摆动，提高机器的稳定性。它装在机器后部，通过螺栓与后机架相连。后支撑组件主要由后支撑腿 1、支撑液压缸 2、配重 3、后支撑架体 4 等组成，如图 4-35 所示。支撑液压缸伸缩时，左右 2 个支撑腿可以绕各自销轴上下摆动。

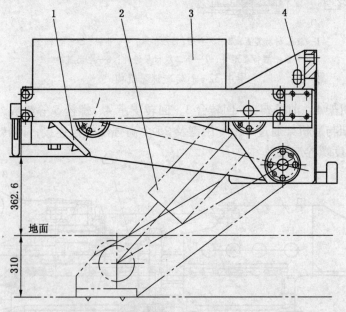

1—后支撑腿；2—支撑液压缸；3—配重；4—后支撑架体

图 4-35　后支撑组件结构

当机器截割煤岩时，可将左、右支撑腿伸出撑在巷道底板上，以防止机器横移和摆动，增加稳定性。在检修机器或更换行走机构的零部件等时，后支撑组件和铲板可同时向下动作使机器抬起，以便于检修和更换零件。

（二）液压系统

1. 液压回路

EBJ-160 型掘进机除截割头的旋转运动和装运机构的动作外，其他部分的动作均为液压传动。该液压系统为开式系统，主要由 ATV28 恒压变量泵、CBZ2063/050/032 三联齿轮泵、CBZ2063/050 双联齿轮泵、三位六通多路换向阀、液控三位四通换向阀、斜轴式柱塞马达、径向柱塞马达、齿轮马达、液压缸、平衡阀、溢流阀、过滤器、油箱、冷却器等液压元件组成。泵站由 1 台 75 kW 电动机经三分轴齿轮箱同时驱动 6 台液压泵向液压系统供油。液压系统由 4 条相对独立的回路组成，包括泵-缸回路、行走回路、胶带转载回路、水泵回路，其中行走回路、胶带转载回路和水泵回路为泵-马达系统。泵-缸回路包括截割头升降回路、截割头左右摆动回路、铲板升降回路、后支撑液压缸升降回路及锚杆机供油回路。EBJ-160 型掘进机液压系统如图 4-36 所示。

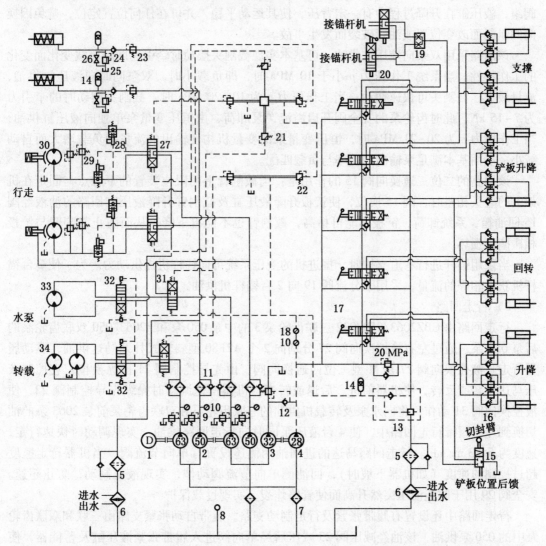

1—电动机；2—二联齿轮泵；3—三联齿轮泵；4—ATV28 恒压变量泵；5—回油精过滤器；6—冷却器；7—吸油过滤器；8—压差表；9—溢流阀；10—压力表；11—出口精过滤器；12—单向阀；13—背压阀；14—蓄能器；15—二位三通换向阀；16—平衡阀；17—五联多路换向阀；18—压力表；19—分流阀；20—手动三位四通换向阀；21、22—先导控制阀；23—减压阀；24—单向阀；25—安全阀；26—截止阀；27—液控换向阀；28—单向节流阀；29—安全阀；30—行走液压马达；31—液控换向阀；32—电流换向阀；33—水泵液压马达；34—NHM400 型径向柱塞马达

图 4-36 EBJ-160 型掘进机液压系统

1）泵-缸回路

该回路分别控制截割头升降、回转，铲板升降，后支撑液压缸升降，以及向锚杆机提供动力。它由 2 台液压泵，即 ATV28 恒压变量泵 4 及 CBZ2063/050/032 三联齿轮泵 3 的后泵 032 泵（流量 47.2 L/min）供压力油，通过五联多路换向阀 17 来操纵液压缸的动作和向锚杆机供油。该回路的特点是：当系统压力 p 小于 10 MPa 时，泵 3 中的 032 齿轮泵排出的油经单向阀 12 与泵 4 排出的油共同进入回路中，此时流量 $Q=47.2+41.3$ L/min；当系统压力 p 为 10~20 MPa 时，032 泵的安全阀开启，泵卸荷，回路中仅泵 4 即恒压变量泵向系统提供压力油，流量 Q 为 41.3 L/min。另外，该回路中的 4 组液压缸均装有平衡阀组，液压缸在升降过程中有一定背压，使其运动平稳，并可在任何位置定位，避免因换向阀泄漏而改变位置或油管破裂而发生事故。

该回路采用双泵向液压缸供油，可基本实现截割头摆动时牵引速度随负载变化而变化的工作特性。当系统工作压力 p 小于 10 MPa 时，即负载小时，双泵同时向液压缸供油，流量最大，截割头可快速摆动；当工作压力 p 为 10~20 MPa 时，截割头摆动时的牵引力为 7~15 kN，此时齿轮泵的安全阀开启溢流，泵卸荷，由恒压变量泵单独向液压缸供油；当工作压力 p 为 20~21 MPa 时，恒压变量泵的变量机构使输出的流量随负载增大而自动减小，从而基本满足泵输出的功率与负载匹配。

该回路的二位三通换向阀 15 的作用是：当截割臂上的限位装置的下触点与固定在机架上的碰头相碰时，阀 15 换位，使铲板升降液压缸及截割臂升降液压缸回路的油液经阀 15 回油箱，系统卸荷，铲板不能再抬高，截割臂也不能再下降，从而防止截割臂与铲板相碰撞而损坏。

当采用锚杆进行巷道支护时，掘进机的液压系统可向锚杆机提供动力。为了使 2 台锚杆机获得相等的流量，采用了分流阀 19 向 2 台锚杆机供油。

2）行走回路

行走回路由 CBZ2063/050/032 三联齿轮泵 3 的中泵 050 泵和 Z2063/050 双联齿轮泵的后泵 050 泵，通过左右液控换向阀 27 分别向 2 个 A2F80 型斜轴式柱塞马达供油，驱动履带行走。液控换向阀 27 是 M 型三位四通换向阀，由先导控制阀 21 操纵换位，它控制液压马达正转或反转，使机器前进、后退或转弯。机器快速调动时操纵先导控制阀 22，使液控换向阀 31 动作，将向水泵及转载机供油的三联齿轮泵和双联齿轮泵前泵 2063 泵的油切换到左右履带行走回路中，使 4 台液压泵同时向行走回路供油，实现调动时快速行走，速度为 5.83 m/min。行走回路马达的进回油两侧还设置有单向节流阀，当机器行走速度超过控制的速度（如机器下坡时），回油侧单向节流阀动作，实现液压制动，防止超速。安全阀 29 用于防止油压突然升高而使管路炸裂，实现过载保护。

行走回路中还设置有履带张紧及行走制动支路。履带自动张紧支路由三联和双联齿轮泵中的 050 泵供油，该油经减压阀 23 减压后经单向阀进入履带张紧液压缸及蓄能器，使履带张紧并保持张紧状态，蓄能器吸收液压冲击，使运动平稳，减少冲击与振动。履带需要放松时，打开截止阀，使张紧液压缸的油经截止阀回油箱。支路中的安全阀 29 对系统各元件起保护作用。

3）胶带转载回路

该机器后配套转载运输设备采用 ES-800 型桥式胶带转载机，转载机由 2 台 NHM400

型径向柱塞马达34驱动，由液压系统中CBZ2063/050的前泵2063泵向马达供油，马达正反转由H型机能的三位四通电液换向阀32控制。该阀在中位时液压泵卸载，经精过滤器及冷却器回油箱。电液换向阀与装运机构的电动机联动，使胶带转载机的转载与装运机构的装运同步进行。系统工作压力为16 MPa。

4）水泵回路

掘进机截割头的内喷雾灭尘系统所需高压水由喷雾水泵供给，该泵由CM-G463齿轮马达驱动，马达所需压力油由三联齿轮泵的前泵供给，由H型机能的三位四通电液换向阀32控制马达运动。电液换向阀与截割头电动机联动，二者同步动作，使内喷雾与截割同时进行。系统工作压力16 MPa。

掘进机需快速行走时，由先导控制阀22将胶带转载回路及水泵回路的压力油切换到行走回路中，以提高掘进机的运行速度，缩短调动时间。

2. 主要液压元件

1）吸油过滤器

为了提高油液清洁度，减少液压系统污染和液压泵及其他液压元件故障，一般都在液压泵吸油口设置吸油过滤器，其结构如图4-37所示。

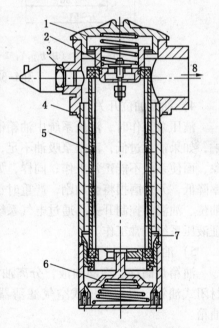

当滤芯比较脏，需要清洗更换或对系统进行维修时，只需旋开端盖1，此时自封阀6就会自动关闭，隔断油箱通路，使油箱内的油液不会向外流出，给清洗更换滤芯及维修工作创造条件。另外，当滤芯堵塞严重，出油口真空度达到0.018 MPa时，设在滤芯上部的旁通阀2就会自动开启，避免液压泵吸空。

2）回油过滤器

为了使流回油箱的油液保持清洁，在回油管路上设置了回油过滤器。当滤芯被堵塞或油温过低等因素造成压力损失增大，压差指示器上显示的进出口压差达0.35 MPa时，应即时更换滤芯或升高油温。更换滤芯时，只需旋开滤油器端盖（清洗盖）即可。如果不能停机及时处理，进出口压差渐渐增大，超过0.4 MPa时，滤油器的旁通阀开启，油液经旁通阀回油箱，避免滤油器损坏而使大量污染物进入油箱。

1—端盖（清洗盖）；2—旁通阀；
3—滤芯堵塞发讯器；4—与油箱连接法兰；
5—滤芯；6—自封阀；7—进油口；8—排油口

图4-37 吸油过滤器

3）CZ-Ⅱ型压差指示器

CZ-Ⅱ型压差指示器是显示油液进出口压差的装置，如图4-38所示。当液压系统工作时，液压元件磨损、油液氧化及外来物侵入等原因，使油液流动阻力增大，进出口产生压力差。随着滤芯被堵塞，p_1与p_2压力差逐渐增大，推动齿条活塞3克服弹簧力向右移动，带动齿轮4逆时针旋转，齿轮又带动指针逆时针摆动。当压力差从0.1 MPa增大到0.5 MPa时，指针从绿色指向红色，此时就要更换滤芯了。

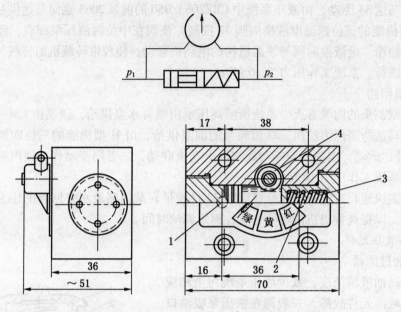

1—进油口（压力 p_1）；2—出油口（压力 p_2）；3—齿条活塞；4—齿轮

图 4-38　CZ-Ⅱ型压差指示器

　　4）油温油位开关

　　液压泵工作时，液压系统中油箱油位和温度的高低对系统正常工作和效率都有重要影响，如果油位过低，液压泵吸油不足，系统就会出现冲击、振动、噪声、运动不平稳等现象，而使系统不能正常工作；同样，如油温过高，油液黏度下降，泄漏就会增加，容积效率降低，元件磨损将会加剧，严重时也会影响系统正常工作。掘进机在油箱上设置了监控油位、油温的控制开关，通过电气系统的主控制箱可显示油位及油温，提醒司机，从而保证液压系统正常工作。

　　5）油箱

　　油箱是储存、冷却油液，分离油液中气体和杂质的主要辅助元件。该液压系统采用封闭式油箱，选用预压式空气滤清器，保持油面具有一定压力，防止空气中杂物进入油箱。

　　油箱使用随机液压泵补充油液。油箱采用三级过滤，能更有效地控制油液污染，保持系统油箱有比较高的清洁度，减少液压元件运行的故障。另外，油箱上还配备有油温油位计和油温油位继电器，当油位低于工作油位，温度超过规定值时，继电器动作发出信号，并在主电控箱及主令箱的面板上进行显示，此时应停机降温或加油。如果机器继续工作，且 10 min 内不停机，电控系统将自动切断液压泵电动机电源。为了提高油箱散热能力，油箱内装有热交换效率高的板翅式散热器，总热交换量达 8×10^3 kcal/h。

　　（三）内、外喷雾冷却系统

　　该机供水系统分别由内喷雾系统及外喷雾冷却系统两部分组成，主要用于灭尘、冷却截齿、冷却截割电动机等。供水系统如图 4-39 所示。水由井下输水管道进入。总进水粗过滤器 1 将大的杂质颗粒滤掉，然后再通过总进水球阀 4、粗过滤器 5 再次过滤后分成两路：一路进入喷雾泵 7 作为内喷雾水源，另一路经减压阀 12 减压后作为外喷雾水源。该系统还设置了 1 台水压控制器 3，它可通过电控系统保证截割电动机在有水情况下才能启动，防止截割头在无喷雾及冷却水的情况下进行截割。

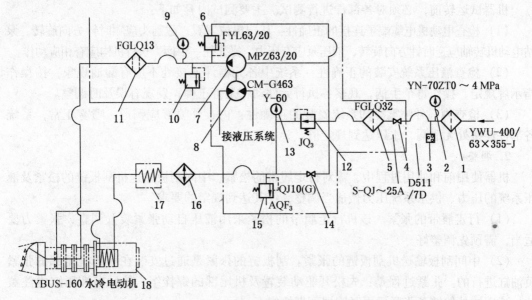

1—总进水粗过滤器；2—水压表；3—水压控制器；4—总进水球阀；5—粗过滤器；6—溢流阀；
7—喷雾泵；8—液压马达；9—水压表；10—安全阀；11—精过滤器；12—减压阀；13—压力表；
14—进水球阀；15—安全阀；16—冷却器；17—泵站齿轮箱；18—截割头电动机
图 4-39　EBJ-160 型掘进机供水系统

1. 内喷雾系统

压力水经 MPZ63/20 型喷雾泵 7 增压后，经精过滤器 11、截割机构内的高压水封、悬臂内的水道、截割头上的水道进入喷嘴喷雾。截割头上共有 20 只束状直射型喷嘴，安装在截齿齿座旁。喷嘴口径 0.7 mm，水压 20 MPa，流量 63 L/min。当喷嘴被堵，水压超过溢流阀 6 的调定压力 20 MPa 时，溢流阀开启，水溢流回方形连接块；当水压超过 22 MPa，溢流阀 6 如果不动作，安全阀 10 便会开启，使系统得到保护。

内喷雾泵是曲轴连杆传动的卧式三柱塞泵，由齿轮马达经一级齿轮减速后驱动。该系统的精过滤器 Ⅱ 及粗过滤器 5 为反冲过滤器，两过滤器内部经一换向阀与滤芯相连，通过将手柄转到适当位置，既可实现正常过滤，又可利用系统内的压力水对滤芯实现反冲清洗，将污物经排污口排走。粗过滤器的过滤精度为 200 μm，精过滤器的过滤精度为 100 μm。

2. 外喷雾冷却系统

压力水经减压阀 12 减压后，按先冷却后喷雾灭尘的顺序布置管路，顺序为：先进入液压系统冷却器，再依次经泵站齿轮箱、截割电动机，最后进入外喷雾架上喷嘴喷雾。外喷雾架设置在截割头后方悬臂上，共安装有 13 只引射形喷嘴。喷嘴口直径 1.6 mm，外喷雾水压为 1.5 MPa，流量 50 L/min。如果井下供水压力低于 1.5 MPa 时需打开与减压阀并联的进水球阀 14，保证油箱冷却器及截割电动机有冷却水供应。当减压阀发生故障失灵，水压超过安全阀 15 调定压力 1.6 MPa 时，安全阀开启卸荷，保护冷却器、泵站齿轮箱、截割电动机不会因水压过高而损坏。

（四）机器的调试、调整、操作与使用

1. 调试

机器试运转前，必须对各部件进行测试。主要测试内容如下：

（1）检查电动机电缆端子连接的正确性：从司机位置看，截割头应顺时针方向旋转，泵站电动机转轴应逆时针方向旋转，液压泵应有压力。操作任一手柄，执行机构应有相应动作。

（2）检查液压系统安装的正确性：系统中各元器件连接处不应有漏油现象；按操作指示牌规定，操作每个手柄，观察各执行元件动作是否正确，发现有误及时调整。

（3）检查内、外喷雾冷却系统安装的正确性：内、外喷雾应畅通，喷雾正常，系统各部件连接处无泄漏，水压达到规定值。

2. 调整

机器使用前和使用过程中，需对行走履带的松紧、中间刮板输送机刮板链的松紧及液压系统的压力、供水系统压力做适当调整，使其达到规定的要求。

（1）行走履带的张紧。该机行走履带的松紧采用液压自动张紧装置调整，张紧力要适当，需预先调整好。

（2）中间刮板输送机刮板链的张紧。刮板链的张紧是通过安装在输送机尾部的张紧黄油缸进行的。张紧过程是：先松开驱动装置及机尾部的螺栓组，然后向液压缸内注黄油，液压缸外伸链条张紧后再紧固尾部螺栓组。

（3）液压系统各回路压力的调整。泵-缸回路最大工作压力为 20 MPa，由多路换向阀中的入口溢流阀调定。调整方法为：通过换向阀将一组液压缸置于极端位置，转动溢流阀的调节螺杆，观察压力表上的压力值，使其达到要求为止。行走回路最大工作压力为14 MPa，分别由左右行走回路中的溢流阀来调定。调整时将制动支路油堵住，制动器使马达制动，调节溢流阀的压力调节螺杆，观察压力表的压力值使其达到要求。胶带转载机及水泵回路工作压力均为 14 MPa，由各回路溢流阀测定，根据机器运行情况分别调节各回路的溢流阀的值，使其达到要求为止。

（4）供水系统压力的调整（图 4-39）。调整内喷雾系统的工作压力时，开启喷雾泵，关闭进水球阀 14，观察水压表 9，调节安全阀 10 的开启压力至 22 MPa 及溢流阀 6 的开启压力至 20 MPa；调整外喷雾冷却系统工作压力时，接通总进水球阀 4，关闭进水球阀 14，堵塞外喷雾喷嘴架上的输水管，调整安全阀 15 的压力至 1.6 MPa、减压阀 12 的压力至 1.5 MPa。

3. 机器的操作与截割

1）机器的操作

（1）按电控说明程序送电。

（2）闭合电气箱上的隔离开关，旋转主令箱开关至"工作"位置，这时"操作"指示灯亮。

（3）检查各液压阀和供水阀的操作手柄，均必须置于中间位置。

（4）旋转控制箱上液压泵电动机开关，使其置于接通位置，接通后松手，警铃报警5~8 s 后液压泵电动机启动，然后操纵截割头升降、回转及铲板升降等，各执行机构应有相应的动作。

（5）接通总进水球阀及内喷雾开关阀，此时外喷雾工作，内喷雾待工作。

（6）旋转控制箱上截割电动机开关，使其置于接通位置，此时内喷雾立即喷雾，同时警铃报警 5~8 s 后截割电动机启动，启动后方可松手。

（7）旋转控制箱装运电动机开关，使其置于接通位置，转载机立即启动，3 s 后装运电动机启动，启动后松手。

2）截割

掘进机司机只有对掘进机的性能结构原理、欲掘断面煤岩的分布情况及物理性能、地质构造等有足够的了解，才能合理有效地进行截割。截割从工作面何处开始为宜，应根据巷道围岩硬度变化、煤岩分布情况及破碎难易程度来决定。如果岩石较硬难以破碎，应从断面底部开始掘进；如果为半煤岩断面，应在煤岩结合处煤的一侧开始掘进。总之，应根据工作面煤岩分布及结构特点，选择合理的截割顺序。掘进机一般的截割顺序如下：

（1）掏窝槽：截割头横向截割前，必须首先在断面中挖 1 个窝槽，使截割头深入煤壁中。窝槽的纵向深度称为截深。对于中等或中等以上硬度的岩石，先在断面中心底部掘窝槽。此时，截割头一边旋转，一边依靠行走履带向前移动，并不断地左右摆，逐步完成掏槽工作。

必须注意：在掏窝槽时，截割臂不能处于左、右摆动极限位置，因在此位置时，转台里的齿条液压缸和齿轮在掘进机向前推进时受到煤岩很大的反作用力，但却得不到液压回路中安全阀的保护而容易损坏。为了防止损坏，机器在向前推进前，截割臂应从极限位置向内摆动 150~200 mm。

（2）横向截割：窝槽掘完后，停止行走，开动装载输送机构，将截割下来的煤岩运走，使铲板下降紧贴底板，并落下后部稳定器撑紧底板，以提高机器截割时的稳定性。

操纵水平摆动换向阀，使转动的截割头沿巷道断面宽度水平摆动开掘横槽。截割头摆动到预定位置后，操纵换向阀，使截割头升降并继续左右摆动直至达到一定的截宽，接着使截割头水平摆动截割。多次重复以上动作，完成整个断面的截割。

4. 使用注意事项

（1）截割头可以伸缩的掘进机，前进切割或横向切割都必须在截割头缩回的位置进行。

（2）前进时必须放下铲板，提起后支撑座，将煤岩装尽，以免履带在浮煤上行走；后退时必须提起铲板和后支撑座。

（3）使用喷雾时，必须先喷雾后截割，先停机后停泵。

（4）截割速度不可过快，应与装载能力相适应，煤岩的块度不可过大，以免影响装载和运输。

（5）操作液压手柄时，不可用力过猛，以免造成液压冲击，损坏机件。

（6）液压缸行程至极限位置后，应迅速扳回操作手柄，以免溢流阀长时间溢流发热。

（7）截割头必须在旋转中钻出，不得停止外拉，不得带负荷启动，不得超负荷运转，保持机器在满载、高效状态下工作。

（8）截割头降到最低位置时，不得抬铲板，避免耙爪碰截割臂。

（9）截割中，随时注意各部声音和温度，遇有异常情况时，必须停机检查处理。

（10）要保持巷道断面正确的中心，断面不得因煤软而超掘，或因煤硬而缩小。

（11）使用截割臂上棚梁时，必须闭锁截割电动机；不得用截割臂吊装其他物品。

（12）随时注意顶板情况，不得空顶作业，如有不安全征兆，必须停机处理。

（13）掘进机工作时，禁止工作人员进行检修或注油，也不得接触任何运转部位。

（14）司机和机组人员，工作时应精力集中。利用手势进行联系时，应能正确领会意图，配合默契。

（15）工作中如果机器或人身发生或即将发生事故时，应按动急停开关，立即停机，同时将操作手把回零，待查明原因后方可继续工作。

（16）任何人到工作面检查时，必须闭锁截割电动机。

（17）遇到过硬岩层，不得用机器硬割，必须打眼放震动炮处理。此时，机器应退后至最大可能距离，并对照明灯等怕崩的组件妥善遮蔽。

（18）副司机应随时注意电源电缆和水管，不得拉伸压埋。

（19）随时注意工作面的瓦斯和粉尘情况。

课题四　装　载　机

一、耙斗装载机

耙斗装载机简称耙装机，可用于平巷或30°以内的上、下山，也可在巷道的交叉处使用，既可装岩，又可装煤和半煤岩，是我国煤矿巷道掘进使用最多的装岩设备。

（一）耙斗装载机的组成及装载过程

国产耙装机的结构略有不同，但工作原理基本相同。以 P-30B 型耙装机为例，介绍其组成和工作原理。

P-30B 型耙装机主要由钢丝绳 3、耙斗 4、机架 5、台车 7、操纵机构 8 和绞车 9 等部分组成，如图 4-40 所示。这种装载机使用范围广、结构简单、便于制造，但体积较大、钢丝绳磨损快。

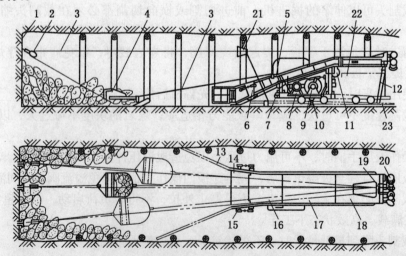

1—固定楔；2—尾轮；3—钢丝绳；4—耙斗；5—机架；6—护板；7—台车；8—操纵机构；
9—绞车；10—卡轨器；11—托轮；12—撑脚；13—挡板；14—簸箕口；15—升降装置；16—连接槽；
17—中间槽；18—卸料槽；19—缓冲器；20—导向轮；21—照明灯；22—矿车；23—轨道

图 4-40　P-30B 型耙装机及工作示意图

　　耙斗装载机工作时，耙斗借自重插入岩石堆，然后启动绞车电动机，使绞车主轴旋转；再扳动操纵机构 8 中的工作卷筒操纵手把，使工作卷筒旋转，则工作钢丝绳不断地缠到工作卷筒上，于是牵引耙斗沿底板移动并将岩石耙入进料槽，经过中间槽 17 直到卸料槽 18 的卸料口处，从卸料口把岩石卸入矿车或箕斗里。与此同时，回程卷筒处于浮动状态，使回程钢丝绳可顺利地由回程卷筒放松下来。当工作过程结束后，需松开工作操纵手把，要扳动回程操纵手把，这时回程卷筒与绞车主轴旋转，返回钢丝绳就不断地缠到回程卷筒上，于是将耙斗拉回岩石堆，完成一个循环，重新开始耙装。由耙装到卸载的过程可看出，耙斗装载机是间断地装载岩石的，耙斗属于上取（岩石）式的工作结构。

　　为防止在工作过程中卸料槽末端抖动，特加 1 副撑脚 12 将卸料槽支撑到底板上。若在倾角较大的斜巷内工作时，除用卡轨器将台车固定在轨道上以外，还另设 1 个阻车器（图中未表示），以防机器下滑。固定楔 1 固定在掘进工作面上，用以悬挂尾轮 2。若移动固定楔 1 和尾轮 2 的位置，便可改变耙斗的耙装位置，从而扩大耙装宽度。

　　1. 绞车

　　P-30B 型耙装机的绞车采用行星齿轮传动的双滚筒绞车，由电动机 2、减速器 1、带式制动闸 3、回程卷筒 4、工作卷筒 5、辅助闸 6 和绞车架 7 等部分组成，如图 2-41 所示。

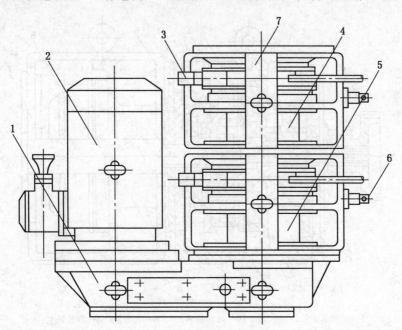

1—减速器；2—电动机；3—带式制动闸；4—回程卷筒；5—工作卷筒；6—辅助闸；7—绞车架

图 4-41　P-30B 型耙装机的绞车

　　闸带式双卷筒绞车的一个卷筒用来缠绕工作钢丝绳（称工作卷筒），另一个卷筒则用来缠绕回程钢丝绳（称回程卷筒）。当启动电动机之后，可经减速器带动绞车主轴旋转，此时两个卷筒不动。若需耙斗开始耙取岩石时，司机操作控制手把将工作卷筒 5 一侧的带式制动闸 3 闸紧，通过行星轮结构，工作卷筒 5 便随主轴旋转缠绕钢丝绳，使耙斗处于工作状态，这时回程卷筒是处于浮动状态。若使耙斗返回到耙岩石位置时，司机松开控制工作卷筒一侧的带式制动闸手把，而将回程卷筒 4 一侧的带式制动闸闸紧，通过相应的行星轮结构，回程卷筒 4 则随主轴旋转缠绕钢丝绳，使耙斗处于回程状态，这时工作卷筒便处于浮动状态。

制动闸（工作闸）除控制卷筒旋转缠绕钢丝绳使耙斗往返工作外，还可控制耙斗的运行速度。利用闸带与内齿圈闸轮之间摩擦打滑的特性，闸紧一些速度就快一些，相反就慢一些。两个辅助闸用来对工作卷筒和回程卷筒进行轻微制动，以防止卷筒处于浮动状态时，缠在卷筒上的钢丝绳松圈而造成乱绳和压绳现象。

1）主轴部件

绞车的主轴部件主要由工作卷筒 1 和回程卷筒 8、内齿圈 3 和 6、行星轮架 4、绞车架 7 和 9、行星轮 11、中心轮 12、主轴 13 和轴承等部分组成，如图 4-42 所示。绞车主轴穿过两个卷筒的内孔，并用花键固定着两个中心轮 12。工作卷筒和回程卷筒用键连接在相应的行星轮架 4 上，同时支承在相应的滚珠轴承 2、5、14 上。内齿圈 3 和 6 的外缘是带式制动闸的制动轮，这两个内齿圈也支承在相应的滚珠轴承 2 和 10 上。整个绞车通过绞车架 7 和 9 固定在机器的台车上。主轴的安装方式很特殊，它没有任何轴承支承，呈浮动状态。这种浮动结构能自动调节 3 个行星轮 11 上的负荷趋于均匀，使主轴不受径向力，只承受扭矩。主轴左端与减速器伸出轴上大齿轮的花键连接，实现传递扭矩。

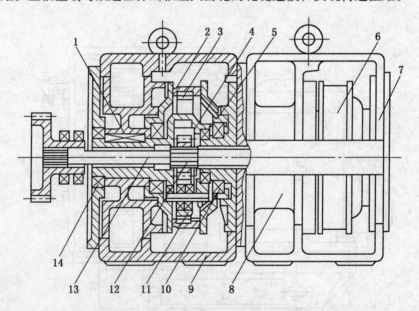

1—工作卷筒；2、5、10、14—滚珠轴承；3、6—内齿圈；4—行星轮架；
7、9—绞车架；8—回程卷筒；11—行星轮；12—中心轮；13—主轴

图 4-42 绞车主轴部件

2）带式制动闸

带式制动闸主要由钢带 4、钢丝石棉带 5、摇杆 8 和拉杆 10 等部分组成，如图 4-43 所示。石棉带磨损后可更换。闸带呈半圆形对称布置，2 条闸带用圆柱销 7 与绞车机架连接。当操纵机构使摇杆 8 顺时针转动时（摇杆右端向下拉），摇杆 8 使右闸带闸紧内齿圈外缘，同时拉杆 10 随摇杆 8 向右移使左闸带也闸紧内齿圈外缘，从而实现内齿圈内制动。反之，当操纵机构使摇杆 8 逆时针转动时（摇杆右端向上推），摇杆 8 使右闸带离开内齿

圈外缘，同时拉杆 10 随摇杆 8 向左移使左闸带也离开内齿圈外缘，即左、右闸带几乎同时向外张开，从而实现内齿圈的松闸。为防止闸带松开距离过大，缩短制动时间，在闸带外缘上铆有凸肩 1。当该凸肩碰到固定在绞车架上的挡板 3 后，闸带便停止向外张开，使闸带内表面与内齿圈外缘（制动轮）之间保持一定的工作间隙。该间隙的大小可用调节螺钉 2 进行调节。两套带式制动闸可借助相应的杠杆操纵机构进行操作。

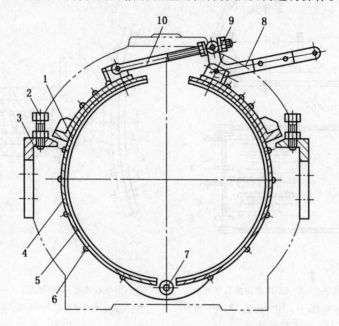

1—凸肩；2—调节螺钉；3—挡板；4—钢带；5—钢丝石棉带；
6—铆钉；7—圆柱销；8—摇杆；9—调节螺母；10—拉杆

图 4-43　绞车带式制动闸

3）操纵机构

操纵机构主要由回程卷筒操纵手把 1、工作卷筒操纵手把 2、拉杆 3 与 4、短杆 6、长杆 7 和连杆 9 等部分组成，如图 4-44 所示，这是两套组装在一起的杠杆操纵机构。回程卷筒操纵手把 1 和工作卷筒操纵手把 2 分别控制相应的带式制动闸。如把回程卷筒操纵手把或工作卷筒操纵手把向右推时，通过相应的长杆 7 或 10 使拉杆 3 或 4 向下移，因拉杆与制动闸中的摇杆连接，所以摇杆被带动按顺时针转动，则对相应的内齿圈进行制动；反之，操纵手把 1 或 2 向左拉时，通过相应的长杆使拉杆向上移，则对相应的内齿圈进行松闸。

4）辅助闸

辅助闸主要由铜丝石棉带 1、闸瓦 2、接头 4、支座 5、弹簧 6、活塞 7、手把 8 和把座 9 等部分组成，如图 4-45 所示。绞车工作时，只有一个卷筒缠绕钢丝绳处于工作状态，另一个卷筒却相应地处于浮动状态，随着耙斗的移动松开钢丝绳。这样，当耙斗停止工作时，由于浮动卷筒的惯性，会使该卷筒继续转动而放出部分钢丝绳，钢丝绳堆积在卷筒的出绳口处易引起乱绳事故，这样钢丝绳很容易损坏。为此，在 2 个卷筒的轮缘上各安装 1 个辅助闸，其作用就是以一定的制动力矩抵消浮动卷筒的惯性力矩。一般情况下这个辅助闸始终闸紧卷筒轮缘，使卷筒旋转始终具有一定的摩擦阻力矩，以便耙斗停止运动时及时克服惯性力矩而使浮动卷筒停止放绳。辅助闸的力矩一般是较小的，不致影响卷筒的正常转动。若摩擦阻力矩过大，则会增加绞车无用功率的消耗，降低机械效率。

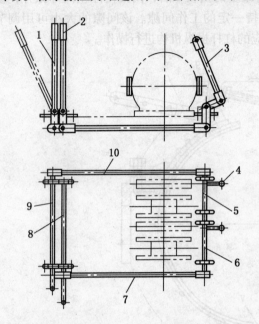

1—回程卷筒操纵手把；2—工作卷筒操纵手把；
3、4—拉杆；5、6—短杆；7、10—长杆；8、9—连杆

图 4-44　绞车操纵机构

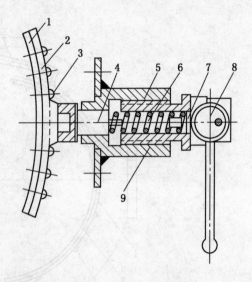

1—铜丝石棉带；2—闸瓦；3—铆钉；4—接头；
5—支座；6—弹簧；7—活塞；8—手把；9—把座

图 4-45　绞车辅助闸

辅助闸的支座 5 用螺钉固定在绞车架上。把座 9 和支座 5 之间为螺纹配合。带偏心盘的手把 8 安装在把座 9 上。当顺时针转动手把（如图示位置）时，手把上的偏心盘推压活塞 7 向左移动，压缩弹簧 6，使接头 4 推动闸带（由铜丝石棉带、闸瓦和铆钉组成）作用在卷筒轮缘上，产生一定摩擦阻力矩，抵消卷筒的惯性力矩。正常工作情况下，辅助闸手把就被调整在图示位置不动，使卷筒轮缘上始终具有一定的摩擦阻力矩。只有当人工拖拉钢丝绳的情况下，为了减小人力，才将手把 8 逆时针转动 180°，使弹簧松开，此时闸带只以很小的力贴在卷筒轮缘上。闸带中的铜丝石棉带磨损后可更换。

2. 溜槽和台车

溜槽和台车组成耙斗装载机的机架。

1）溜槽

溜槽由进料槽、中间槽和卸料槽组成，三者之间用螺钉连接起来。如图 4-40 所示，进料槽又由簸箕口 14、连接槽 16 和护板 6 组成。当矿车尺寸较长时，还可在中间槽和卸料槽之间加一段中间接槽。根据实际情况的需要，有时应加两副撑脚，以满足溜槽卸料端的刚性要求。

如图 4-40 所示，进料槽的前端左、右两侧各铰接 1 块簸箕挡板 13，它在耙斗耙取巷道两帮的岩石时起导向作用，并能防止岩石向两侧散开。挡板的张开角度不宜过大，一般小于 30°，否则难以起导向作用。挡板的长度视巷道宽度而定，巷道宽的工作面挡板要加

长，直到挡板一端碰到岩帮为止，挡板张开角度仍保持小于30°。簸箕口与连接槽的槽底铰接，在升降装置15（升降螺杆）的调节下，能改变簸箕口与巷道底板之间的倾角。护板的作用是使簸箕口与连接槽互相夹紧，以加强进料槽的刚性。进料槽的宽度从簸箕口起逐渐由大变小，中间槽17的形状取决于矿车和绞车的高度，并考虑岩石进入后不致自行下滑。中间槽槽底有两段凸起弯曲段，钢丝绳只与凸起段接触，磨损后可更换。中间槽全长的宽度应保持不变，并比耙斗的宽度稍宽一些，以利于耙斗在其内顺利通过，又能起一定的导向作用。

卸料槽18的末端槽底上开有卸料口，耙斗内的岩石便从此口卸入矿车或箕斗。末端还装有缓冲器19，它对耙斗卸料碰撞时起缓冲作用。卸料槽后部安装有4个头轮（滑轮），它们与另外一些尾轮2和托轮11配合，使钢丝绳与卸料口错开，以防岩石砸坏钢丝绳。

2）台车

台车末端装有弹簧碰头，可缓冲矿车对装载机的撞击。耙斗装载机工作时，借助4个卡轨器将台车固定在轨道23上，以防台车移动。台车上的支柱用以安装溜槽。台车靠人力或靠台车上的绞车牵引移动。

3. 耙斗

耙斗主要由耙齿和耙斗体两部分组成，如图4-46所示。耙斗体由尾帮2、侧板3、拉板4和筋板5焊接而成，形成1个马蹄形半箱体结构。尾帮下端各用6个铆钉固定两块耙齿。耙齿磨损后可更换。尾帮后侧经牵引链8与钢丝绳接头1连接，钢丝绳接头1与回程钢丝绳固定在一起。拉板4前侧与钢丝绳接头6连接，工作钢丝绳则固定在接头6上。

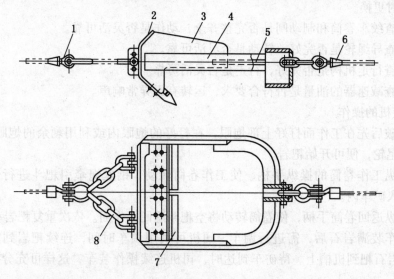

1、6—钢丝绳接头；2—尾帮；3—侧板；4—拉板；5—筋板；7—耙齿；8—牵引链

图4-46 P-30B型耙斗装载机的耙斗

耙齿材料一般采用ZG13Mn。耙齿的形状有平齿和梳齿。图4-47a所示的为平齿，其优点是岩石块不会从齿刃处漏掉，可提高耙装效率；缺点是与岩石堆接触面大，不易插入岩石堆，影响耙斗装满程度。图4-47b所示的为梳齿，它的优点是容易插入岩石堆，但

微小的岩石块容易从梳齿之间漏掉，尤其严重的是一旦梳齿间卡住岩石块后，耙斗反而更难插入岩石堆，这时插入阻力比平齿更大。由此可见，对于坚硬块状岩石，采用平齿较为合适。目前我国耙斗装载机大多采用平齿。

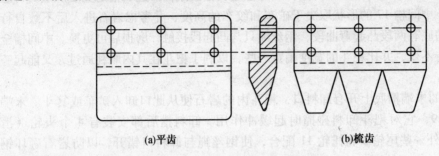

(a)平齿　　　　　　　　　　　　(b)梳齿

图 4-47　耙斗的耙齿形状

（二）耙斗装载机的使用、维护与故障处理

1. 操作

1）操作前的准备工作

（1）检查耙斗装载机各部件连接情况，应牢固可靠。

（2）检查电气设备是否良好，各按钮的动作是否灵活准确。

（3）检查各操纵手把有无损坏，其动作是否灵活可靠。

（4）检查耙斗体和耙齿是否完好，有无变形和磨损，必要时应及时更换。

（5）检查钢丝绳是否完好，排列是否整齐，有无磨损和断丝，如磨损和断丝数超过规定值应及时更换。

（6）检查绞车卷筒和制动闸是否完整齐全，动作是否灵活可靠。

（7）检查导绳轮是否完好，转动是否灵活可靠。

（8）检查行走机构是否完好，行走是否灵活可靠。

（9）检查减速器的油量是否符合要求，运转有无异常响声。

2）耙装机的操作

（1）爆破后先在工作面打好上部炮眼，在打好的炮眼内或利用剩余的炮眼插入固定楔，悬挂好尾轮，便可开始耙岩。

（2）操纵工作卷筒的操纵手柄，使工作卷筒转动，钢丝绳牵引耙斗进行耙装岩石，从卸料口卸入矿车内。

（3）操纵返回卷筒手柄，使卷筒转动将空耙斗返回工作面。依次重复耙岩动作。

（4）矿车装满岩石后，需进行调车，司机可利用调车时间，连续耙岩到簸箕口前，也可将少量岩石耙到机槽上。待矿车到达时，司机连续操作装车，这样可充分利用时间，提高效率。

（5）耙取巷道两侧岩石时，只需向左、右移动尾轮即可。

（6）在 90°弯道中使用时，常采用分段耙取岩石的方法，即先将工作面岩石耙到转弯处，然后再移动尾轮位置，把转弯处岩石耙装到矿车内。

3）使用注意事项

（1）开车前一定要发出信号，机器两侧不得站人，以免伤人。

（2）操作时，两个制动闸只能一个闸紧，另一个松闸，否则会引起耙斗跳起，甚至拉断钢丝绳。操作过程中要保持钢丝绳的速度均匀，不可使钢丝绳忽松忽紧。

（3）耙取岩石时，若受阻过大或过负荷，要将耙斗退回 1~2 m，重新耙取。不得强行牵引，以免造成断绳或烧毁电动机等事故。

（4）在工作中应随时注意各部运转声音及电动机与轴承的温升情况。

（5）虽然电气设备具有隔爆性能，但由于钢丝绳与滑轮、溜槽、硬石块摩擦易产生火花，易导致事故发生，因此要求工作面的瓦斯浓度不应超过 0.5%。

（6）在无矿车或箕斗时，不能将岩石堆放到溜槽上，以免被耙斗挤出或被钢丝绳甩出伤人。

（7）爆破前应将耙斗拉回到机器前端，以免被岩石埋住。爆破后应检查隔爆装置、电缆和溜槽，然后再进行工作。

（8）在拐弯巷道工作时，因司机看不到作业面，要设专人指挥。尤其在弯道超过 10 m 时，要设两人指挥，一人在作业面，另一人在拐弯处。

（9）机器要在坡度较大的上、下山工作时，一定要保证机器稳定可靠，尾轮固定严紧，并要保证人身安全。

2. 耙装机常见故障分析及排除方法

耙装机在生产中的常见故障、原因及排除方法见表 4-1。

表 4-1 耙斗装载机常见故障、原因及排除方法

故　障	原　因	排 除 方 法
电动机声音异常，转速低，甚至停转	耙斗被卡住，电动机过负荷	停止耙运，倒退耙斗后再耙运
固定楔被拉出	1. 固定楔未打紧 2. 楔眼未带偏角	1. 打紧固定楔 2. 重新打眼
钢丝绳拉断或脱出	1. 钢丝绳磨损严重而断裂 2. 钢丝绳夹未夹牢	1. 截去严重磨损部分或换新绳 2. 夹牢钢丝绳
卷筒上钢丝绳乱	1. 电动机反转 2. 辅助制动闸未闸紧	1. 改变电动机的转向 2. 调整辅助制动闸的弹簧
导向轮或尾轮的绳槽磨穿	1. 未经常加润滑油，转动不灵活 2. 轴承严重磨损而未更换 3. 安装歪斜	更换绳轮
簸箕口升降不灵活	1. 升降装置的螺杆积灰，旋转困难 2. 操作升降装置时两边用力不均	1. 清理积灰，并注油 2. 两边同时操作
制动时操作费力	1. 操作系统的转轴或连杆受阻 2. 闸带调节螺栓太松	1. 清理障碍物 2. 拧紧调节螺栓
绞车的轮闸过度发热	1. 连续运转时间过长 2. 闸带太松，制动时未能紧紧抱闸 3. 闸轮与闸带间有油渍	1. 采用间歇工作 2. 调整闸带的调节螺栓 3. 清理油渍，更换闸带

二、铲斗装载机

铲斗式装载机是煤矿岩巷掘进使用较普遍的一种装载机，主要有后卸式和侧卸式两种。

（一）后卸式铲斗装载机

ZYC-20B 型铲斗装载机是煤矿普遍使用的一种后卸式装载机，主要由工作机构、提升机构、回转机构、行走机构和操纵控制机构等组成，如图 4-48 所示。

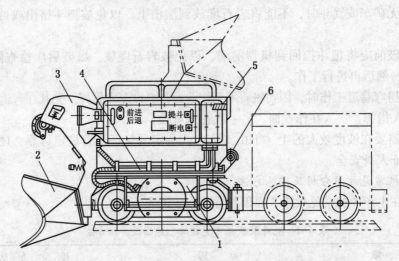

1—行走机构；2—铲斗；3—斗臂；4—回转台；5—缓冲弹簧；6—提升机构

图 4-48　ZYC-20B 型后卸式铲斗装载机

后卸式装载机的工作过程：司机站在机器侧面踏板上操作，两手抓住手把，同时用手指控制电钮实现机器的前进、后退和铲斗的提升、下放。装岩开始时，在离料堆 1~1.5 m 处，放下铲斗使其贴着轨道，开动行走机构，利用惯性将铲斗铲入岩石堆，同时开动提升机构，铲斗一边向岩堆铲进，一边提升。铲斗装满后，再开动行走机构倒退，并继续提升铲斗，让其向后翻转，直至铲斗以一定的速度碰撞缓冲弹簧，使铲斗内的岩石借助惯性抛入后面拖带的矿车内。卸载后，关闭提斗机构，铲斗靠其自重返回到装载位置，同时使行走机构换向，又使机器向前冲入料堆进行第二次装岩。为使铲斗可装巷道两侧的岩石，在铲斗下落过程中，以人力将机器上部连同铲斗向巷道两侧转动，转动范围最大可达 30°。

（二）侧卸式铲斗装载机

ZC-60B 型侧卸式铲斗装载机是适用于较大断面巷道的新型高效装载机械。与后卸式铲斗装载机相比，它有以下诸多优点：

（1）铲斗宽度不受机身宽度的限制，铲斗的容积较大。

（2）铲斗侧壁很低，可以无侧壁，故插入岩堆的阻力较小，容易装满铲斗，对所装岩石块度无严格要求。

（3）卸载准确，卸载高度适中。

（4）采用履带行走机构，调度灵活，装载面宽度不受限制。

（5）铲斗的升降和卸载动作均采用液压缸完成，行程较短，有利于提高生产率。

（6）司机坐在司机座上操作，安全可靠，劳动强度小。

ZC-60B 型侧卸式铲斗装载机主要由铲斗工作机构、履带行走机构、液压系统和电气系统组成，如图 4-49 所示。

装载机工作时，先将铲斗放到最低位置，开动履带行走，借助行走机构的力量，使铲斗插入岩堆。然后一边前进，一边操纵两个升降液压缸，将铲斗装满，并把铲斗举到一定高度，再把机器后退到卸载处，操纵侧卸液压缸，将岩石卸到矿车或带式输送机上运走。卸载后，使铲斗恢复原位，同时装载机返回到岩堆处，完成一个装载工作循环。

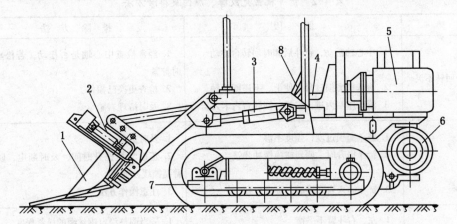

1—铲斗；2—侧卸油缸；3—升降油缸；4—司机座；5—泵站；6—行走电动机；7—履带行走机构；8—操纵手把

图 4-49　ZC-60B 型侧卸式铲斗装载机

（三）铲斗装载机的使用与维护

1. 操作注意事项

（1）装载机司机必须经过培训，持证上岗。

（2）装载机司机要随时注意观察周围情况，禁止任何人靠近铲斗的动作范围。

（3）装载时矿车必须固定，并防止将矸石倒在矿车与装载机之间的轨道上。

（4）铲斗插入岩堆时，铲斗前口要贴着轨面，以免提斗时使装载机前轮脱轨。

（5）遇到块径大于 400 mm 的大块岩石时，应先破碎后再装车。较大块的岩石不准装在矿车的最上面，防止运输提升时颠出车外。

（6）不准用装载机顶车、拉车，不准用装载机处理矿车掉道，不准用装载机拉、顶棚子，不准用装载机当脚手架。

（7）电动机温度超过 70 ℃，发现有异味、异响及无故断电时，必须立即停机检查处理。

（8）装载机电缆必须吊挂；随机移动的部分，在装载过程中应随时注意，防止压坏。

（9）铺设轨道时应保证装载机的最突出部位与岩帮间有不小于 0.7 m 的距离。

2. 日常维护注意事项

（1）经常用压气吹洗机器的外露件，特别是供斗臂滚动的两条导轨，以减小斗臂的跳动和磨损。

（2）认真检查所有外部螺栓的连接状况，如有松动应及时拧紧。

（3）检查稳定钢丝绳的松紧程度是否适宜，铲斗是否歪斜。若发现钢丝绳过度磨损时，必须及时更换。

（4）检查铲斗提升链、缓冲弹簧、回转台、滚轮和提升卷筒等的状况是否良好。

（5）检查减速箱内齿轮传动是否正常及有无不正常的噪声。

（6）按规定对机器各部注油润滑。

3. 常见故障分析及排除方法

铲斗装载机在工作中可能出现的常见故障、原因及排除方法见表4-2。

表4-2　铲斗机常见故障、原因及排除方法

故　障	原　因	排　除　方　法
回转台回转不灵	1. 中心轴松动，铲斗后卸时回转台跳动 2. 滚珠槽磨损过限，使上、下座圈接触 3. 滚珠座圈内进入岩粉，回转台内卡入岩碴	1. 经常检查中心轴是否松动，若松动要及时拧紧 2. 检查更换已损件 3. 及时清理岩碴
断链	1. 链条磨损过度，强度不够 2. 铲斗提升时，剧烈碰撞缓冲弹簧 3. 铲斗插入岩石堆后，提升过猛	1. 及时更换 2. 正确掌握提升时间，及时断电，防止斗臂猛撞缓冲弹簧 3. 注意操作方法
铲斗卡住	1. 左、右斗臂不平衡 2. 斗臂滚动导轨上有障碍物 3. 稳定钢丝绳断丝过多或弹簧损坏	1. 适当调整稳定钢丝绳的松紧程度 2. 经常清理滚动导轨 3. 更换钢丝绳或弹簧
车轮出轨	1. 轨道铺设质量不好 2. 轨面有障碍物	1. 要求轨距不超过10~20 mm的误差，接头要平直 2. 勤扫轨面碴石
减速器异声，齿轮打坏	1. 开车过猛 2. 装岩时受阻未及时停车	1. 不准过猛操作 2. 装岩受阻时应及时停车，查明原因
电动机不能启动，有时有"哼哼"声	1. 单相运转 2. 接触点烧坏 3. 电动机内部短路 4. 启动负荷过大	1. 检查熔断器及引入电缆 2. 更换接触点 3. 检查电动机内部 4. 减小启动负荷

三、扒（蟹）爪式装载机

扒爪式装载机是一种在煤巷或半煤岩巷中掘进使用的装载机械，它用扒爪作工作机构进行连续装煤或装岩石，故称扒（蟹）爪式装载机。该机还可用在条件适宜的采煤工作面装煤，以及用于地面煤场向运输车辆装煤。该设备具有防爆性，所以可用于有瓦斯和煤尘爆炸危险的巷道中。

ZMZ_2-17型扒爪式装载机主要由工作机构1、转载机构2、操纵阀4、履带行走机构5、电动机6和主减速箱10等部分组成，如图4-50所示。装载机工作时，开动履带行走机构5使工作机构1的铲板插入煤堆，然后左、右2个扒爪交替地把铲板上的煤扒入转载

机构 2，再由转载机构的刮板链将煤运到机尾卸入矿车或其他运输设备里。机体上设有前、后升降油缸 8 和 9，其中两个前升降油缸 8 用来调节铲板倾角，以适应煤堆高度的变化；两个后升降油缸 9 用来调节转载机构的卸载端高度，以适应不同运输设备对卸载端高度的不同要求。在转载机构上的左右侧各安设一个回转油缸 7，用来调节转载机构卸载端的位置，以扩大卸载范围。该机各部分的动作都靠一台功率为 17 kW 的电动机 6 来驱动。主减速箱 10 不但传递电动机的扭矩，还兼作液压系统的油箱。紧链装置 3 用来调节刮板链的松紧程度。

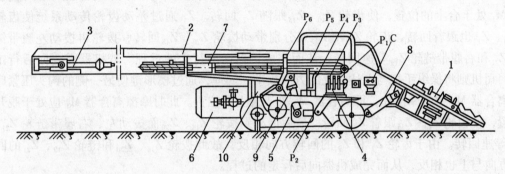

1—工作机构；2—转载机构；3—紧链装置；4—操纵阀；5—履带行走机构；6—电动机；7—回转油缸；
8、9—前后升降油缸；10—主减速箱；P_1、P_2、P_3、P_4、P_5、P_6—操纵手把；C—按钮

图 4-50 ZMZ$_2$-17 型扒爪式装载机

传动系统如图 4-51 所示。

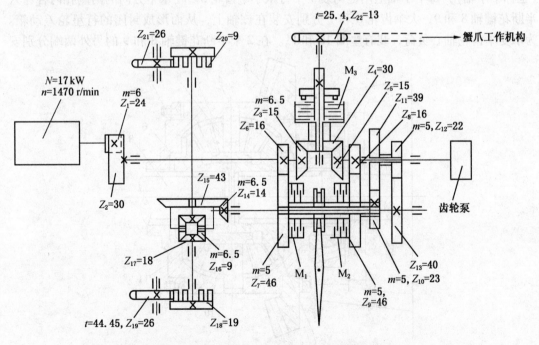

图 4-51 ZMZ2-17 型扒爪式装载机主减速箱的传动系统

ZMZ2-17 型扒爪式装载机工作时，电动机始终在运转，齿轮 $Z_1 \sim Z_9$ 也在转动。圆锥

齿轮 Z_4 通过摩擦离合器 M_3 传动链轮 $Z22$ 回转，驱动扒爪工作机构和刮板输送机。司机可以操纵摩擦离合器 M_3 的手把控制该摩擦离合器的合上或脱开，使扒爪工作机构和刮板输送机工作或停止运转。在齿轮 Z_5 的传动轴前端安装一台 YBC-45/80 型齿轮油泵，此油泵用作向该机器的液压系统中供给压力油。齿轮 Z_7 和 Z_9 的内侧装有摩擦离合器 M_1 和 M_2。当操纵手把处于中间位置时，这2个摩擦离合器中的内、外摩擦片都没有被钩头压紧，即离合器是在脱开的位置，机器停止行走。当机器需要向前行走时，司机操纵手把，通过拨叉和拨动环带动楔形键轴向移动，使钩头压紧摩擦离合器 M_1 中的内、外摩擦片，即离合器 M_1 处于合上的位置，使齿轮 $Z_{10} \sim Z_{15}$ 跟随 Z_7 回转。Z_{15} 通过差动齿轮传动系统使齿轮 Z'_{17}、Z_{17} 也跟着回转，齿轮 Z'_{17}、Z_{17} 又分别带动拨轮 Z_{20}、Z_{18} 回转，拨轮再拨动左履带链轮 Z_{21} 和右履带链轮 Z_{19} 等速回转，从而完成机器向前行走的过程。若机器需要向后行走时，司机则将操纵手把与上述相反的方向扳动，同理，通过楔形键使另一侧的钩头压紧摩擦离合器 M_2 中的摩擦片，即离合器 M_2 处于合上的位置。此时摩擦离合器 M_1 应处于脱开位置，使齿轮 $Z_{10} \sim Z_{15}$ 跟着 Z_9 回转，最后传动到拨轮 Z_{18}、Z_{20} 而拨动左、右履带链轮 Z_{21}、Z_{18} 等速回转。由于齿轮 Z_7 和 Z_9 的回转方向相反，故此拨轮 Z_{18}、Z_{20} 和链轮 Z_{19}、Z_{21} 的回转方向与上也相反，从而完成机器向后行走的过程。

由此可见，通过该操纵手把只能使机器前进、后退和停止。机器的转弯是靠一套差动装置来实现的。差动装置主要由差动箱外壳1、大伞齿轮2、小轴4、行星小伞齿轮5、大伞齿轮6和7、花键轴8和9等部分组成，如图4-52所示。差动箱外壳为对开的，上面用长螺栓3与大伞齿轮2固定在一起。在外壳的纵向剖面上穿入各呈90°的4个小轴4（也称十字轴），每个小轴上用键均装1个行星小伞齿轮5。在水平方向的两侧孔内各穿入半断花键轴8和9，大伞齿轮6和7分别安装在该轴上，从而形成封闭的行星轮差动箱。为承受伞齿轮轴心负荷，装有垫圈10和11。在2个半断花键轴8和9的另外两端分别安

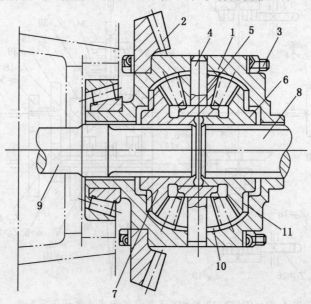

1—外壳；2、6、7—大伞齿轮；3—螺栓；4—小轴；5—行星小伞齿轮；8、9—花键轴；10、11—垫圈

图4-52 履带式行走机构的差动装置

装拨轮 Z_{18} 和 Z_{20}（图 4-51），并用花螺帽固定在半断轴头上。当大伞齿轮 2 被传动时，差动箱外便带动小轴 4 和其上的行星小伞齿轮 5 一起转动，小伞齿轮 5 便对称地传动大伞齿轮 6 和 7（此时差动箱内的机构只能随同差动箱外壳做公转，各部件本身并不自转），使 2 个半断花键轴以同一转速回转。若一侧的花键轴被制动，则形成行星轮系，这时行星小伞齿轮 5 将以不转的大伞齿轮 6 或 7 为基圆滚动（不但公转，而且还自转），使大伞齿轮 7 或 6 得到 2 倍于正常转速的速度。由于一侧的履带不动，另一侧履带在运动，因此机器便实现了转弯。

当机器向左转弯时，司机便操纵制动闸手把 P_6（图 4-50），使左制动闸带闸紧拨轮 Z_{20}（相当于制动轮），伞齿轮 Z'_{17} 被固定，链轮 Z_{21} 也就停止转动。根据差动机构工作原理，这时齿轮 Z_{17} 就以齿轮 Z_{15} 的 2 倍转速回转，通过链轮 Z_{19} 使右履带以 2 倍的正常运转的速度行走，使机器以左履带为支点向左转弯。当机器需要向右转弯时，司机则操纵制动闸手把 P_6，使右制动闸带闸紧拨轮 Z_{18}，同理，使机器以右履带为支点向右转弯。

这种用差动装置来实现履带行走的结构较复杂，加工困难，只有在单电动机驱动条件下才采用。新型掘进机械的履带行走机构一般都不采用这种传动方式，大多采用左、右履带由各自独立的电动机和减速器来驱动的方式，因此就不需专门的转弯机构了。

复习思考题

1. 凿岩机的破岩原理是什么？
2. 气腿式凿岩机由哪些部分组成？
3. 凿岩台车需要实现哪些动作？如何实现？
4. 凿岩台车在使用时应注意什么？
5. 掘进机的组成及工作原理是什么？
6. 操作掘进机的注意事项有哪些？
7. 装载机的种类、用途、操作及注意事项有哪些？